Testtrainer Allgemeinwissen

Kurt Guth
Marcus Mery

Testtrainer Allgemeinwissen

Fit für den Eignungstest und Einstellungstest

Kurt Guth • Marcus Mery
Testtrainer Allgemeinwissen:
Fit für den Eignungstest und Einstellungstest

Ausgabe 2025

2. Auflage

Umschlaggestaltung: s.b. Design
Layout: bitpublishing / s.b. Design

Illustrationen: bitpublishing
Grafiken: bitpublishing
Lektorat: Andreas Mohr, Thorben Pehlemann

Bibliografische Information der Deutschen Nationalbibliothek –
Die Deutsche Nationalbibliothek verzeichnet diese Publikation in der Deutschen Nationalbibliografie; detaillierte bibliografische Daten sind im Internet über http://dnb.dnb.de abrufbar.

Gedruckt auf chlorfrei gebleichtem Papier

© 2025 Ausbildungspark Verlag GmbH
Bettinastraße 69, 63067 Offenbach am Main
Printed in Germany

Satz: Ausbildungspark Verlag, Offenbach
Druck: mediaprint solutions, Paderborn

ISBN 978-3-95624-047-8

1504 – AP TWI – 5c04

Inhaltsverzeichnis

Vorwort

Wer ernennt den deutschen Bundeskanzler? Was versteht man unter dem Bruttonationaleinkommen? Wie lautet die zweite binomische Formel, wer war der erste Mensch im Weltall – und wofür steht doch gleich die Abkürzung IBAN?

Das Allgemeinwissen zu trainieren ist zum Volkssport geworden – dieser Eindruck lässt sich schwer vermeiden. Tagtäglich flimmern Quizshows über die TV-Bildschirme, und Bücher zu Bildungsthemen erobern regelmäßig die Bestsellerlisten. Wer sich auskennt, der kann mitreden, sei es in privater Runde oder beim Smalltalk mit Kunden, Kollegen und Geschäftspartnern.

Eine gute Allgemeinbildung bringt auch in Eignungstests, Einstellungstests und Fähigkeitstests Vorteile. Denn Wissensfragen gehören bei solchen Verfahren zum Standard, und zwar weitgehend unabhängig von der Position, um die es geht. Die Prüfer wollen herausfinden: Was wissen die Kandidaten über die Welt, in der sie leben? Schauen sie über den Tellerrand, interessieren sie sich für das, was um sie herum passiert?

Worum geht es im Wissenstest?

Der Sammelbegriff „Allgemeinwissen" steht für ein schier unüberschaubares Themenfeld. „Ernste" Gebiete wie Politik, Geschichte und Wirtschaft fallen ebenso darunter wie Kunst und Kultur, Medien und Sport. Viele Wissensaufgaben funktionieren nach dem Multiple-Choice-Prinzip: Man erhält eine Frage mit mehreren Lösungsvorschlägen und soll den richtigen markieren. An anderer Stelle muss man hingegen ohne Hilfestellung völlig frei antworten.

Standardisierte Auswahltests sind heute in der Privatwirtschaft und im öffentlichen Dienst weit verbreitet. Sie kommen zum Zuge, um das Leistungsvermögen mehrerer Kandidaten fair und mit überschaubarem Aufwand zu vergleichen. Abgesehen vom Allgemeinwissen geht es dabei auch um Sprachkenntnisse, Mathematik, Logik, Konzentration, Merkfähigkeit und visuelles Denkvermögen. Der Schwierigkeitsgrad der Tests orientiert sich in erster Linie am jeweils vorausgesetzten Bildungsabschluss.

Was bringt Ihnen dieses Buch?

Mit dem „Testtrainer Allgemeinwissen" können Sie Ihr Wissen gründlich auf die Probe stellen, vorhandene Kenntnisse vertiefen und Bildungslücken schließen. Sie frischen den relevanten Schulstoff auf, lernen klassische und ungewöhnliche Aufgabentypen kennen und machen sich mit der Testsituation vertraut.

In den folgenden Kapiteln finden Sie eine Fülle von Aufgaben aus allen typischen Prüfungsgebieten. Studieren Sie die Lösungskommentare, um sich intensiver in die Materie einzuarbeiten. Ihr Gegenwartswissen halten Sie durch Zeitunglesen, Nachrichtensendungen, Internetquellen auf dem Laufenden – bleiben Sie am Ball, informieren Sie sich über das aktuelle Zeitgeschehen!

Am Ende dieses Buchs können Sie einen Allgemeinwissenstest unter realistischen Bedingungen simulieren. Sind Sie fit für Ihre Prüfung?

Wir wünschen Ihnen viel Erfolg!

Ihr Ausbildungspark-Team

Kontakt

Ausbildungspark Verlag GmbH
Kundenbetreuung
Bettinastraße 69
63067 Offenbach am Main

Telefon +49 (69) 40 56 49 73
Telefax +49 (69) 43 05 86 02
kontakt@ausbildungspark.com
www.ausbildungspark.com

10 Tipps für eine erfolgreiche Prüfung

▶ **1. Gut vorbereiten.**
Beginnen Sie rechtzeitig mit der Vorbereitung, portionieren Sie den Lernstoff in kleine Einheiten, planen Sie Pausenzeiten ein. Wer sich in den letzten Tagen vor dem Test zu viel zumutet, läuft Gefahr, das Gelernte weder zu verstehen noch zu behalten.

▶ **2. Informieren.**
Fragen Sie frühzeitig nach: Welche Hilfsmittel (z. B. Taschenrechner) dürfen Sie benutzen? Welche Materialien (z. B. Stift, Papier, Lineal) müssen Sie mitbringen, welche werden Ihnen gestellt?

▶ **3. Entspannungshilfen finden.**
Eignen Sie sich Entspannungstechniken an, zum Beispiel Atemübungen oder autogenes Training. Am Prüfungstag lassen sich Denkblockaden damit leichter überwinden.

▶ **4. Aufgeräumt ankommen.**
Erscheinen Sie ausgeschlafen und pünktlich, achten Sie auf Ihren äußeren Eindruck – die Prüfer tun es auch. Und vergessen Sie das Frühstück nicht: Wer mit nüchternem Magen in die Prüfung startet, baut schneller ab und ist weniger leistungsfähig.

▶ **5. Lieber einmal mehr fragen.**
Nutzen Sie die Möglichkeit, den Testleitern Fragen zu stellen, um Unklarheiten auszuräumen.

▶ **6. Aufgabenstellungen aufmerksam lesen.**
Studieren Sie die Fragen und Bearbeitungshinweise sorgfältig. Manchmal sind kleine Finten eingebaut, die den unkonzentrierten Teilnehmer entlarven.

▶ **7. Zügig arbeiten.**
Behalten Sie die Uhr im Auge und teilen Sie sich Ihre Zeit gut ein. Oft steigt das Schwierigkeitsniveau innerhalb einer Aufgabenkategorie zum Ende hin an. Eventuell hilft es, zuerst in jeder Kategorie die einfachen

Aufgaben zu lösen. Planen Sie etwas Zeit ein, um Ihre Antworten auf Flüchtigkeitsfehler und andere kleine Patzer zu kontrollieren.

▶ **8. Nicht verrückt machen lassen.**
Der Test ist in der vorgegebenen Zeit beim besten Willen nicht zu schaffen? Dieser Eindruck kann völlig richtig sein. Viele Prüfungen sind so konzipiert, dass kaum jemand im vorgegebenen Zeitrahmen alle Aufgaben korrekt lösen kann. So wird zugleich das Arbeitsverhalten unter Druck getestet.

▶ **9. Nicht festbeißen.**
Anstatt minutenlang an einer Aufgabe zu verzweifeln, gehen Sie lieber zur nächsten über. Mit den übersprungenen Fragen können Sie sich – angefangen bei der leichtesten – später noch beschäftigen. So manch kniffliger Fall entpuppt sich als leichte Übung, wenn die erste Anspannung überwunden ist.

▶ **10. Zur Not einfach raten.**
Die schlechteste Antwort ist meistens keine Antwort: Falsche Lösungen werden nur selten mit Punktabzügen bestraft. Bei Multiple-Choice-Aufgaben mit mehreren Antwortvorschlägen lässt sich das richtige Ergebnis einkreisen, indem man die falschen Lösungen eine nach der anderen aussortiert.

Die Themen

Alle richtigen Antworten und zusätzliche Erklärungen zu einem Themengebiet finden Sie unmittelbar hinter dem jeweiligen Aufgabenblock.

Eine grobe Richtschnur zur Einschätzung Ihrer Ergebnisse: 50 bis 60 Prozent richtig gelöste Aufgaben können als ausreichend gelten, 60 bis 70 Prozent als befriedigend, 70 bis 85 Prozent als gut und höhere Werte als hervorragend – erfahrungsgemäß schafft das allerdings kaum jemand.

Staat und Politik *Bearbeitungszeit 25 Minuten*

Bearbeiten Sie bitte die folgenden Aufgaben, indem Sie die richtige Lösung markieren oder die Antwort in das Lösungsfeld schreiben.

1) Wer bestimmt in Deutschland die Minister und die Richtlinien der Politik?

A. Der Bundeskanzler
B. Der Bundespräsident
C. Der Bundestag
D. Der Bundesrat
E. Keine Antwort ist richtig.

2) Wie heißt dieses Gebäude und in welcher Stadt steht es?

3) Die Bundesrepublik Deutschland hat über 80 Mio. Einwohner – stimmt diese Aussage?

☐ stimmt ☐ stimmt nicht

4) Welche Staatsform steht schon der Wortbedeutung nach für eine „Herrschaft der Wenigen"?

A. Republik
B. Monarchie
C. Oligarchie
D. Despotie
E. Keine Antwort ist richtig.

5) Welche Aufgabe haben die Vereinten Nationen nicht?

A. Sicherung des Weltfriedens
B. Wahrung des Völkerrechts
C. Schutz der Menschenrechte
D. Förderung des Welthandels
E. Keine Antwort ist richtig.

6) Was versteht man unter „Gewaltenteilung"?

A. Die Unabhängigkeit von Legislative, Exekutive und Judikative

B. Die Bundeshoheit des Militärs

C. Die Trennung von Politik und Kirche

D. Die Trennung von Demokraten und Republikanern

E. Keine Antwort ist richtig.

7) Die Abkürzung „NATO" steht für …?

_____ Atlantic

_____ Organization.

8) Wer ist das Staatsoberhaupt der Bundesrepublik Deutschland?

A. Der Innenminister

B. Der Bundestagspräsident

C. Der Bundespräsident

D. Der Bundeskanzler

E. Keine Antwort ist richtig.

9) Was bedeutet „Fraktion" in der Politik?

A. Zusammenschluss von Abgeordneten

B. Dasselbe wie „Regierung"

C. Dasselbe wie „Opposition"

D. Die Mehrheit im Bundestag

E. Keine Antwort ist richtig.

10) Steht der Begriff „Arabischer Frühling" für einen Wirtschaftsaufschwung, für Massenproteste oder für eine Reihe von Staatsgründungen?

_____

11) Was versteht man unter dem Begriff „Lobbyismus"?

A. Interessengruppen halten sich von der Politik fern.

B. Interessengruppen versuchen, die Politik zu beeinflussen.

C. Abgeordnete bilden parteiübergreifende Interessengemeinschaften.

D. Innerhalb einer Partei bilden sich Interessengemeinschaften.

E. Keine Antwort ist richtig.

12) Wie heißt diese Politikerin?

A. Angela Merkel

B. Sahra Wagenknecht

C. Ursula von der Leyen

D. Manuela Schwesig

E. Keine Antwort ist richtig.

13) Aus welcher Strophe des „Deutschlandliedes" von Hoffmann von Fallersleben (1798–1874) besteht die deutsche Nationalhymne?

Aus der ___ Strophe.

14) Zu welchem Staat gehört diese Flagge?

15) Wann erhält eine Partei bei der Bundestagswahl Überhangmandate?

A. Wenn sie viele Zweit-, aber kaum Erststimmen erhält

B. Überhangmandate wurden durch die Wahlrechtsreform 2023 abgeschafft.

C. Wenn sie in einem Wahlkreis mehr als 90 Prozent der Zweitstimmen gewinnt

D. Wenn sie insgesamt mehr als 50 Prozent der Zweitstimmen gewinnt

E. Keine Antwort ist richtig.

16) Wie oft wird der Bundestag neu gewählt?

Alle ___ Jahre.

17) An wen richtet der Bundeskanzler die sogenannte Vertrauensfrage?

A. An alle Wahlberechtigten

B. An den Bundespräsidenten

C. An den Bundesrat

D. An den Bundestag

E. Keine Antwort ist richtig.

18) Welche Institution wurde durch den Vertrag von Maastricht gegründet?

19) Wer verabschiedet den Haushalt der Bundesrepublik Deutschland?

A. Bundesrat

B. Bundestag

C. Bundeskabinett

D. Finanzminister

E. Keine Antwort ist richtig.

20) Das deutsche Recht versteht unter „Asyl" den Schutz vor …?

A. Armut.

B. Katastrophen.

C. Verfolgung.

D. Gläubigern.

E. Keine Antwort ist richtig.

21) In welcher Stadt hat der Bundeskanzler seinen Amtssitz?

_____

22) Wo residiert der französische Staatspräsident?

A. Montparnasse
B. Louvre
C. Bastille
D. Élysée-Palast
E. Keine Antwort ist richtig.

23) Wer hat im Verteidigungsfall die Befehls- und Kommandogewalt über die deutschen Streitkräfte?

A. Innenminister
B. Bundestagspräsident
C. Bundeskanzler
D. Bundespräsident
E. Keine Antwort ist richtig.

24) Was bezeichnet der Volksmund als „vierte Gewalt"?

A. Handelskonzerne
B. Gewerkschaften
C. Landesregierungen
D. Medien
E. Keine Antwort ist richtig.

25) Gehört Norwegen zur Europäischen Union?

☐ ja   ☐ nein

26) Wen meint man mit dem Begriff „Unionsparteien"?

A. Die an einer Regierungskoalition beteiligten Parteien
B. CDU und CSU
C. Alle nicht an der Regierung beteiligten Parteien
D. Alle Parteien, die den Zentralismus befürworten
E. Keine Antwort ist richtig.

27) Wie heißt dieser Politiker?

_____

28) Welcher (Teil-)Staat gehört nicht zum Vereinigten Königreich?

A. England
B. Schottland
C. Wales
D. Irland
E. Keine Antwort ist richtig.

29) Im Verwaltungsbereich bezeichnet „Gemeinde" …?

A. die kleinste geografisch-administrative Einheit im Verwaltungsaufbau.

B. eine politisch-religiöse Interessengemeinschaft.

C. einen Wirtschaftsverband öffentlicher und privater Organisationen.

D. eine Kommune, die noch kein Stadtrecht hat.

E. einen Wahlkreis.

30) Wofür steht das „A" im Parteinamen der AfD?

31) Wer wählt in Deutschland den Bundespräsidenten?

A. Das Volk

B. Die Minister

C. Der Bundestag

D. Die Bundesversammlung

E. Keine Antwort ist richtig.

32) Wer war mehrfach Ministerpräsident Italiens?

A. Silvio Berlusconi

B. Mario Balotelli

C. Michelangelo Antonioni

D. Beppe Grillo

E. Keine Antwort ist richtig.

33) Wie ist die Bundesversammlung zusammengesetzt?

A. Nur aus Mitgliedern des Bundestages

B. Nur aus Vertretern der Länder

C. Aus Mitgliedern des Bundestages und Vertretern der Länder

D. Ausschließlich aus Politikern

E. Keine Antwort ist richtig.

34) Zu welchem Staat gehört diese Flagge?

A. Nordkorea

B. Laos

C. Japan

D. Südkorea

E. Keine Antwort ist richtig.

35) In welcher Stadt sitzt der Rat der Europäischen Union?

A. London

B. Paris

C. Madrid

D. Brüssel

E. Keine Antwort ist richtig.

36) Um ein länderbezogenes Bundesgesetz zu ändern, muss nicht nur der Bundestag zustimmen, sondern auch der ...?

A. Innenminister.

B. Bundestagspräsident.

C. Bundesrat.

D. Justizminister.

E. Keine Antwort ist richtig.

37) Mit welchem Inselstaat nahmen die USA im Jahr 2015 erstmals seit 1963 wieder diplomatische Beziehungen auf?

A. Kuba

B. Jamaika

C. Bahrain

D. Madagaskar

E. Keine Antwort ist richtig.

38) Welcher Staat war nicht am sogenannten „2+4-Vertrag" beteiligt – die DDR, die USA, Belgien oder Frankreich?

39) Welches Land ist kein NATO-Mitglied?

A. Griechenland

B. Türkei

C. Albanien

D. Österreich

E. Keine Antwort ist richtig.

40) Welche Aussage stimmt nicht? Bei Europawahlen ...

A. wählt man die gewohnten nationalen Parteien.

B. können EU-Staatsbürger auch im EU-Ausland für eine Partei kandidieren.

C. stimmt man über die Zusammensetzung des europäischen Parlaments ab.

D. kann man als EU-Bürger auch an seinem Wohnort im EU-Ausland wählen gehen.

E. sind alle EU-Bürger ab 16 Jahren stimmberechtigt.

41) Wie lautet der Herrschertitel des japanischen Kaisers – Shōgun, Tennō oder Khan?

42) Nach dem Subsidiaritätsprinzip sind staatliche Aufgaben ...?

A. auf möglichst niedriger Ebene (Stadt, Gemeinde) umzusetzen.

B. auf möglichst viele Instanzen zu verteilen.

C. auf möglichst hoher Ebene (Bundesland, Staat) umzusetzen.

D. stets im Verbund von Staat, Kommune, Stadt und Gemeinde zu bewältigen.

E. Keine Antwort ist richtig.

43) Wie heißt dieser Politiker?

A. Tarek Al-Wazir
B. Cem Özdemir
C. Markus Söder
D. Thomas Oppermann
E. Keine Antwort ist richtig.

44) Ist Deutschland ein ständiges Mitglied des Sicherheitsrats der Vereinten Nationen?

☐ ja   ☐ nein

45) Welche politische Philosophie bezeichnet wörtlich die „Herrschaftslosigkeit"?

A. Ethnokratie
B. Sozialismus
C. Anarchie
D. Liberalismus
E. Keine Antwort ist richtig.

46) Wie lautet die Abkürzung der „Arbeiterpartei Kurdistans"?

47) Den Umgang mit Personen, die im Kriegsfall nicht an Kampfhandlungen teilnehmen, regeln die …?

A. Verträge von Locarno.
B. Potsdamer Abkommen.
C. Genfer Konventionen.
D. Camp-David-Abkommen.
E. Keine Antwort ist richtig.

48) Welcher Staat ist kein Mitglied der Arabischen Liga – Saudi-Arabien, Iran oder Marokko?

49) Die Grenzschutzagentur der Europäischen Union heißt …?

A. EBA.
B. ESA.
C. Frontex.
D. Europol.
E. Keine Antwort ist richtig.

50) Welcher dieser Staaten erhebt keinen territorialen Anspruch auf das umstrittene Gebiet Kaschmir?

A. Afghanistan
B. Indien
C. China
D. Pakistan
E. Keine Antwort ist richtig.

Lösungen: Staat und Politik

1. A	17. D	34. D
2. Weißes Haus,	18. Europäische Union	35. D
Washington, D.C.	19. B	36. C
3. stimmt	20. C	37. A
4. C	21. Berlin	38. Belgien
5. D	22. D	39. D
6. A	23. C	40. E
7. North | Treaty	24. D	41. Tennō
8. C	25. nein	42. A
9. A	26. B	43. B
10. Massenproteste	27. Wladimir Putin	44. nein
11. B	28. D	45. C
12. C	29. A	46. PKK
13. 3.	30. Alternative	47. C
14. Israel	31. D	48. Iran
15. B	32. A	49. C
16. 4	33. C	50. A

Zu 1) **A.** Der Bundeskanzler

Der Bundespräsident ist zwar das Staatsoberhaupt der Bundesrepublik Deutschland, doch der Bundeskanzler ist faktisch der mächtigste deutsche Politiker: Er bestimmt die Richtlinien der Politik und die Minister, die allerdings vom Bundespräsidenten ernannt werden.

Zu 2) Weißes Haus, Washington, D.C.

Abgebildet ist das Weiße Haus, der Amtssitz des US-Präsidenten in Washington, D.C. Der Grundstein des Bauwerks wurde am 13. Oktober 1792 gelegt, im Jahr 1800 war es bezugsfertig. 1814 brannten britische Truppen das Haus nieder, bis 1818 wurde es im klassizistischen Stil wieder aufgebaut.

Zu 3) stimmt

Laut dem Statistischen Bundesamt lebten in Deutschland Ende 2015 gut 81,9 Millionen Menschen.

Zu 4) C. Oligarchie

„Oligarchie" stammt vom griechischen „oligarchia", das „Herrschaft von Wenigen" bedeutet. Es handelt sich um eine Staatsform mit einer elitären Gruppe als Machthaber. In einer Despotie herrscht eine Person mit unbeschränkter Gewalt, in der Monarchie steht ein Adliger an der Spitze. In einer Republik hingegen ist das Volk der Souverän, von dem letztlich alle Macht ausgeht – die Regierenden werden für eine bestimmte Zeit gewählt.

Zu 5) D. Förderung des Welthandels

Die Vereinen Nationen (engl. „United Nations", kurz UN) sind eine zwischenstaatliche Organisation von über 190 Ländern. Die in der UN-Charta niedergelegten Kernziele bestehen darin, den Weltfrieden zu sichern, das Völkerrecht zu wahren, Menschenrechte zu schützen und die internationale Kooperation zu stärken. Die Förderung des Welthandels gehört nicht dazu, auch wenn eine wirtschaftliche Zusammenarbeit der Länder angestrebt wird.

Zu 6) A. Die Unabhängigkeit von Legislative, Exekutive und Judikative

„Gewaltenteilung" ist das Prinzip, die Staatsgewalt auf mehrere Staatsorgane zu verteilen, um ihre Macht zu begrenzen und dadurch Freiheit und Gerechtigkeit zu sichern. Man unterscheidet drei Gewalten: die Gesetzgebung (Legislative), die ausführende Gewalt (Exekutive) und die Rechtsprechung (Judikative).

Zu 7) <u>North</u> Atlantic <u>Treaty</u> Organization.

Die „North Atlantic Treaty Organization", kurz NATO, ist ein Bündnis zur gemeinsamen Selbstverteidigung, gegründet 1949 durch den Nordatlantikvertrag. Mitglieder sind 32 europäische und nordamerikanische Staaten, darunter die USA, Kanada, Großbritannien, Frankreich und Deutschland. Das NATO-Hauptquartier befindet sich seit 1967 in Brüssel.

Zu 8) C. Der Bundespräsident

Der Bundespräsident ist das Staatsoberhaupt der Bundesrepublik Deutschland. Der Bundeskanzler ist zwar faktisch der mächtigste deutsche Politiker, steht jedoch im offiziellen Protokoll erst an dritter Stelle hinter dem Bundespräsidenten und Bundestagspräsidenten.

Zu 9) A. Zusammenschluss von Abgeordneten

„Fraktion" nennt man einen freiwilligen Zusammenschluss von Abgeordneten zur Durchsetzung ihrer politischen Interessen und Ziele in einem Parlament. In der Regel bildet jede Partei eine Fraktion.

Zu 10) Für Massenproteste

Als „Arabischen Frühling" oder „Arabellion" bezeichnet man eine Reihe von Massenprotesten in arabischen und nordafrikanischen Ländern. 2010 stürzte das tunesische Volk den Präsidenten Zine el-Abidine Ben Ali, danach gab es auch in Ägypten, Libyen, Syrien, dem Jemen und weiterer Staaten Aufstände gegen die bisherigen Machthaber. Die erhoffte Demokratisierung blieb jedoch vielerorts aus.

Zu 11) B. Interessengruppen versuchen, die Politik zu beeinflussen.

„Lobbyismus" nennt man es, wenn eine Interessengruppe (die Lobby) über persönliche Kontakte Einfluss auf Politik, Medien und Justiz nehmen will, um ihre Ziele zu verfolgen. Die Lobbyisten versuchen beispielsweise, Beziehungen zu Parlaments-

angehörigen oder Pressevertretern aufzubauen oder selbst in Schlüsselpositionen zu gelangen.

Zu 12) C. Ursula von der Leyen

Das Foto zeigt Ursula von der Leyen (CDU), geboren 1958, Tochter des ehemaligen niedersächsischen Ministerpräsidenten Ernst Albrecht. 2019 wurde von der Leyen zur Präsidentin der Europäischen Kommission gewählt. Von 2013 bis 2019 war sie Bundesverteidigungsministerin, von 2009 bis 2013 Bundesministerin für Arbeit und Soziales und von 2005 bis 2009 leitete sie das Bundesministerium für Familie, Senioren, Frauen und Jugend.

Zu 13) Aus der _3._ Strophe.

Das Deutschlandlied wurde 1922 mit allen drei Strophen die Nationalhymne des Deutschen Reiches. Im nationalsozialistischen „Dritten Reich" wurde nur noch die erste Strophe gesungen, die mit ihrem überschwänglichen Auftakt „Deutschland, Deutschland über alles" und der überholten Grenzziehung „von der Maas bis an die Memel, von der Etsch bis an den Belt" heute als diskreditiert gilt. 1952 entschied man, das Deutschlandlied als Nationalhymne beizubehalten, aber zu offiziellen Anlässen nur die dritte Strophe zu singen. 1991 verständigten sich Bundespräsident Richard von Weizsäcker und Bundeskanzler Helmut Kohl darauf, die dritte Strophe zur Nationalhymne des wiedervereinigten Deutschlands zu erklären.

Zu 14) Israel

Abgebildet ist die Nationalflagge Israels. Auf weißem Grund liegt in der Mitte der blaue Davidstern, ein traditionelles Symbol des Judentums. Oben und unten verlaufen zwei waagerechte blaue Streifen.

Zu 15) B. Überhangmandate wurden durch die Wahlrechtsreform 2023 abgeschafft

Früher konnte eine Partei bei Bundestagswahlen Überhangmandate erhalten, wenn sie über die Erststimmen mehr Wahlkreise gewinnen und somit mehr Direktmandate erringen konnte, als ihr nach dem Prozentanteil abgegebener Zweitstimmen zugestanden hätten. Nach der Wahlrechtsreform zur Verkleinerung des Bundestages 2023 besteht der Bundestag nun fest aus 630 Abgeordneten, und es gibt keine Überhangmandate mehr.

Zu 16) Alle _4_ Jahre.

Alle vier Jahre wird ein neuer Bundestag gewählt. Der Bundestag wählt nach der Bundestagswahl den Bundeskanzler.

Zu 17) D. An den Bundestag

Die Vertrauensfrage richtet der amtierende Bundeskanzler an den Bundestag, um zu klären, ob es für die Politik der Regierung noch eine parlamentarische Mehrheit gibt. Scheitert die Vertrauensfrage, kann der Bundeskanzler dem Bundespräsidenten vorschlagen, den Bundestag aufzulösen.

Zu 18) Europäische Union

Der Vertrag von Maastricht heißt offiziell „Vertrag über die Europäische Union". Der Gründungsvertrag der EU wurde 1992 verabschiedet und schuf einen übergeordneten Verbund für die existierenden Vereinbarungen im Rahmen der Europäischen Gemeinschaften. Die EU fußt auf einer gemeinsam koordinierten Agrar-, Wirtschafts-, Bildungs- und Sozialpolitik sowie gemeinsamem Verbraucherschutz, beinhaltet eine gemeinsame Außen- und Sicherheitspolitik und entwickelt die polizeiliche und justizielle Zusammenarbeit ihrer Mitgliedsstaaten.

Zu 19) B. Bundestag

Der Finanzminister legt jährlich einen Haushaltsentwurf vor, den der Bundestag ohne Zustimmung des Bundesrates beschließt. Die Debatte über den Haushalt ist traditionell eine Generaldebatte zur Regierungspolitik: Die Opposition kritisiert Mängel und Fehler der Bundesregierung, diese verteidigt sich ihrerseits mit Angriffen auf die Opposition.

Zu 20) C. Verfolgung.

Laut Artikel 16a des deutschen Grundgesetzes haben politisch Verfolgte ein Asylrecht. Im weiteren Sinne spricht man auch dann von Asyl, wenn jemand als Flüchtling nach der Genfer Flüchtlingskonvention (GFK) anerkannt wird, weil er in seinem Heimatstaat aufgrund seiner Rasse, Religion, Nationalität, politischen Überzeugung oder Zugehörigkeit zu einer sozialen Gruppe verfolgt und bedroht wird. Kein Asylanspruch entsteht durch Naturkatastrophen, Armut oder Krieg im Allgemeinen.

Zu 21) Berlin

Der Bundeskanzler hatte von 1949 bis 1999 seinen Amtssitz in Bonn. Seit 1999 residiert er in Berlin, wo er 2001 das neu errichtete Bundeskanzleramtsgebäude bezog.

Zu 22) D. Élysée-Palast

Der Amtssitz des französischen Staatspräsidenten ist der Élysée-Palast in Paris. Er wurde 1718 bis 1722 erbaut und befindet sich unweit der Champs-Élysées.

Zu 23) C. Bundeskanzler

Das Grundgesetz sieht vor, im Verteidigungsfall die Befehls- und Kommandogewalt über die Streitkräfte vom Bundesminister der Verteidigung auf den Bundeskanzler zu übertragen. Er soll in außerordentlichen Krisen als „starker Mann" alle Fäden in der Hand haben.

Zu 24) D. Medien

In Anlehnung an die staatliche Gewaltenteilung in Legislative, Judikative und Exekutive bezeichnet man die Medien als „vierte Gewalt". Ihnen kommt hierbei die Rolle einer nichtstaatlichen Kontrollinstanz zu, die im gesellschaftlichen Auftrag über öffentliches Geschehen berichtet und dadurch Einfluss nimmt.

Zu 25) nein

Norwegen ist kein Mitglied der Europäischen Union, die aktuell (Stand 2025) folgende 27 Staaten umfasst: Belgien, Bulgarien, Dänemark, Deutschland, Estland, Finnland, Frankreich, Griechenland, Irland, Italien, Kroatien, Lettland, Litauen, Luxemburg, Malta, Niederlande, Österreich, Polen, Portugal, Rumänien,

Schweden, Slowakei, Slowenien, Spanien, Tschechien, Ungarn und die Republik Zypern.

Zu 26) B. CDU und CSU

Als „Unionsparteien" bezeichnet man die Schwesterparteien CDU (Christlich Demokratische Union) und CSU (Christlich-Soziale Union). Bei Wahlen tritt in Bayern nur die CSU an, außerhalb des Freistaats nur die CDU. Im Bundestag bilden sie eine Fraktionsgemeinschaft.

Zu 27) Wladimir Putin

Das Foto zeigt den russischen Politiker Wladimir Wladimirowitsch Putin. Putin wurde 1952 in Leningrad (dem heutigen Sankt Petersburg) geboren und ist seit 2012 erneut Präsident der Russischen Föderation, nachdem er das Amt bereits von 2000 bis 2008 bekleidet hatte. Von 1999 bis 2000 sowie von Mai 2008 bis Mai 2012 war Putin russischer Ministerpräsident.

Zu 28) D. Irland

Der Langname des Vereinigten Königreichs lautet „Vereinigtes Königreich Großbritannien und Nordirland" („United Kingdom of Great Britain and Northern Ireland"). Dazu gehören alle Teile der britischen Insel – Schottland, Wales, England – und Nordirland, jedoch nicht Irland.

Zu 29) A. die kleinste geografisch-administrative Einheit im Verwaltungsaufbau.

„Gemeinde" wird meist gleichbedeutend mit „Kommune" verwendet und bezeichnet die kleinste geografisch-administrative Einheit der öffentlichen Verwaltung. Die Gemeindeebene umschließt kreisfreie und kreisangehörige Gemeinden (z. B. Städte) sowie Landkreise (Zusammenschlüsse der kreisangehörigen Ortschaften).

Zu 30) Alternative

Die 2013 gegründete „Alternative für Deutschland" ist eine politische Partei. Ursprünglich thematisierte sie kritisch die Finanz- und Wirtschaftspolitik Deutschlands und der Europäischen Union, wuchs aber schnell zur allgemeinen, als rechtspopulistisch kritisierten „Protestpartei" heran. 2014 erhielt die AfD erstmals Sitze in verschiedenen Landesparlamenten.

Zu 31) D. Die Bundesversammlung

Der deutsche Bundespräsident wird für fünf Jahre von der Bundesversammlung gewählt, die der Bundestagspräsident ausschließlich zu diesem Zweck einberuft. Die Bundesversammlung besteht aus den Mitgliedern des Bundestages und Abgesandten der Landesparlamente.

Zu 32) A. Silvio Berlusconi

Silvio Berlusconi, italienischer Politiker und Unternehmer, war vier Mal Ministerpräsident Italiens: 1994 bis 1995, 2001 bis 2005, 2005 bis 2006 und 2008 bis 2011. Mario Balotelli ist ein italienischer Fußballer, Michelangelo Antonio war ein italienischer Filmregisseur, Beppe Grillo ist ein italienischer Schauspieler, Kabarettist und Politiker.

Zu 33) C. Aus Mitgliedern des Bundestages und Vertretern der Länder

Die Bundesversammlung besteht aus den Mitgliedern des Bundestages und Abgesandten der Landesparlamente. Sie wird vom Bundestagspräsidenten ausschließlich zur Wahl des Bundespräsidenten einberufen.

Zu 34) D. Südkorea

Die Abbildung zeigt die Nationalflagge Südkoreas. Der weiße Grund steht für Reinheit und Friedfertigkeit. Der Kreis mit den ineinander ragenden Hälften – eine rot, eine blau – ist ein Symbol der „Eum und Yang"-Philosophie und steht für das Universum mit all seinen Gegensätzen. Die vier schwarzen Trigramme verkörpern u. a. die Elemente Himmel, Wasser, Feuer und Erde.

Zu 35) D. Brüssel

Der Rat der Europäischen Union, auch „EU-Staatenkammer" genannt, übt gemeinsam mit dem Europäischen Parlament die Rechtsetzung der EU aus. Dem Rat gehören entscheidungsbefugte Vertreter jedes Mitgliedsstaats an, die in verschiedenen Ressorts zusammentreten. Erstmals tagte der Rat 1975 in Dublin, seit 2003 ist sein ständiger Sitz in Brüssel.

Zu 36) C. Bundesrat.

Als Gremium der Bundesländer entscheidet der Bundesrat bei allen Bundesgesetzgebungen mit, welche die Länder betreffen.

Zu 37) A. Kuba

Das Verhältnis zwischen den USA und Kuba war seit dem Sieg der kubanischen Revolution 1959 angespannt. 1960 brachen die diplomatischen Beziehungen der Länder ab, als sich Kuba infolge eines Wirtschaftsstreits mit den USA an die Sowjetunion annäherte. 1961 versuchten die USA, die Revolutionsregierung unter Fidel Castro mithilfe einer Einheit von Exilkubanern militärisch zu stürzen („Invasion der Schweinebucht"). Im Jahr darauf wollte die Sowjetunion Mittelstreckenraketen auf Kuba stationieren, und die Supermächte näherten sich einem Atomkrieg („Kubakrise").

Erst 2015 reaktivierte man die diplomatischen Kontakte; die USA eröffneten ihre Botschaft in der kubanischen Hauptstadt Havanna.

Zu 38) Belgien

Den 2+4-Vertrag unterzeichneten 1990 die Bundesrepublik Deutschland, die Deutsche Demokratische Republik und die Hauptalliierten des Zweiten Weltkriegs – die Vereinigten Staaten, Großbritannien, Frankreich und die Sowjetunion. Er ebnete den Weg zur deutschen Wiedervereinigung: Die Vertragspartner einigten sich u. a. über die Grenzen des gesamtdeutschen Staates und bestätigten dessen Einbindung in bestehende Bündnissysteme wie die NATO.

Zu 39) D. Österreich

Griechenland und die Türkei traten dem 1949 gegründeten Militärbündnis bereits 1952 bei, Albanien folgte 2009. Österreich ist niemals Mitglied gewesen.

Zu 40) E. sind alle EU-Bürger ab 16 Jahren stimmberechtigt.

Bei Europawahlen entscheiden die EU-Bürger über die Sitzverteilung im Straßburger Europaparlament. Man stimmt dabei wie gewohnt für die nationalen Parteien ab, die sich auf europäischer Ebene – je nach ihrer politischen Ausrichtung – zu Fraktionsgemeinschaften zusammenschließen: Stimmt man beispielsweise für die SPD, profitiert davon die Fraktionsgemeinschaft SPE (Sozialdemokratische Partei Europas). Als EU-Bürger darf man sowohl an einem Wohnort im EU-Ausland wählen gehen als auch für eine ausländische Partei kandidieren. Über das Wahlalter entscheidet jedes Land für sich: Unter anderem in Deutschland und Österreich liegt es bei Europawahlen aktuell bei 16 Jahren, in anderen EU-Staaten durften die Menschen erst ab 18 wählen.

Zu 41) Tennō

Der Kaiser Japans heißt „Tennō" („Himmlischer Herrscher"). Im politischen System der 1947 gegründeten parlamentarischen Demokratie übernimmt der Tennō nur noch symbolische Aufgaben, etwa die Ernennung des Premierministers und die Einberufung des Parlaments. Aktuell amtiert der 125. Tennō Akihito, der den auf Lebenszeit vergebenen Titel 1990 von seinem verstorbenen Vater Hirohito übernommen hatte.

Zu 42) A. auf möglichst niedriger Ebene (Stadt, Gemeinde) umzusetzen.

Nach dem Subsidiaritätsprinzip sollen staatliche Aufgaben auf möglichst niedriger Ebene umgesetzt werden, beispielsweise von Kommunen (Städte, Gemeinden), solange die jeweiligen Stellen dazu in der Lage sind. Das Subsidiaritätsprinzip ist u. a. wichtig für die Europäische Union und die Bundesrepublik Deutschland.

Zu 43) B. Cem Özdemir

Cem Özdemir, geboren 1965 im schwäbischen Urach, ist ein Politiker der Partei Bündnis 90/Die Grünen. Seit 2021 leitet Özdemir das Bundesministerium für Ernährung und Landwirtschaft und ist somit der erste Bundesminister mit türkischen Eltern.

Zu 44) nein

Der Sicherheitsrat ist das mächtigste Gremium der Vereinten Nationen. Er besteht aus fünf ständigen Mitgliedern, die bei der Verabschiedung von Resolutionen ein erweitertes Vetorecht besitzen, und zehn nichtständigen Mitgliedern, die im Zwei-Jahres-Turnus neu gewählt werden. Ständige Mitglieder sind Frankreich, die USA, das Vereinigte Königreich, Russland und China.

Zu 45) C. Anarchie

„Anarchie" stammt vom altgriechischen „anarchia" und bedeutet wörtlich „Herrschaftslosigkeit". In der politischen Philosophie der Anarchie gibt es keine steuernde Zentralgewalt,

keinen Staat. Der Anarchismus setzt sich (je nach Denkschule) das utopistische Ziel, soziale Ordnung nur durch die Gesellschaft selbst herzustellen, ohne Machtausübung durch Autoritäten. Landläufig wird Anarchie häufig mit Chaos und Gesetzlosigkeit gleichgesetzt.

Zu 46) PKK

PKK steht für „Partiya Karkerên Kurdistanê", übersetzt „Arbeiterpartei Kurdistans". Die PKK wurde in den 1970er-Jahren vom türkisch-kurdischen Aktivisten Abdullah Öcalan gegründet. Seitdem kämpft sie politisch und mit Waffengewalt für die Autonomie kurdischer Siedlungsgebiete in der Türkei, in Syrien, im Irak und im Iran. Öcalan wurde 1999 in der Türkei u. a. wegen Mordes und Hochverrats zum Tode verurteilt; 2002 änderte man die Strafe in lebenslange Haft.

Zu 47) C. Genfer Konventionen.

Die Genfer Konventionen sind ein elementarer Teil des humanitären Völkerrechts: Sie regeln den Umgang mit Personen, die während bewaffneter Konflikte nicht an Kampfhandlungen teilnehmen (etwa Verwundete oder Zivilisten). Die Konventionen umfassen vier zwischenstaatliche Abkommen, denen rund 200 Länder beigetreten sind, und drei Zusatzprotokolle. Schwerwiegende Verstöße können vom Internationalen Strafgerichtshof in Den Haag verfolgt werden.

Zu 48) Iran

Die Arabische Liga ist ein internationaler Zusammenschluss arabischer Staaten, gegründet 1945 in Kairo. Ihr gehören mehr als 20 Staaten aus Afrika und Vorderasien an. Nicht dabei ist die Islamische Republik Iran, was einerseits an der machtpolitischen Rivalität mit Saudi-Arabien liegt, andererseits an religiösen und kulturellen Unterschieden: Im Iran leben mehrheitlich Schiiten, die in der sunnitisch dominierten arabischen Welt die Minderheit darstellen. Außerdem bezeichnen sich Iraner als Perser; sie sprechen Fārsī, nicht Arabisch.

Zu 49) **C.** Frontex.

Frontex, abgeleitet vom französischen „frontières extérieures" („Außengrenzen"), ist der Kurzname der „Europäischen Agentur für die operative Zusammenarbeit an den Außengrenzen der Mitgliedstaaten der Europäischen Union". Sie koordiniert und leitet verschiedene Maßnahmen, um die EU-Außengrenzen zu überwachen und zu sichern. Öffentlich bekannt sind vor allem die Seenotrettungsmissionen im Mittelmeer.

Zu 50) **A.** Afghanistan

Kaschmir ist ein ehemaliger Fürstenstaat in Südasien, umringt von Indien, Pakistan, China und Afghanistan, das als einziger Anrainerstaat keinen territorialen Anspruch auf das Gebiet erhebt. Als 1947 die Indische Union und Pakistan das Erbe des aufgelösten Kolonialreichs Britisch-Indien antraten, blieb Kaschmir zunächst unabhängig, bevor es infolge des Ersten Indisch-Pakistanischen Krieges 1949 zweigeteilt wurde: Es entstanden der indische Bundesstaat Jammu und Kashmir sowie die pakistanisch verwalteten Gebiete Asad Kaschmir und Gilgit-Baltistan.

Wirtschaft und Gesellschaft   *Bearbeitungszeit 25 Minuten*

Lückentext: Wirtschaftstheorie

Welche Wörter aus der angegebenen Liste ergänzen den Lückentext sinnvoll? Für jede nummerierte Leerstelle stehen drei Möglichkeiten zur Auswahl:

1   Enthemmung | Selbstregulierung | Fremdregulierung

2   eigennützig | gemeinnützig | unmoralisch

3   liberalen | sozialistischen | anarchistischen

4   Planwirtschaft | Privatisierungen | Staatseingriffe

5   „Thatcherismus" | „Keynesianismus" | „Machiavellismus"

Der schottische Moralphilosoph Adam Smith prägte im 18. Jahrhundert die Metapher der „unsichtbaren Hand", um die 1 _____ freier Märkte zu beschreiben. Demnach sollen alle Teilnehmer einer Volkwirtschaft 2 _____ handeln, um gemeinsam – wie von „unsichtbarer Hand" geführt – eine stabile Ordnung zu schaffen und das allgemeine Wohl zu fördern. Smith gilt damit als Begründer der 3 _____ Wirtschaftstheorie. Um die Konjunktur zu stärken, fordern Anhänger dieser Denkschule oft mehr 4 _____ und den Abbau von Handelsbarrieren. Ein historisches Beispiel dafür ist der 5 _____ im Großbritannien der 1980er-Jahre.

Bearbeiten Sie bitte die folgenden Aufgaben, indem Sie die richtige Lösung markieren oder die Antwort in das Lösungsfeld schreiben.

6) Wie hoch waren die im Bundeshaushalt 2024 vorgesehenen Ausgaben ungefähr?

A. 408 Milliarden Euro
B. 350 Milliarden Euro
C. 477 Milliarden Euro
D. 600 Milliarden Euro
E. Keine Antwort ist richtig.

7) Was versteht man unter dem Begriff „Inflation"?

A. Preisniveaustabilität
B. Anstieg des Preisniveaus
C. Sinkende Preise
D. Geldaufwertung
E. Keine Antwort ist richtig.

8) Wie hoch ist der Umsatzsteuer-Regelsatz in Deutschland?

_____ Prozent.

9) Wie nennt man den Gewinnanteil, den ein Unternehmen an seine Aktionäre ausschüttet?

A. Prämie
B. Zinsen
C. Bonus
D. Dividende
E. Keine Antwort ist richtig.

10) Wie heißt der Index für die 40 größten und umsatzstärksten Unternehmen an der Frankfurter Wertpapierbörse?

_____

11) Durch die höhere Lebenserwartung und die geringere Geburtenrate ...?

A. gibt es in Zukunft immer mehr Rentenbeitragszahler.
B. steigt der finanzielle Spielraum der Rentenversicherung.
C. sind höhere Renten möglich.
D. gibt es immer weniger Rentenbeitragszahler.
E. Keine Antwort ist richtig.

12) In welcher Schweizer Gemeinde findet jedes Jahr das Weltwirtschaftsforum mit wichtigen Politikern und Wirtschaftsführern statt?

A. Bern
B. Zürich
C. Genf
D. Davos
E. Keine Antwort ist richtig.

13) Wie hoch ist der allgemeine Mindestlohn in Deutschland aktuell (Stand Anfang 2025)?

A. 8,50 € pro Stunde
B. 15,20 € pro Stunde
C. 12,82 € pro Stunde
D. 10,– € pro Stunde
E. Keine Antwort ist richtig.

14) Was ist ein Barcode?

A. Die Identifikationsnummer einer Kreditkarte
B. Eine personengebundene Geheimzahl zur EC-Karte
C. Ein anderes Wort für „Barzahlung"
D. Eine maschinenlesbare Anordnung von Strichen
E. Keine Antwort ist richtig.

15) Eine Holding ist …?

A. eine Gewerkschaft.
B. eine Beteiligungsgesellschaft.
C. ein Staatsbetrieb.
D. eine Baubehörde.
E. Keine Antwort ist richtig.

16) Wie nennt man die Differenz von Soll und Haben?

A. Skonto
B. Saldo
C. Storno
D. Giro
E. Keine Antwort ist richtig.

17) Wie heißt dieser Bankmanager?

A. Jean-Claude Juncker
B. Ben Bernanke
C. Josef Ackermann
D. Mario Draghi
E. Keine Antwort ist richtig.

18) Wer bestimmt den Leitzinssatz im Euro-Währungsgebiet?

19) Welche Wirtschaftsform sieht das Grundgesetz für die Bundesrepublik Deutschland vor?

A. Soziale Marktwirtschaft
B. Liberale Marktwirtschaft
C. Planwirtschaft
D. Das Grundgesetz sieht keine Wirtschaftsform ausdrücklich vor.
E. Keine Antwort ist richtig.

20) Was sind Devisen?

A. Inländische Geldscheine

B. Inländische Zahlungsmittel

C. Inländische Münzen

D. Forderungen, die in einer Fremdwährung bestehen

E. Keine Antwort ist richtig.

21) Was sind Derivate?

A. Finanzinstrumente

B. Festverzinsliche Wertpapiere

C. Anleiheformen

D. Wertpapiere mit Zahlungsanweisung

E. Keine Antwort ist richtig.

22) Gilt ein Konzern als „too big to fail", wenn er immun gegen Wirtschaftskrisen ist, weil er in einem Geschäftsfeld ein Monopol hat?

☐ ja   ☐ nein

23) Was bezweckt eine auf „shareholder value" fokussierte Unternehmenspolitik?

A. Effektives Krisenmanagement

B. Maximierung des Kurswerts der Unternehmensanteile (Aktien)

C. Kundenorientierte Produktentwicklung

D. Langfristigen Geschäftserfolg

E. Keine Antwort ist richtig.

24) Bei welchem Prozentsatz des mittleren Einkommens der Gesamtbevölkerung liegt laut EU-Definition die „Armutsgefährdungsgrenze"?

A. 40 %

B. 50 %

C. 60 %

D. 70 %

E. Keine Antwort ist richtig.

25) Was sind Subventionen?

A. Sonderzahlungen an das Militär

B. Strafen, die bei Gesetzesverstößen angeordnet werden

C. Mindestlöhne in der Landwirtschaft

D. Finanzielle Unterstützungen des Staates für Unternehmen

E. Keine Antwort ist richtig.

26) Wodurch wird in Deutschland das Eigenkapital von Banken festgelegt, das diese für Kredite hinterlegen müssen?

A. Gar nicht – das liegt im Ermessen der Bank.

B. Durch die Ausfallwahrscheinlichkeit der Kredite

C. Durch den Gesamtumsatz der Bank

D. Nur durch die Anzahl der Kredite

E. Keine Antwort ist richtig.

27) Die Makroökonomie befasst sich mit einzelnen Teilnehmern einer Volkswirtschaft und die Mikroökonomie mit gesamtwirtschaftlichen Zusammenhängen. Stimmt diese Aussage?

☐ stimmt   ☐ stimmt nicht

28) Die Handelsbilanz im volkswirtschaftlichen Sinne ist …?

A. eine Übersicht des Staatshaushaltes.

B. die Gegenüberstellung der Erwerbs- und Vermögenseinkommen einer Volkswirtschaft.

C. die Gegenüberstellung des Kapitalflusses einer Volkswirtschaft.

D. die Gegenüberstellung der Importe und Exporte aller Waren und Dienstleistungsströme einer Volkswirtschaft.

E. Keine Antwort ist richtig.

29) Welche Messe findet nicht am angegebenen Standort statt?

A. Die Frankfurter Buchmesse in Frankfurt am Main

B. Die Internationale Funkausstellung in Berlin

C. Die gamescom in Köln

D. Die Internationale Automobil-Ausstellung (IAA) in Stuttgart

E. Keine Antwort ist richtig.

30) Was ist das Bruttoinlandsprodukt?

A. Die Summe aller Güter und Dienstleistungen, die eine Volkswirtschaft in einem Jahr zur letzten Verwendung erbringt

B. Die Differenz aller Güter und Dienstleistungen, die eine Volkswirtschaft im Vergleich zum Vorjahr erbringt

C. Die Differenz aller Güter und Dienstleistungen, die die Weltwirtschaft im Vergleich zum Vorjahr erbringt

D. Die Summe aller Güter und Dienstleistungen, die die Weltwirtschaft in einem Jahr zur letzten Verwendung erbringt

E. Keine Antwort ist richtig.

31) Das Foto zeigt tierische Symbole für die Börsenbegriffe „Hausse" und „Baisse". Welches Tier entspricht welchem Begriff?

_____   –

_____   –

32) Der „Ifo-Index" bewertet …?

A. das hiesige Geschäftsklima.

B. den Börsenwert von Unternehmen.

C. die Entwicklung der Inflationsrate.

D. die Staatsverschuldung.

E. Keine Antwort ist richtig.

33) Was ist eine Hypothek?

A. Ein Kredit zur Finanzierung einer Immobilie

B. Die Pachtforderung für eine Immobilie

C. Der Verkauf von Rechten an einem Grundstück

D. Ein Rechtsanspruch auf ein Grundstück

E. Keine Antwort ist richtig.

34) Unter dem Begriff „Gentrifizierung" versteht man …?

A. die Manipulation von Börsenkursen.

B. die Ausbreitung von Gewerbegebieten in Innenstädten.

C. den Bevölkerungswandel in Großstadtvierteln.

D. die Verarmung mittelständischer Familien.

E. Keine Antwort ist richtig.

35) 1998 wurden die ersten Euro-Scheine und -Münzen eingeführt – stimmt diese Aussage?

☐ stimmt   ☐ stimmt nicht

36) Wofür steht dieses Logo?

A. Einhaltung von „Fair Trade"-Handelsrichtlinien

B. Gütesiegel im Online-Handel

C. Importierte Elektronikware

D. Einhaltung der EU-Handelsrichtlinien

E. Keine Antwort ist richtig.

37) Welche Aussage zu den gesetzlichen Ladenschlusszeiten in Deutschland stimmt?

A. Jedes Geschäft darf öffnen, wie es der Inhaber will.

B. Alle Geschäfte müssen einheitliche Öffnungszeiten haben.

C. Alle Geschäfte müssen werktags mindestens von 8–20 Uhr geöffnet haben.

D. Alle Geschäfte müssen an Sonn- und Feiertagen geschlossen haben.

E. Keine Antwort ist richtig.

38) Was geschieht in einem „Factory-Outlet-Center"?

A. Ein aufgegebenes Geschäft löst seine Restbestände auf.

B. Industriebetriebe erwerben Geräte und Maschinen.

C. Mehrere Hersteller verkaufen preisreduzierte Markenartikel.

D. Ein Unternehmen beliefert seine Kunden direkt aus einem Zentrallager.

E. Keine Antwort ist richtig.

39) Bei einer Lieferung frei Haus ...?

A. zahlt der Verkäufer die Versandkosten.

B. erhält der Kunde die Ware unverbindlich zur Ansicht.

C. wird die Ware unverpackt verschickt.

D. zahlt der Käufer die Transportgebühr.

E. Keine Antwort ist richtig.

40) Welcher Preis ist ein Schwellenpreis?

A. 40,– Euro

B. 101,50 Euro

C. 1.000,– Euro

D. 99,95 Euro

E. Keine Antwort ist richtig.

41) Wobei handelt es sich um Komplementärgüter?

A. Faxgerät und CD-Spieler

B. Sakko und weiße Tennissocken

C. Kraftstoff und Automobil

D. Flugzeug und Hubschrauber

E. Keine Antwort ist richtig.

42) Was bezeichnet man als „Tara"?

A. Verpackungsgewicht

B. Versandentfernung

C. Versandkosten

D. Verpackungsart

E. Keine Antwort ist richtig.

43) Wofür steht das Kürzel „B2C"?

A. Business-to-Consumer

B. Bank-to-Client

C. Business-to-Corporate

D. Bank-to-Credit

E. Keine Antwort ist richtig.

44) Beim viralen Marketing ...?

A. werden fremde Kampagnen ungeniert nachgeahmt.

B. empört sich die Öffentlichkeit über eine Marketingaktion.

C. verbreiten sich Botschaften rasch von Mensch zu Mensch.

D. wird ein schädliches Produkt irreführend beworben.

E. Keine Antwort ist richtig.

45) Welches Ziel verfolgt das „Just-in-time"-Konzept in Bezug auf die Lagerhaltung?

A. Große Terminfreiräume

B. Geringe Lagerbestände

C. Kurze Transportwege

D. Regelmäßige Arbeitszeiten

E. Keine Antwort ist richtig.

46) Welches ist kein Einsatzgebiet der Logistik – die Beschaffung, die Fertigungsplanung oder das Controlling?

_____

47) Im Rechnungswesen ist der Debitor ein …?

A. Lieferant.

B. Gläubiger.

C. Schuldner.

D. Gesellschafter.

E. Keine Antwort ist richtig.

48) Die Euro-6-Norm regelt …?

A. den Kraftstoffverbrauch eines Autos.

B. den Schadstoffausstoß eines Autos.

C. die Lärmemission eines Autos.

D. die Wiederverwertbarkeit eines Autos.

E. Keine Antwort ist richtig.

49) Welche Aussage zu den Zollkontrollen beim EU-Grenzverkehr stimmt?

A. Zollkontrollen sind an allen EU-Binnengrenzen obligatorisch.

B. Zollkontrollen finden an den meisten EU-Binnengrenzen nicht mehr statt.

C. Beim Grenzverkehr innerhalb der EU gibt es keine Zollkontrollen mehr.

D. Nur acht EU-Mitgliedsstaaten haben die Zollkontrollen abgeschafft.

E. Keine Antwort ist richtig.

50) Wie verläuft ein Kommissionsgeschäft?

A. Der Kommissionär verkauft Güter auf Rechnung des Kommittenten und erhält dafür Provision.

B. Der Kommissionär mietet vom Kommittenten die Nutzungsrechte an einem Produkt.

C. Der Kommissionär pachtet ein Geschäft vom Kommittenten und reicht einen Teil der Umsätze an ihn weiter.

D. Der Kommissionär verkauft Güter an einen Kommittenten und behält sich die Option auf Rückkauf vor.

E. Keine Antwort ist richtig.

Lösungen: Wirtschaft und Gesellschaft

1. Selbstregulierung	18. Europäische Zentralbank (EZB)	34. C
2. eigennützig		35. stimmt nicht
3. liberalen	19. D	36. D
4. Privatisierungen	20. D	37. D
5. „Thatcherismus"	21. A	38. C
6. C	22. nein	39. A
7. B	23. B	40. D
8. 19 %	24. C	41. C
9. D	25. D	42. A
10. Deutscher Aktienindex (Dax)	26. B	43. A
	27. stimmt nicht	44. C
11. D	28. D	45. B
12. D	29. D	46. Controlling
13. C	30. A	47. C
14. D	31. Bulle – Hausse, Bär – Baisse	48. B
15. B		49. C
16. B	32. A	50. A
17. D	33. D	

Zu 1–5) Der schottische Moralphilosoph Adam Smith prägte im 18. Jahrhundert die Metapher der „unsichtbaren Hand", um die Selbstregulierung freier Märkte zu beschreiben. Demnach sollen alle Teilnehmer einer Volkswirtschaft eigennützig handeln, um gemeinsam – wie von „unsichtbarer Hand" geführt – eine stabile Ordnung zu schaffen und das allgemeine Wohl zu fördern. Smith gilt damit als Begründer der liberalen Wirtschaftstheorie. Um die Konjunktur zu stärken, fordern Anhänger dieser Denkschule oft mehr Privatisierungen und den Abbau von Han-

delsbarrieren. Ein historisches Beispiel dafür ist der „Thatcherismus" im Großbritannien der 1980er-Jahre.

Zu 6) C. 477 Milliarden Euro

Der ursprünglich für 2024 beschlossene Bundeshaushalt sah Ausgaben in Höhe von rund 477 Milliarden Euro vor. Die größten Posten: Arbeit und Soziales (176 Mrd. Euro), Verteidigung (52 Mrd. Euro) sowie Digitales und Verkehr (44 Mrd. Euro).

Zu 7) B. Anstieg des Preisniveaus

„Inflation" nennt man eine Geldentwertung: Das Austauschverhältnis von Geld zu allen anderen Gütern verändert sich zulasten des Geldes. Zur Berechnung der Inflationsrate können unterschiedliche Preisindizes herangezogen werden; das Statistische Bundesamt der Bundesrepublik nutzt den Lebenshaltungsindex für Haushalte: Anhand eines festgelegten Warenkorbs bestimmt man die Entwicklung der Lebenshaltungskosten und dadurch die Inflationsrate.

Zu 8) 19 Prozent.

Die Umsatzsteuer – allgemein auch „Mehrwertsteuer" genannt – wird beim Austausch von Waren und Dienstleistungen fällig. Der Umsatzsteuer-Regelsatz liegt in Deutschland bei 19 Prozent. Für bestimmte Güter wie Bücher, Zeitungen und Grundnahrungsmittel gilt ein ermäßigter Satz von 7 Prozent.

Zu 9) D. Dividende

Dividenden sind Gewinnbeteiligungen, die eine Aktiengesellschaft an ihre Aktionäre ausschüttet. Die Verwendung des Bilanzgewinns einer AG – und damit die Dividendenhöhe – wird vom Vorstand vorgeschlagen, vom Aufsichtsrat geprüft und von der Hauptversammlung beschlossen. Die Dividende ist von der allgemeinen Geschäftslage abhängig und kann daher von Jahr zu Jahr schwanken oder sogar ganz ausfallen.

Zu 10) Deutscher Aktienindex (Dax)

Der Dax wurde gemeinsam von der Arbeitsgemeinschaft der deutschen Wertpapierbörsen, der Frankfurter Wertpapierbörse und der Börsen-Zeitung entwickelt und am 1. Juli 1988 eingeführt. Als Leitindex des deutschen Aktienmarkts ist er der wichtigste deutsche Aktienindex. Der Dax gibt Auskunft über den Stand und die Entwicklung der Aktienkurse der 40 größten und umsatzstärksten deutschen Unternehmen an der Frankfurter Wertpapierbörse.

Zu 11) D. gibt es immer weniger Rentenbeitragszahler.

Die Finanzierung der Rente hängt wesentlich von der demografischen Entwicklung ab. Dank der steigenden Lebenserwartung gibt es einerseits immer mehr Rentner, denen andererseits wegen der niedrigen Geburtenrate immer weniger Beitragszahler gegenüberstehen.

Zu 12) D. Davos

Das Weltwirtschaftsforum (WEF) hat zwar seinen Sitz in Cologny bei Genf, seine jährlichen Treffen finden jedoch seit 1971 im Wintersportort Davos statt. Dort versammeln sich international führende Wirtschaftsexperten, Politiker, Wissenschaftler, Vertreter von Nichtregierungsorganisationen und Journalisten, um dringliche weltpolitische Fragen zu diskutieren.

Zu 13) C. 12,82 € pro Stunde

Im Januar 2015 wurde in Deutschland ein branchenübergreifender, allgemeiner Mindestlohn von 8,50 Euro pro Zeitstunde eingeführt. Das Mindestlohngesetz sieht vor, dass alle zwei Jahre über weitere Anpassungen entschieden wird; inzwischen (Stand Anfang 2025) beläuft sich der Betrag auf 12,82 Euro.

Zu 14) D. Eine maschinenlesbare Anordnung von Strichen

Der Barcode ist ein maschinenlesbarer Code aus parallelen Strichen unterschiedlicher Dicke. Er enthält im Binärcode verschlüsselte Daten. Man nutzt ihn u. a. im Handel, um Güter zu verfolgen und zu identifizieren, etwa bei der Kassenerfassung. Zum Auslesen eines Barcodes können Lesestifte, CCD- oder Laserscanner verwendet werden.

Zu 15) B. eine Beteiligungsgesellschaft.

Eine Holding ist eine Beteiligungs- bzw. Dachgesellschaft: So nennt man Unternehmen mit dem ausschließlichen Geschäftszweck, sich an anderen Unternehmen zu beteiligen.

Zu 16) B. Saldo

Die Differenz von Soll und Haben heißt Saldo. Ein Skonto ist ein Preisnachlass, den ein Käufer erhält, wenn er den Rechnungsbetrag innerhalb einer bestimmten Frist zahlt. „Storno" steht für das Rückgängigmachen einer Kontobuchung oder die Rückabwicklung eines Vertrags. Den Ausdruck „Giro" kennt man u. a. vom Girokonto – einem Konto, über das der (bargeldlose) Zahlungsverkehr abgewickelt wird.

Zu 17) D. Mario Draghi

Das Foto zeigt Mario Draghi, von 2011 bis 2019 Präsident der Europäischen Zentralbank (EZB). Die Amtszeit des gebürtigen Römers war geprägt von der Bekämpfung der „Euro-Krise", einer weitreichenden Staatsschulden-, Banken- und Wirtschaftskrise im Währungsraum des Euro. Als Gegenmittel setzte Draghi unter anderem auf niedrige Leitzinsen sowie auf den Ankauf von Staatsanleihen durch die EZB – Maßnahmen, die ihm zum Teil heftige Kritik einbrachten.

Zu 18) Europäische Zentralbank (EZB)

Den Leitzins im Währungsraum des Euro bestimmt seit dessen Einführung die Europäische Zentralbank. Man bezeichnet damit den Zinssatz, zu dem sich Geschäftsbanken von der Zentralbank Geld beschaffen können. Der Leitzins ist ein wichtiges geldpolitisches Instrument: Er beeinflusst den gesamten Refinanzierungsmarkt und damit die Liquidität des Währungsraums. Weitere wichtige Leitzinssätze sind die „Repo Rate" der Bank of England und die nominale „Federal Funds Rate" der Federal Bank of America.

Zu 19) D. Das Grundgesetz sieht keine Wirtschaftsform ausdrücklich vor.

Das Grundgesetz der Bundesrepublik Deutschland legt keine bestimmte Wirtschaftsform fest. Das Bundesverfassungsgericht betrachtet das Grundgesetz daher als wirtschaftlich neutral.

Zu 20) D. Forderungen, die in einer Fremdwährung bestehen

Devisen sind Forderungen, die in einer Fremdwährung bestehen, wie beispielsweise ausländische Konten, Wertpapiere und Banknoten.

Zu 21) A. Finanzinstrumente

Derivate sind gegenseitige Verträge, deren Preis auf einen marktabhängigen Basiswert bezogen wird. Als Basiswert können Wertpapiere wie Aktien oder Anleihen dienen, marktbezogene Referenzgrößen wie Indizes oder Zinssätze sowie andere Handelsgegenstände wie Rohstoffe oder Devisen. Derivate werden in Erwartung auf eine bestimmte zukünftige Entwicklung – z. B. steigende oder fallende Aktienkurse – abgeschlossen. Sie sind so konstruiert, dass sie die Schwankungen des Basiswertes überproportional nachvollziehen. So lassen sie sich sowohl zur Spekulation als auch zur Absicherung gegen Wertverluste einsetzen. Die wichtigsten Derivate sind Optionen, Zertifikate, Futures und Swaps.

Zu 22) nein

Das Etikett „too big to fail" („zu groß zum Scheitern") erhalten sogenannte „systemrelevante" Unternehmen. Insbesondere Banken und Versicherungen sind oft voneinander abhängig und stark vernetzt, sodass die Insolvenz eines Konzerns die Stabilität des gesamten Finanzsystems – und der Realwirtschaft – bedrohen würde. Im Krisenfall kommt es mitunter zu staatlichen Rettungsaktionen mit öffentlichen Geldern.

Zu 23) B. Maximierung des Kurswerts der Unternehmensanteile (Aktien)

Eine auf „shareholder value" abzielende Unternehmenspolitik versucht, den Kurswert der Unternehmensanteile zu maximieren. Damit steigt der Vermögenswert („value"), den ein Anteilseigner („shareholder") des Unternehmens besitzt.

Zu 24) C. 60 %

Nach dem statistischen Standard der Europäischen Union gelten Personen als armutsgefährdet, die mit weniger als 60 Prozent des mittleren Einkommens (Median) der Gesamtbevölkerung auskommen müssen. 2023 traf dies in Deutschland auf rund ein Siebtel der Bevölkerung zu.

Zu 25) D. Finanzielle Unterstützungen des Staates für Unternehmen

Subventionen sind finanzielle Vorteile, die ein Staat bestimmten Branchen oder Unternehmen gewährt. In Form direkter Subventionen kann der Staat Zuschüsse, günstige Kredite, Bürgschaften oder Förderungskapital vergeben. An indirekten Subventionen zu nennen sind Steuererlasse, Zollbefreiungen, Rückvergütungen, Erstattungen sowie der Verzicht auf Abgaben und sonstige Verbindlichkeiten.

Zu 26) B. Durch die Ausfallwahrscheinlichkeit der Kredite

Das Eigenkapital, das eine Bank zur Absicherung ausfallender Kredite vorhalten muss, richtet sich nach deren Ausfallwahrscheinlichkeit. Diese Regelung folgt einer Empfehlung des Basler Ausschusses für Bankenaufsicht, einem internationalen Gremium, in dem Vertreter wichtiger Zentralbanken und Bankaufsichtsbehörden zusammenkommen.

Zu 27) stimmt nicht

Mikro- und Makroökonomie sind Teilgebiete der Volkswirtschaftslehre. Die Makroökonomie analysiert gesamtwirtschaftliche Zusammenhänge auf nationaler oder internationaler Ebene, etwa in den Dimensionen Produktionsvolumen, Gesamteinkommen oder Wirtschaftswachstum. Die Mikroökonomie untersucht das Verhalten einzelner wirtschaftlicher Akteure – z. B. Konsumenten, Haushalte, Unternehmen.

Zu 28) D. die Gegenüberstellung der Importe und Exporte aller Waren und Dienstleistungsströme einer Volkswirtschaft.

Die Handelsbilanz (auch „Außenhandelsbilanz") ist eine volkswirtschaftliche Gesamtrechnung. Sie vergleicht die Importe und Exporte aller Waren und Dienstleistungsströme, die in einer Volkswirtschaft in einem bestimmten Zeitraum anfallen. Ist die Handelsbilanz eines Landes positiv, übersteigt der Wert der Ausfuhren den Wert der Einfuhren, woraus sich Zahlungsforderungen gegenüber dem Ausland ergeben. Bei einer negativen Handelsbilanz bestehen umgekehrt Zahlungsverpflichtungen gegenüber ausländischen Gläubigern. Handelsbilanzen sind eine wichtige Grundlage für wirtschaftspolitische Entscheidungen.

Zu 29) D. Die Internationale Automobil-Ausstellung (IAA) in Stuttgart

In Deutschland werden viele international bedeutende Messen veranstaltet. Frankfurt am Main beheimatet zum Beispiel die Frankfurter Buchmesse, Berlin die Internationale Funk-Ausstellung und Köln die Computerspielmesse gamescom. Stuttgart ist zwar auch eine Messestadt, die Internationale Automobil-Ausstellung (IAA) findet jedoch ab 2021 in München statt.

Zu 30) A. Die Summe aller Güter und Dienstleistungen, die eine Volkswirtschaft in einem Jahr zur letzten Verwendung erbringt

Das Bruttoinlandsprodukt (BIP) beziffert den Wert aller Güter und Dienstleistungen, die eine Volkswirtschaft in einem Jahr innerhalb ihrer Landesgrenzen als Endprodukte (also zur letzten Verwendung) hervorbringt.

Zu 31) Bulle – Hausse | Bär – Baisse

Das Foto zeigt die Bronzeskulpturen von Bulle und Bär vor der Frankfurter Wertpapierbörse. Der kämpferische Bulle mit den aufragenden Hörnern steht für anhaltend steigende Kurse – man spricht auch von „Bullenmarkt" oder „Hausse" (franz. für „Anstieg"). Im Gegensatz dazu symbolisiert der geduckte, schwermütige Bär ein Börsentief, eine „Baisse" (franz. für „Rückgang").

Zu 32) A. das hiesige Geschäftsklima.

Der „Ifo-Index" – vollständig „Ifo-Geschäftsklimaindex" – ist ein Indikator für die wirtschaftliche Entwicklung in Deutschland. Er wird erstellt vom Ifo-Institut – Leibniz-Institut für Wirtschaftsforschung an der Universität München, das dazu jeden Monat mehrere tausend Unternehmen befragt, u. a. zur aktuellen Geschäftslage, zu den Zukunftsaussichten und zur Zahl der Beschäftigten.

Zu 33) D. Ein Rechtsanspruch auf ein Grundstück

Eine Hypothek ist ein ins Grundbuch eingetragener Rechtsanspruch auf ein Grundstück. Sie dient meist als Pfand, um eine längerfristige Finanzierung – etwa einen Bankkredit – dem Gläubiger gegenüber abzusichern.

Zu 34) C. den Bevölkerungswandel in Großstadtvierteln.

Die Gentrifizierung beschreibt einen stets ähnlich verlaufenden Prozess des schleichenden Bevölkerungswandels, typischerweise in innenstadtnahen Großstadtlagen: Niedrige Mietpreise in weniger populären Wohnbezirken ziehen Studenten und Künstler an, die das Viertel kulturell aufwerten, was wiederum wohlhabendere Klientel anlockt. Dadurch steigen die Mietpreise und die angestammte, finanziell schwächere Bevölkerung wird allmählich vertrieben.

Zu 35) stimmt nicht

Der Euro, die Währung der Europäischen Währungsunion, besteht seit Januar 1999 als Buchgeld und wurde 2002 als Bargeld eingeführt. Damit wurden die nationalen Währungen als Zahlungsmittel abgelöst.

Zu 36) D. Einhaltung der EU-Handelsrichtlinien

Das Logo mit den Buchstaben „CE" für „Communauté Européenne" („Europäische Gemeinschaft") ist ein EU-Verwaltungszeichen. Damit kennzeichnen Produzenten ihre Waren, um die Einhaltung der EU-Handelsstandards zu versichern, etwa zum Gesundheits- und Umweltschutz. Bevor die Produkte in den Verkauf gehen, müssen sie vom Hersteller und ggf. von einer privaten, von der EU überwachten Prüfstelle untersucht werden.

Zu 37) D. Alle Geschäfte müssen an Sonn- und Feiertagen geschlossen haben.

Die Gestaltung der Ladenschlusszeiten obliegt den Bundesländern und variiert entsprechend. Die meisten

Länder geben die Öffnungszeiten werktags frei, nur mancherorts gibt es Einschränkungen: In Bayern und im Saarland gilt ein verpflichtender Ladenschluss von 20–6 Uhr, in Rheinland-Pfalz und Sachsen von 22–6 Uhr. Übereinstimmung herrscht darin, die Verkaufsstellen an Sonn- und Feiertagen grundsätzlich geschlossen zu halten. Seltene Ausnahmen (verkaufsoffener Sonntag) sind möglich.

Zu 38) C. Mehrere Hersteller verkaufen preisreduzierte Markenartikel.

Ein „Factory-Outlet-Center" (FOC) – auch „Fabrikverkaufszentrum" – ist eine Sonderform des Fabrikverkaufs: Verschiedene Hersteller bieten ihre Markenprodukte an einem Standort in eigenen Läden günstig an. Der Angebotsbündelung auf mehreren tausend Quadratmetern Verkaufsfläche steht der Nachteil der längeren Anreise gegenüber, da FOCs typischerweise recht abgelegen sind.

Zu 39) A. zahlt der Verkäufer die Versandkosten.

Wird frei Haus geliefert, trägt der Verkäufer die Versandkosten. Sollen diese vom Käufer entrichtet werden, vereinbart man die Lieferung „ab Lager" oder „ab Werk".

Zu 40) D. 99,95 Euro

Schwellenpreise oder auch „gebrochene Preise" nennt man Verkaufspreise knapp unterhalb runder, ganzzahliger Beträge. Die erhoffte psychologische Wirkung: Der Kunde soll das Gefühl bekommen, ein Produkt günstig zu erstehen. In der Praxis konnte dieser Effekt allerdings nicht zweifelsfrei belegt werden. Ob sich ein Produkt für 99,95 Euro tatsächlich häufiger verkauft als für 101,50 Euro, ist also nicht sicher.

Zu 41) C. Kraftstoff und Automobil

Komplementärgüter ergänzen sich in ihrem Nutzen und werden daher gemeinsam nachgefragt. Ändert sich die Nachfrage nach einem der beiden Güter, ist dadurch in der Regel auch das Komplementärgut betroffen: Steigt der Absatz von Computern, wächst z. B. auch der Bedarf an Software. Ähnlich ist es bei Automobilen und Kraftstoff, Messern und Gabeln sowie MP3-Playern und Kopfhörern.

Zu 42) A. Verpackungsgewicht

Die Tara ist die Differenz zwischen Netto- und Bruttogewicht (Rein- und Gesamtgewicht) und entspricht dem Verpackungsgewicht. Anhand der Tara lässt sich das Gewicht von Gütern bestimmen, die nicht separat gewogen werden können.

Zu 43) A. Business-to-Consumer

„B2C" steht im Marketing für „Business-to-Consumer" bzw. „Business-to-Client" („Unternehmen an Konsumenten/Kunden"): Gemeint sind die geschäftlichen und kommunikativen Beziehungen von Unternehmen zu Privatpersonen. Analog dazu bezeichnet das Kürzel „B2B" („Business-to-Business") die Beziehungen zwischen Unternehmen.

Zu 44) C. verbreiten sich Botschaften rasch von Mensch zu Mensch.

Beim viralen Marketing verbreiten sich produkt- oder dienstleistungsbezogene Botschaften rasch von Mensch zu Mensch – wie Krankheitserreger bei einer Epidemie. Die virale Information wird zunächst vom Urheber in einem ausgewählten zielgruppenrelevanten Umfeld platziert, beispielsweise in sozialen Netzwerken oder Online-Foren. Diesen Vorgang nennt man „Seeding" („Impfen", „Aussäen"). Im Erfolgsfall wird der Inhalt über Hinweise und Empfehlungen schnell von Nutzer zu Nutzer weitergegeben.

Zu 45) B. Geringe Lagerbestände

Das „Just-in-time"-Konzept beschreibt ein Verfahren, bei dem alle benötigten Komponenten möglichst zeitnah zur Produktion bzw. zum Verkauf geliefert werden. Dadurch entfallen lange Lagerhaltungszeiten – die Bestandsmengen sinken, und mit ihnen die Lagerkosten.

Zu 46) Das Controlling

Die Logistik befasst sich mit der Organisation, Steuerung und Optimierung von Güter-, Informations-, Energie-, Geld- und Personenströmen. Die Aufgabe des Controllings (engl. „to control" = „steuern") besteht dagegen in der Planung und Kontrolle von Unternehmensprozessen, um die Wirtschaftlichkeit in einem Unternehmen zu überwachen.

Zu 47) C. Schuldner.

Ein Debitor ist im Rechnungswesen jemand, der Waren oder Dienstleistungen erhalten hat und dem Lieferanten (Kreditor) nun den Rechnungsbetrag schuldet.

Zu 48) B. den Schadstoffausstoß eines Autos.

Die Euro-6-Abgasnorm definiert Grenzwerte für den Schadstoffausstoß und unterteilt Fahrzeuge in Schadstoffklassen, die u. a. die Höhe der Kfz-Steuer beeinflussen und als Referenz bei der Planung von Umweltzonen dienen. Bei der Pkw-Erstzulassung ist die Euro-6-Norm seit September 2015 bindend.

Zu 49) C. Beim Grenzverkehr innerhalb der EU gibt es keine Zollkontrollen mehr.

Die EU-Mitgliedsstaaten bilden seit 1993 eine Zollunion, d. h. eine Freihandelszone, in der beim Warenverkehr zwischen den Mitgliedsländern keine Binnenzölle mehr erhoben werden. Dadurch entfielen die Zollkontrollen.

Zu 50) A. Der Kommissionär verkauft Güter auf Rechnung des Kommittenten und erhält dafür Provision.

Ein Kommissionär verkauft Güter in eigenem Namen auf Rechnung des Kommittenten. Der Kommissionär übernimmt den Abverkauf der empfangenen Güter und reicht den Umsatz an den Kommittenten weiter, von dem er im Gegenzug die vorher vereinbarte Provision erhält.

Geschichte und Kulturgeschichte *Bearbeitungszeit 25 Minuten*

Wann ist was passiert? Bitte ordnen Sie jedem historischen Ereignis das richtige Datum zu, indem Sie den entsprechenden Lösungsbuchstaben in das Kästchen schreiben.

1) „Islamische Revolution" im Iran   ☐   **A.** 1970

2) Kniefall Willy Brandts in Warschau   ☐   **B.** 1914–1918

3) Zweiter Weltkrieg in Europa   ☐   **C.** 1789

4) Börsencrash in New York löst Weltwirtschaftskrise aus   ☐   **D.** 1979

5) Erster Weltkrieg   ☐   **E.** 1990

6) Deutsche Wiedervereinigung   ☐   **F.** 1689

7) Beginn der Französischen Revolution   ☐   **G.** 1929

8) Einführung autofreier Sonntage in Deutschland aufgrund der Ölkrise   ☐   **H.** 1620

9) „Glorious Revolution", Einführung der Demokratie in England   ☐   **I.** 1939–1945

10) Englische Siedler segeln mit der „Mayflower" nach Nordamerika   ☐   **J.** 1973

Bearbeiten Sie bitte die folgenden Aufgaben, indem Sie die richtige Lösung markieren oder die Antwort in das Lösungsfeld schreiben.

11) Wie heißt der Superkontinent, der einst sämtliche Landmassen der Erde umfasste?

A. Patagonien

B. Pangäa

C. Holozän

D. Tundra

E. Keine Antwort ist richtig.

12) Bringen Sie folgende Perioden der Menschheitsgeschichte in die richtige Reihenfolge: Bronzezeit, Eisenzeit, Steinzeit.

_____

_____

13) In der „Wiege der Menschheit" finden sich die ältesten …?

A. Fossilien menschenverwandten Lebens.

B. Werkzeuge zum Ackerbau.

C. Musikinstrumente.

D. Spuren des Hausbaus.

E. Keine Antwort ist richtig.

14) Welche antike Großmacht wurde von Rom in den drei Punischen Kriegen zerschlagen – Sparta, Ägypten oder Karthago?

_____

15) Wie heißt diese Regentin – Antigone, Nofretete oder Helena?

16) In der Varusschlacht (auch „Schlacht im Teutoburger Wald") kämpften …?

A. Franzosen gegen Preußen.

B. Hunnen gegen Franken.

C. Römer gegen Germanen.

D. Vandalen gegen Goten.

E. Keine Antwort ist richtig.

17) Wer eroberte im Mittelalter die Iberische Halbinsel?

A. Angeln und Sachsen

B. Mauren und Araber

C. Römer und Karthager

D. Hunnen und Mongolen

E. Keine Antwort ist richtig.

18) Wer war der erste Kaiser in Westeuropa nach dem Fall des Weströmischen Reiches?

A. Friedrich I. Barbarossa

B. Napoleon Bonaparte

C. Ludwig IV. von Bayern

D. Karl der Große

E. Keine Antwort ist richtig.

19) Welcher Mongolenherrscher eroberte im 13. Jahrhundert ein Weltreich?

_____

20) Was könnte man bei einem Besuch im „Reich der Mitte" besichtigen?

A. Den Tadsch Mahal

B. Aztekische Tempelanlagen

C. Die verbotene Stadt

D. Pharaonengräber

E. Keine Antwort ist richtig.

21) Die afrikanische Westküste war vom 15. bis zum 19. Jahrhundert ein Tauschmarkt für Europäer. Sie handelten an der Pfefferküste, Elfenbeinküste, Sklavenküste und an der …?

A. Platinküste.

B. Goldküste.

C. Lederküste.

D. Pelzküste.

E. Keine Antwort ist richtig.

22) Der Dreißigjährige Krieg endete mit …?

A. dem Westfälischen Frieden.

B. dem Pakt von Windsor.

C. dem Vertrag von Versailles.

D. der Genfer Konvention.

E. Keine Antwort ist richtig.

23) Welches Bauwerk zeigt dieses Foto?

A. Den Kölner Dom

B. Den Petersdom in Rom

C. Den Felsendom in Jerusalem

D. Die Hagia Sophia in Istanbul

E. Keine Antwort ist richtig.

24) Welcher deutsche König erhielt den Beinamen „der Große"?

A. Friedrich Wilhelm I.

B. Friedrich II.

C. Friedrich August I.

D. Wilhelm II.

E. Keine Antwort ist richtig.

25) Wobei wurden die Machtverhältnisse in Europa nach dem Ende der Herrschaft Napoleons neu geordnet?

A. Wiener Kongress
B. Warschauer Pakt
C. Haager Konferenz
D. Westminster-Konvention
E. Keine Antwort ist richtig.

26) Welche Stadt wurde 1755 fast vollständig durch eine Naturkatastrophe zerstört?

A. Bilbao
B. Lissabon
C. Casablanca
D. Málaga
E. Keine Antwort ist richtig.

27) Wo tagte die erste demokratisch gewählte deutsche Volksvertretung, die Nationalversammlung?

A. Kölner Dom
B. Nicolaikirche in Leipzig
C. Dresdner Frauenkirche
D. Frankfurter Paulskirche
E. Keine Antwort ist richtig.

28) Wer gewann 1876 die „Schlacht am Little Bighorn" in den USA: die US Army, Indianer oder kalifornische Siedler?

29) Welches Volk stellte diese Statuen auf – und wo stehen sie?

A. Rapanui / Osterinsel
B. Papua / Neuguinea
C. Inka / Peru
D. Maori / Neuseeland
E. Keine Antwort ist richtig.

30) Welche mitteleuropäische Stadt schmückt sich mit dem Beinamen „Elbflorenz"?

A. Hamburg
B. Prag
C. Berlin
D. Dresden
E. Keine Antwort ist richtig.

31) Welche Organisation gilt als Vorläuferin der Vereinten Nationen?

A. Völkerrat
B. Völkerbund
C. Bund der Nationen
D. Volksrat
E. Keine Antwort ist richtig.

32) In welchem Jahrzehnt wurde der Tonfilm entwickelt?

A. 1880er-Jahre
B. 1900er-Jahre
C. 1920er-Jahre
D. 1940er-Jahre
E. Keine Antwort ist richtig.

33) Eine Phase der Weimarer Republik, in der sich Politik und Wirtschaft scheinbar stabilisierten, begleitet von einem kulturellen Aufschwung, bezeichnet man als …?

A. „Republikanische Blüte".
B. „Goldene Zwanziger".
C. „Weimarer Glanzzeit".
D. „Berliner Paradejahre".
E. Keine Antwort ist richtig.

34) Dieses Denkmal befindet sich am …?

A. Mount Rushmore.
B. Monument Valley.
C. Lake Washington.
D. Grand Canyon.
E. Keine Antwort ist richtig.

35) Hamburg ist die brückenreichste Stadt Europas – stimmt diese Aussage?

☐ stimmt   ☐ stimmt nicht

36) Was wurde im geheimen Zusatzprotokoll des Hitler-Stalin-Pakts vereinbart?

A. Austausch von Rüstungsgütern
B. Gemeinsamer Angriff auf Großbritannien
C. Aufteilung Polens
D. Ausbeutung der Ölreserven im Nahen Osten
E. Keine Antwort ist richtig.

37) „Niemand hat die Absicht, eine Mauer zu errichten", verkündete 1961 …?

A. Walter Ulbricht, Vorsitzender des DDR-Staatsrats, vor dem Bau der Berliner Mauer.
B. der chinesische Staatspräsident Mao Zedong vor der Erweiterung der Chinesischen Mauer.
C. Fußball-Bundestrainer Sepp Herberger vor einem WM-Qualifikationsspiel.
D. der Aktionskünstler Joseph Beuys, bevor er sich selbst einbetonierte.
E. Keine Antwort ist richtig.

38) Dieses Bauwerk steht in …?

A. Madrid.
B. Buenos Aires.
C. Barcelona.
D. Lissabon.
E. Keine Antwort ist richtig.

39) Welchen US-Präsidenten brachte die Watergate-Affäre zu Fall?

40) Was erklärte der Civil Rights Act von 1964 in den USA für illegal?

A. Den Verkauf von Alkoholika
B. Die Rassentrennung in öffentlichen Einrichtungen
C. Die Gründung kommunistischer Vereinigungen
D. Den Besitz von Schusswaffen
E. Keine Antwort ist richtig.

41) Wer herrschte von 1936 bis 1975 als Diktator in Spanien?

A. Augusto Pinochet
B. Emiliano Zapata
C. Francisco Franco
D. Salvador Allende
E. Keine Antwort ist richtig.

42) Der „Deutsche Herbst" war …?

A. 1968.
B. 1972.
C. 1977.
D. 1979.
E. Keine Antwort ist richtig.

43) Wer war der erste sozialdemokratische Kanzler der Bundesrepublik Deutschland?

44) Die erste Regierungschefin eines islamischen Landes war …?

A. Indira Gandhi.
B. Maggie Thatcher.
C. Benazir Bhutto.
D. Golda Meir.
E. Keine Antwort ist richtig.

45) Welcher deutsche Politskandal endete 1987 mit einer prominenten Leiche im Badezimmer eines Genfer Hotels?

A. Barschel-Affäre
B. Amigo-Affäre
C. Flick-Spendenaffäre
D. Fibag-Affäre
E. Keine Antwort ist richtig.

46) Was erklärte die NATO erstmals in ihrer Geschichte nach den Anschlägen des 11. September 2001?

A. Ernstfall
B. Bundesgarantie
C. Bündnisfall
D. NATO-Erweiterung
E. Keine Antwort ist richtig.

47) 2011 blickte die EU zurück auf …?

A. die Einführung des Euro 10 Jahre zuvor.
B. die deutsche Wiedervereinigung 20 Jahre zuvor.
C. die Gründung der Europäischen Gemeinschaften (EG) 30 Jahre zuvor.
D. die Gründung der Europäischen Gemeinschaft für Kohle und Stahl (EGKS) 60 Jahre zuvor.
E. Keine Antwort ist richtig.

48) In welcher Stadt befindet sich diese Sehenswürdigkeit?

A. Rio de Janeiro
B. New York
C. Toronto
D. Sydney
E. Keine Antwort ist richtig.

49) Wie heißt ein Festtag sexueller Minderheiten?

A. Memorial Day
B. St. Patricks Day
C. Christopher Street Day
D. Boxing Day
E. Keine Antwort ist richtig.

50) Die Glienicker Brücke …?

A. ist die längste Eisenbahnbrücke der Welt.
B. war ein Schauplatz des Agentenaustauschs im Kalten Krieg.
C. war ein strategisch wichtiger Rheinübergang im Zweiten Weltkrieg.
D. führt über den Mittelrhein und zählt zum UNESCO-Welterbe.
E. Keine Antwort ist richtig.

Lösungen: Geschichte und Kulturgeschichte

1. D	17. B	34. A
2. A	18. D	35. stimmt
3. I	19. Dschingis Khan	36. C
4. G	20. C	37. A
5. B	21. B	38. C
6. E	22. A	39. Richard Nixon
7. C	23. B	40. B
8. J	24. B	41. C
9. F	25. A	42. C
10. H	26. B	43. Willy Brandt
11. B	27. D	44. C
12. Steinzeit, Bronzezeit, Eisenzeit	28. Indianer	45. A
	29. A	46. C
13. A	30. D	47. D
14. Karthago	31. B	48. D
15. Nofretete	32. C	49. C
16. C	33. B	50. B

Zu 1) D. 1979

Aus ersten Demonstrationen und Streiks erwuchs im Iran 1978 eine revolutionäre Massenbewegung, maßgeblich beeinflusst von der im Exil lebenden Symbolfigur Ayatollah Chomeini. Der Regent Schah Mohammad Reza Pahlavi stürzte, und mit ihm die Monarchie. Im Februar 1979 kehrte Chomeini in den Iran zurück. Seine Anhänger schalteten die übrigen Oppositionsbewegungen aus, es kam zu zahlreichen Verhaftungen und Hinrichtungen. Die damals ausgerufene Islamische Republik Iran ist eine theokratische Staatsform mit einem „Obersten Rechtsgelehrten" an der Spitze, der Legislative, Exekutive und Judikative kontrolliert und von einem „Expertenrat" auf Lebenszeit gewählt wird.

Zu 2) A. 1970

Willy Brandt (1913–1992) war von 1969 bis 1974 deutscher Bundeskanzler. Er legte am 7. Dezember 1970 am „Ehrenmal der Helden" zum Gedenken an den Warschauer Ghetto-Aufstand während des Zweiten Weltkriegs einen Kranz nieder und kniete daraufhin vor dem Ehrenmal. Das Ereignis ging als „Kniefall von Warschau" in die Geschichte ein.

Zu 3) I. 1939–1945

Auslöser des Zweiten Weltkriegs war der Angriff des Deutschen Reiches auf Polen am 1. September 1939 ohne vorherige Kriegserklärung. Großbritannien und Frankreich reagierten mit Kriegserklärungen an das Deutsche Reich. Der Zweite Weltkrieg forderte 55 bis 60 Millionen Menschenleben; er endete mit den bedingungslosen Kapitulationen Deutschlands (8. Mai 1945) und Japans (2. September 1945).

Zu 4) G. 1929

Der 24. Oktober 1929 wird auch als „Schwarzer Donnerstag" bezeichnet – es war der Tag des folgenreichsten Börsencrashs der Geschichte. Schon in den Vorwochen hatte der jahrelang gestiegene Dow-Jones-Index deutliche Verluste verbucht. Am „Schwarzen Donnerstag" brachen die New Yorker Börsenkurse schließlich rapide ein, befeuert von einer Panik unter den Anlegern. Der Crash löste eine Weltwirtschaftskrise aus, die sich über Jahre hinzog und erst 1932 ihren Tiefpunkt erreichte.

Zu 5) B. 1914–1918

Der Erste Weltkrieg wurde von 1914 bis 1918 in Europa, dem Nahen Osten, Afrika und Ostasien geführt. Kriegsparteien waren auf der einen Seite die Mittelmächte Deutsches Reich, Österreich-Ungarn, später noch das Osmanische Reich und Bulgarien. Auf der anderen Seite standen zunächst die Entente-Mächte Frankreich, Großbritannien und Russland sowie Serbien. 1917 griffen die USA auf Seiten der Entente entscheidend in den Krieg ein. Im Ersten Weltkrieg starben insgesamt rund neun Millionen Soldaten.

Zu 6) E. 1990

Am 3. Oktober 1990 trat die DDR dem Geltungsbereich des Grundgesetzes der Bundesrepublik Deutschland bei. Gemäß dem Einigungsvertrag gilt der 3. Oktober seitdem als offizieller Nationalfeiertag („Tag der Deutschen Einheit").

Zu 7) C. 1789

Die Französische Revolution zählt zu den einschneidendsten Ereignissen der europäischen Geschichte. Sie bewirkte tiefgreifende soziale und politische Veränderungen und prägte das neuzeitliche Demokratieverständnis. Ausgelöst 1789 durch soziale Unruhen, zogen bis zum Jahr 1799 mehrere revolutionäre Wellen durch Frankreich. In der ersten Revolutionsphase kämpften verschiedene gesellschaftliche Gruppen vor allem für bürgerliche Freiheitsrechte. Die absolutistische Alleinherrschaft des Königs wurde durch eine gemäßigte konstitutionelle Monarchie abgelöst. Als Reaktion darauf formierten sich gegenrevolutionäre Kräfte im In- und Ausland, und die Revolution trat in ihre zweite Phase ein: Eine Revolutionsregierung riss 1792 die Macht an sich, schuf eine Republik mit radikaldemokratischen Zügen und übte eine Schreckensherrschaft aus mit dem Ziel, alle „Feinde der Revolution" zu vernichten. In der dritten Phase (ab 1795) wurde Frankreich von einem fünfköpfigen Direktorium regiert, das besitzbürgerliche Interessen gegen sozialistische und monarchistische Strömungen verteidigte.

Zu 8) J. 1973

Zur Ölkrise kam es 1973, als die arabischen Staaten als Reaktion auf den Jom-Kippur-Krieg ihre Erdöllieferungen drosselten. Die Folgen waren Ölknappheit und rasant steigende Ölpreise. Neben vier autofreien Sonntagen verordnete die Bundesregierung damals auch neue Tempolimits. Die Ölkrise machte die Abhängigkeit der Industrienationen von fossilen Rohstoffen deutlich.

Zu 9) F. 1689

Durch die sogenannte „Glorreiche Revolution" von 1688/89 wurde der englische König als Träger der Staatssouveränität beseitigt und mit der „Bill of Rights" die Grundlage für ein parlamentarisches Regierungssystem geschaffen. Seitdem ist das Parlament die bestimmende Instanz des Landes.

Zu 10) H. 1620

Mit der „Mayflower" segelten 1620 die ersten englischen Siedler nach Nordamerika. Sie waren zwar nicht die ersten Siedler des neuen Kontinents – ab 1550 siedelten die Spanier in Florida, seit Ende des 16. Jahrhunderts die Franzosen im heutigen Kanada. Trotzdem werden sie noch heute als Pilgerväter verehrt. Die puritanischen Protestanten hatten ihre

Heimat aufgrund religiöser Spannungen mit der anglikanischen Staatskirche, der Church of England, verlassen. Ihr puritanisches Erbe wirkt in den USA bis heute.

Tipps für Zuordnungsaufgaben (1–10)

Starten Sie mit dem ersten Punkt in der linken Spalte und gehen Sie die rechte Spalte bis zum passenden Datum durch. Falls Sie sich bei einer Aufgabe unsicher sind, bearbeiten Sie sie später, wenn sich die Zahl der Zeitangaben reduziert hat. Bleiben nach dem ersten Durchgang noch Kästchen leer, kann die umgekehrte Verfahrensweise helfen: Suchen Sie zu einer fraglichen Zeitangabe das passende Ereignis. Zum Schluss prüfen Sie, ob alle Buchstaben einmal eingetragen sind.

Zu 11) B. Pangäa

Der Superkontinent Pangäa (auch „Pangaea") vereinte vor etwa 300 bis 150 Millionen Jahren die irdischen Landmassen auf einer Fläche von rund 138 Millionen Quadratkilometern. Vor ungefähr 230 Millionen Jahren begann Pangäa aufgrund plattentektonischer Verschiebungen auseinanderzubrechen – zunächst in einen Nord- und Südteil, dann in die einzelnen Kontinente.

Zu 12) Steinzeit, Bronzezeit, Eisenzeit

Die menschliche Urgeschichte lässt sich grob in drei große Perioden gliedern: in die Steinzeit, die vor ca. 2,6 Millionen Jahren begann, in die Bronzezeit (in Europa ab ca. 2200 v. Chr.) und in die Eisenzeit (in Europa ab ca. 1000 v. Chr.). Diese Einteilung orientiert sich am jeweils vorherrschenden Material zur Werkzeugherstellung, wobei es je nach Kulturkreis große zeitliche Unterschiede gibt. Im Mittelmeerraum mündete die Eisenzeit in die Antike.

Zu 13) A. Fossilien menschenverwandten Lebens.

Die „Wiege der Menschheit" bezeichnet metaphorisch die Region, in der der moderne Mensch (Homo sapiens) und seine Vorfahren sich entwickelten. Sie umfasst Gebiete in Südafrika und in Ostafrika entlang des Großen Afrikanischen Grabenbruchs: Hier fand man die ältesten bekannten menschenverwandten Fossilien mit einem Alter von bis zu sechs bzw. sieben Millionen Jahren.

Zu 14) Karthago

Karthago war eine nordafrikanische Großstadt nahe der heutigen tunesischen Hauptstadt Tunis. Die See- und Handelsmacht kontrollierte das westliche Mittelmeer und war dem aufstrebenden Rom ein Dorn im Auge. Im Ersten Punischen Krieg (264–241 v. Chr.) kämpften Römer und Karthager (auch „Punier" genannt) vorwiegend mit Seestreitkräften und auf Sizilien, am Ende verlor Karthago die Inseln Sizilien, Korsika und Sardinien. Der Zweite Punische Krieg (218–201 v. Chr.) ist bekannt durch die Alpenüberquerung des karthagischen Heerführers Hannibal, der den Römern in der Schlacht von Cannae (216 v. Chr.) eine schwere Niederlage beibrachte, aber Rom nicht erobern konnte. Der Dritte Punische Krieg (149–146 v. Chr.) endete schließlich mit der vollständigen Zerstörung Karthagos durch römische Truppen unter dem Heerführer Scipio.

Zu 15) Nofretete

Nofretete war die Hauptgemahlin und Mitregentin des altägyptischen Pharaos Echnaton im 14. Jahrhundert v. Chr. Die abgebildete Büste wurde 1912 von der Deutschen Orient-Gesellschaft gefunden und gilt als einer der bedeutendsten Kunstschätze der Menschheit. Zu besichtigen ist sie im Neuen Museum Berlin.

Zu 16) C. Römer gegen Germanen.

In der Varusschlacht kämpfte im Jahr 9 n. Chr. ein germanisches Bündnis unter dem Cheruskerfürsten Arminius gegen römische Truppen unter Publius Quinctilius Varus, seines Zeichens Senator und Statthalter Roms in Germanien. Arminius galt als Verbündeter Roms und hatte Varus mit seinen drei Legionen in einen Hinterhalt gelockt; die römischen Verbände wurden vollständig vernichtet. Den Schauplatz der Schlacht vermutet man in der Nähe des Teutoburger Waldes.

Zu 17) B. Mauren und Araber

„Mauren" ist ein Sammelbegriff für teils nomadische Berberstämme aus Nordwestafrika, die im Mittelalter von Arabern islamisiert wurden und mit ihnen ab 711 die Iberische Halbinsel eroberten. Die muslimische Herrschaft prägte die iberische Kultur nachhaltig, etwa durch den maurischen Baustil: Die typischen schlanken Säulen, Rundbögen, Muschelornamente, Stuckdekors und Zwillingsfenster sind heute noch vielerorts zu sehen, vor allem in Andalusien (z. B. Festung Alhambra in Granada). Zum Abschluss der christlichen Rückeroberung („Reconquista") kapitulierte 1492 der letzte muslimische Herrscher auf der Iberischen Halbinsel.

Zu 18) D. Karl der Große

Der Untergang des Weströmischen Reiches (476/480) und die Völkerwanderung (375–568) hatten das Gesicht Europas grundlegend verändert. In den folgenden Jahrhunderten wurde das westgermanische Volk der Franken zur europäischen Großmacht. Seine größte Ausdehnung erreichte das Frankenreich unter Karl dem Großen (ca. 747–814), dem ersten westeuropäischen Kaiser seit der Antike, gekrönt am 25. Dezember 800 in Aachen von Papst Leo III.

Zu 19) Dschingis Khan

Dschingis Khan wurde zwischen 1155 und 1167 geboren und starb 1227. Von 1206 bis zu seinem Tod regierte er als mongolischer Großkhan, ein Titel, der dem eines Kaisers entspricht. Er einte rivalisierende Mongolenstämme und eroberte mit ihnen Zentralasien, Afghanistan, den Iran, den Irak sowie weite Teile Chinas, Koreas, Russlands, der Türkei und Osteuropas. Dschingis Khans Söhne vergrößerten das Reich nach seinem Tod noch, ehe es zwei Generationen später zerfiel.

Zu 20) C. Die verbotene Stadt

Das „Reich der Mitte" ist die Volksrepublik China. Im Zentrum der Hauptstadt Peking befinden sich die weitläufigen Palastanlagen der chinesischen Kaiser, die von der einfachen Bevölkerung nicht betreten werden durften – daher die Bezeichnung „verbotene Stadt". Die Pharaonen herrschten über Ägypten, die Azteken siedelten in Mittelamerika und der Tadsch Mahal, ein palastartiges Mausoleum, steht in Indien.

Zu 21) B. Goldküste.

Zwischen dem 15. und 19. Jahrhundert trieben Europäer regen Handel an der „(Ober-)Guineaküste" im afrikanischen Westen. Womit sie handelten, bezeugen die Namen für einzelne Küstenabschnitte – von West nach Ost reihen sich aneinander: die Pfefferküste (heute zu Liberia und Sierra Leone gehörig), die Elfenbeinküste (heute Teil des gleichnamigen Staates), die Goldküste (heute zu Ghana gehörig) und die Sklavenküste (heute zu Togo, Benin und Nigeria gehörig).

Zu 22) A. dem Westfälischen Frieden.

Der Dreißigjährige Krieg brach 1618 mit dem Aufstand der böhmischen Stände gegen die Herrschaft der Habsburger aus. Im Verlauf des Kriegs griffen alle Großmächte Europas auf den mitteleuropäischen Kriegsschauplätzen ein, mit verheerenden Folgen für die Bevölkerung. Nach fünfjährigen Verhandlungen konnten 1648 in Münster und Osnabrück die endgültigen Friedensverträge beschlossen werden. Sie führten zu einer politischen und territorialen Neuordnung Europas.

Zu 23) B. Den Petersdom in Rom

Das Foto zeigt die Basilika Sankt Peter im Vatikan, besser bekannt als Petersdom. Die Grabeskirche des Apostels Petrus, 1626 von Papst Urban VIII. eingeweiht, zählt zu den größten Kirchengebäuden der Welt. Sie bildet den Mittelpunkt des in Rom gelegenen Staates Vatikanstadt, dem Sitz des Papstes; zu ihrer Ostseite erstreckt sich der Petersplatz. Am Bau des Petersdoms waren berühmte Architekten und Künstler der Hochrenaissance beteiligt, darunter Raffael und Michelangelo.

Zu 24) B. Friedrich II.

Friedrich II. (1712–1786) regierte Preußen von 1740 bis zu seinem Tode. Unter ihm stieg Preußen zur fünften europäischen Großmacht auf, neben Österreich, Frankreich, Russland und Großbritannien. Sein Geschick als Stratege und Feldherr brachte ihm den Beinamen „der Große" ein. Friedrich II. gilt als Repräsentant des aufgeklärten Absolutismus und bezeichnete sich selbst als „ersten Diener des Staates".

Zu 25) A. Wiener Kongress

Nach dem Sturz Napoleon Bonapartes im Frühjahr 1814 begann im Herbst desselben Jahres der Wiener Kongress unter der Leitung des österreichischen Außenministers Metternich. Vertreter aus rund 200 europäischen Staaten kamen zusammen, um eine dauerhafte Nachkriegsordnung für Europa auszuhandeln. Nach der zwischenzeitlichen Rückkehr Napoleons und seiner endgültigen Niederlage in der Schlacht bei Waterloo (18. Juni 1815) wurde die politische Landkarte Europas gründlich umgestaltet. Zu den Gewinnern des Kongresses zählten Österreich, Russland, Preußen und Großbritannien; Frankreich hingegen musste alle annektierten Gebiete wieder abtreten. Der polnische Staat wurde wie schon wenige Jahrzehnte zuvor zerschlagen und erneut zwischen Russland, Österreich und Preußen aufgeteilt.

Zu 26) B. Lissabon

Am Morgen des 1. November 1755 bebte im portugiesischen Lissabon die Erde: Im Boden rissen meterbreite

Spalten auf, Häuser stürzten ein und fingen Feuer. Ausgelöst durch das gewaltige Beben mit einer geschätzten Stärke von 8,5 bis 9 auf der Richterskala rollten wenig später drei Tsunamiwellen in die Stadt. Die Naturkatastrophe – eine der verheerendsten der europäischen Geschichte – forderte 30.000 bis 100.000 Todesopfer; rund 85 Prozent der Gebäude Lissabons wurden zerstört.

Zu 27) D. Frankfurter Paulskirche

Die Nationalversammlung, das erste frei gewählte deutsche Parlament, tagte zum ersten Mal am 18. Mai 1848 in der Frankfurter Paulskirche. Sie war ein Ergebnis der Märzrevolution in den Staaten des Deutschen Bundes, scheiterte aber vor allem am Widerstand der preußischen und der österreichischen Krone. Die von der Frankfurter Nationalversammlung ausgearbeitete Verfassung war Vorbild für die Weimarer Reichsverfassung von 1919 und für das Grundgesetz der Bundesrepublik Deutschland von 1949.

Zu 28) Indianer

Am Little Bighorn River kämpften am 25. Juni 1876 die Sioux, Arapaho und Cheyenne, u. a. mit den Häuptlingen Crazy Horse und Sitting Bull, gegen US-Regierungstruppen. Dabei wurde das 7. US-Kavallerie-Regiment unter General George Armstrong Custer vernichtend geschlagen. Als Endpunkt der nordamerikanischen „Indianerkriege" gilt das „Massaker von Wounded Knee" im Dezember 1890, als dasselbe Kavallerie-Regiment 150 bis 300 wehrlose Sioux tötete – darunter auch Frauen und Kinder.

Zu 29) A. Rapanui / Osterinsel

Das Foto zeigt die weltberühmten „Moai"-Steinstatuen der Rapanui, der Ureinwohner der Osterinsel. Vermutlich stellen die Figuren beliebte Häuptlinge und Ahnen dar, die an Zeremonialstätten eine Verbindung zum Jenseits erlauben sollten. Das genaue Alter der Statuen ist umstritten: Forschungen zufolge dürften sie zum Großteil zwischen 1400 und 1600 n. Chr. entstanden sein.

Zu 30) D. Dresden

„Elbflorenz" ist der schmückende Beiname Dresdens, der sich zu Anfang des 19. Jahrhunderts einbürgerte. Vor allem die architektonischen Meisterwerke des Dresdner Barock (u. a. der Zwinger und die Frauenkirche), die Lage am Elbufer sowie die bedeutenden städtischen Kunstsammlungen ließen und lassen viele Zeitgenossen eine Ähnlichkeit zwischen der sächsischen und der toskanischen Landeshauptstadt erkennen.

Zu 31) B. Völkerbund

Als Vorläuferorganisation der Vereinten Nationen gilt der Völkerbund, der von 1920 bis 1940 existierte. Er hatte jedoch kaum Einfluss auf die großen Konflikte jener Zeit – darunter der Ruhrkonflikt, die Sudetenkrise, der Spanische Bürgerkrieg, Japans Überfall auf China, Italiens Feldzug in Abessinien, schließlich der Ausbruch des Zweiten Weltkriegs.

Zu 32) C. 1920er-Jahre

Im Februar 1921 spielte der Filmpionier Sven Berglund in Stockholm erstmals öffentlich einen lippensynchronen Tonfilm ab. In den Jahren darauf ermöglichten es verschiedene technische Innovationen, Filme mit Tonspuren maschinell abzuspielen. 1927 läutete der US-Spielfilm „Der Jazzsänger" den kommerziellen Durchbruch des Tonfilms ein, der dem Stummfilm im folgenden Jahrzehnt weltweit den Rang ablief.

Zu 33) B. „Goldene Zwanziger".

Als „Goldene Zwanziger" gelten gemeinhin die Jahre zwischen 1924 und 1929, in denen die angeschlagene Wirtschaft sich erholte und die politischen Verhältnisse sich vorübergehend stabilisierten. Damit einher ging eine Konjunktur von Kunst, Kultur und Wissenschaft. Mit dem Ausbruch der Weltwirtschaftskrise 1929 endete die kurze Phase des Aufschwungs jäh: Die Arbeitslosenzahlen stiegen, die Staatseinkünfte fielen, die Zustimmung zur Weimarer Demokratie erwies sich als überaus trügerisch.

Zu 34) A. Mount Rushmore.

Das Foto zeigt das Mount Rushmore National Memorial im US-Bundesstaat South Dakota, auch „Heiligenschrein der Demokratie" genannt. Verewigt sind die Gesichter bedeutender US-Präsidenten – von links nach rechts: George Washington, Thomas Jefferson, Theodore Roosevelt und Abraham Lincoln. Der Bildhauer John Gutzon de la Mothe Borglum sprengte, schlug und meißelte die monumentalen Porträts mit hunderten Helfern zwischen 1927 und 1941 in die Felsen der Black Hills.

Zu 35) stimmt

Die Stadt mit den meisten Brücken in Europa ist Hamburg. Etwa 2.500 Bauwerke spannen sich über die Flüsse, Fleete, Kanäle und andere Gewässer der Hansestadt.

Zu 36) C. Aufteilung Polens

Am 28. September 1939 unterzeichneten der deutsche Außenminister Ribbentrop und sein sowjetischer Amtskollege Molotow den deutsch-sowjetischen Nichtangriffspakt (auch „Hitler-Stalin-Pakt"). Hitler erhielt dadurch die Sicherheit, für seinen geplanten Krieg gegen Polen freie Hand zu haben und während des anschließenden Feldzugs gegen Frankreich einen Zweifrontenkrieg verhindern zu können. Im geheimen Zusatzprotokoll grenzten das Deutsche Reich und die Sowjetunion ihre Interessensphären in Ostmitteleuropa voneinander ab. Unter anderem vereinbarten sie darin, wie das zerschlagene Polen zwischen beiden Mächten aufgeteilt werden sollte.

Zu 37) A. Walter Ulbricht, Vorsitzender des DDR-Staatsrats, vor dem Bau der Berliner Mauer.

Auf einer Pressekonferenz am 15. Juni 1961 in (Ost-)Berlin erklärte dies der damalige SED-Staatsratsvorsitzende Walter Ulbricht auf eine Reporterfrage hin. Wenige Wochen später, am 13. August, begannen Einheiten der DDR-Streitkräfte mit der Abriegelung der deutsch-deutschen Grenze in Berlin. Die Grenzanlagen wurden nach und nach auf einer Länge von fast 170 Kilometern ausgebaut, mit mehr als 100 Wachtürmen und einem zum Teil verminten „Todesstreifen". Bei fast 5.000 Fluchtversuchen starben dem aktuellen Forschungsstand nach mindestens 138 Menschen an der Berliner Mauer.

Zu 38) C. Barcelona.

Das Foto zeigt die römisch-katholische Basilika „Sagrada Familia" in Barcelona, Teil des UNESCO-Welterbes. Der Bau begann 1882 nach den Plänen des Architekten Antoni Gaudí, blieb aber bis heute unvollendet. Zum 100. Todestag Gaudís im Jahr 2026 soll die „Sagrada Familia" fertiggestellt sein – mit dann 18 Türmen, die zwischen 90 und 112 Meter in die Höhe reichen.

Zu 39) Richard Nixon

1972 wurden mehrere Männer bei dem Versuch ertappt, in die Zentrale der Demokratischen Partei im Washingtoner Watergate-Gebäudekomplex einzudringen und dort Abhörinstrumente zu installieren. Schon bald führten Spuren zu den Drahtziehern im engsten Umfeld des republikanischen Präsidenten Richard Nixon. Im Verlauf der Ermittlungen wurden weitere gravierende Fälle von Amtsmissbrauch durch die Regierung aufgedeckt. Am 9. August 1974 trat Nixon schließlich zurück.

Zu 40) B. Die Rassentrennung in öffentlichen Einrichtungen

Der Civil Rights Act, ein US-Bürgerrechtsgesetz, gilt als Meilenstein in der Gleichstellung der Afroamerikaner und verbot u. a. die Rassentrennung in öffentlichen Einrichtungen wie Bussen, Hotels und Krankenhäusern. In Kraft trat es am 2. Juli 1964 – ein symbolisches Datum: Genau 125 Jahre zuvor hatte sich die Sklavenrevolte auf dem Frachtschiff „Amistad" ereignet, die zur Abschaffung der Sklaverei beitrug.

Zu 41) C. Francisco Franco

1936 putschte der General Francisco Franco (1892–1975) gegen die frisch gewählte Linksregierung Spaniens und löste damit den Spanischen Bürgerkrieg aus. Unterstützt durch das faschistische Italien und das nationalsozialistische Deutsche Reich kämpften Franco und seine konservativ-nationalistischen Getreuen gegen republikanische, linksorientierte Truppen, darunter die „Internationalen Brigaden" mit Freiwilligen aus vielen Ländern. Nach dem Sieg der Rechten 1939 fielen Hunderttausende den folgenden politischen Säuberungen zum Opfer; Franco herrschte bis zu seinem Tod als Diktator.

Zu 42) C. 1977.

Der „Deutsche Herbst" steht für die politische Krise in Deutschland im Herbst 1977, ausgelöst durch den Linksterrorismus der Roten Armee Fraktion (RAF). Am 5. September entführten RAF-Mitglieder den Arbeitgeberpräsidenten Hanns Martin Schleyer, um ihre inhaftierten RAF-Genossen Andreas Baader, Gudrun Ensslin, Jan-Carl Raspe und Irmgard Möller freizupressen. Mit dem gleichen Ziel entführten palästinensische Terroristen am 13. Oktober die Lufthansa-Maschine „Landshut". Als die Spezialeinheit GSG 9 die „Landshut"-Geiseln am 18. Oktober befreite, nahmen sich Baader, Ensslin und Raspe das Leben, woraufhin Schleyer erschossen wurde.

Zu 43) Willy Brandt

Willy Brandt war von 1969 bis 1974 der erste Bundeskanzler der SPD, nach den drei CDU-Kanzlern Konrad Adenauer (1949–1963), Ludwig Erhard (1963–1966) und Kurt Georg Kiesinger (1966–1969).

Zu 44) C. Benazir Bhutto.

Benazir Bhutto (1953–2007) wurde 1988 Premierministerin von Pakistan und damit erste Regierungschefin eines islamischen Landes. Ihre erste Amtszeit dauerte von 1988 bis 1990, von 1993 bis 1996 hatte sie das Amt ein zweites Mal inne. Zur Wahl 2007 trat Bhutto erneut an, fiel jedoch wenige Wochen vorher einem Attentat zum Opfer. Margaret Thatcher war von 1979 bis 1990 Premierministerin Großbritanniens, Indira Gandhi war von 1980 bis 1984 Premierministerin Indiens, Golda Meir war von 1969 bis 1974 Premierministerin Israels.

Zu 45) A. Barschel-Affäre

Der CDU-Politiker Uwe Barschel (1944–1987) war von 1982 bis 1987 schleswig-holsteinischer Ministerpräsident. 1987 trat er zurück, nachdem Vorwürfe laut geworden waren, er habe seinen SPD-Kontrahenten Björn Engholm im Wahlkampf überwachen und verunglimpfen lassen. Besondere Ausmaße erlangte der Skandal, als man am 11. Oktober 1987 Barschels Leiche in einer Badewanne des Genfer Hotels „Beau-Rivage" fand. Ob Barschel Suizid beging oder ermordet wurde, konnte nie endgültig geklärt werden. Um seinen Tod ranken sich zum Teil wilde Spekulationen.

Zu 46) C. Bündnisfall

Nach den Terroranschlägen auf das World Trade Center in New York am 11. September 2001 erklärte die NATO erstmals in ihrer Geschichte den Bündnisfall: Dieser besagt laut den NATO-Statuten, dass ein militärischer Angriff auf ein Bündnismitglied als militärischer Angriff auf alle Mitglieder betrachtet wird und diese daher berechtigt sind, in einen Krieg des Bündnispartners bzw. zum Schutze des Bündnispartners einzutreten.

Zu 47) D. die Gründung der Europäischen Gemeinschaft für Kohle und Stahl (EGKS) 60 Jahre zuvor.

Im Jahr 1951 schlossen sich Deutschland, Italien, Frankreich und die Benelux-Staaten (Belgien, Niederlande, Luxemburg) zur Europäischen Gemeinschaft für Kohle und Stahl (EGKS) zusammen. Die EGKS war eine Vorläuferin der 1993 ins Leben gerufenen Europäischen Gemeinschaft (EG), die wiederum bis 2009 den Kern der Europäischen Union bildete. Die NATO gibt es seit 1949, die deutsche Wiedervereinigung geschah 1990. Der Euro wurde 1999 als Buchgeld und drei Jahre später als Bargeld eingeführt.

Zu 48) D. Sydney

Das Foto zeigt das Sydney Opera House, das Wahrzeichen der australischen Millionenstadt Sydney. Entworfen vom dänischen Architekten Jørn Utzon, wurde das Gebäude nach 14-jähriger Bauzeit 1973 offiziell eröffnet. Unverwechselbar ist die Dachkonstruktion aus mehreren gekrümmten, mit weißen Keramikfliesen verkleideten Schalen. Das Opernhaus Sydney wurde 2007 in die Liste des UNESCO-Weltkulturerbes aufgenommen.

Zu 49) C. Christopher Street Day

In deutschsprachigen Ländern heißt er „Christopher Street Day", in anderen Ländern „Gay Pride" oder „Stonewall Day": ein Fest- und Demonstrationstag von sexuellen Minderheiten zum Gedenken an den „Stonewall-Aufstand", der am 28. Juni 1969 begann. Damals protestierten bis zu 2.000 Homo- und Transsexuelle auch mit Gewalt gegen Polizeiwillkür und Diskriminierung. Auslöser war eine Razzia in der Bar „Stonewall Inn" in der Christopher Street in New York.

Zu 50) B. war ein Schauplatz des Agentenaustauschs im Kalten Krieg.

Die Glienicker Brücke, eine 128 Meter lange Straßenbrücke, verbindet Berlin und Potsdam über die Havel hinweg. Bekannt wurde sie als „Agentenbrücke" im Kalten Krieg: Die USA und die UdSSR tauschten dort drei Mal hochrangige Agenten aus, die von der Gegenseite enttarnt worden waren.

Geografie

Bearbeitungszeit 25 Minuten

Deutschland

Bearbeiten Sie bitte die folgenden Aufgaben, indem Sie die richtige Lösung markieren oder die Antwort in das Lösungsfeld schreiben.

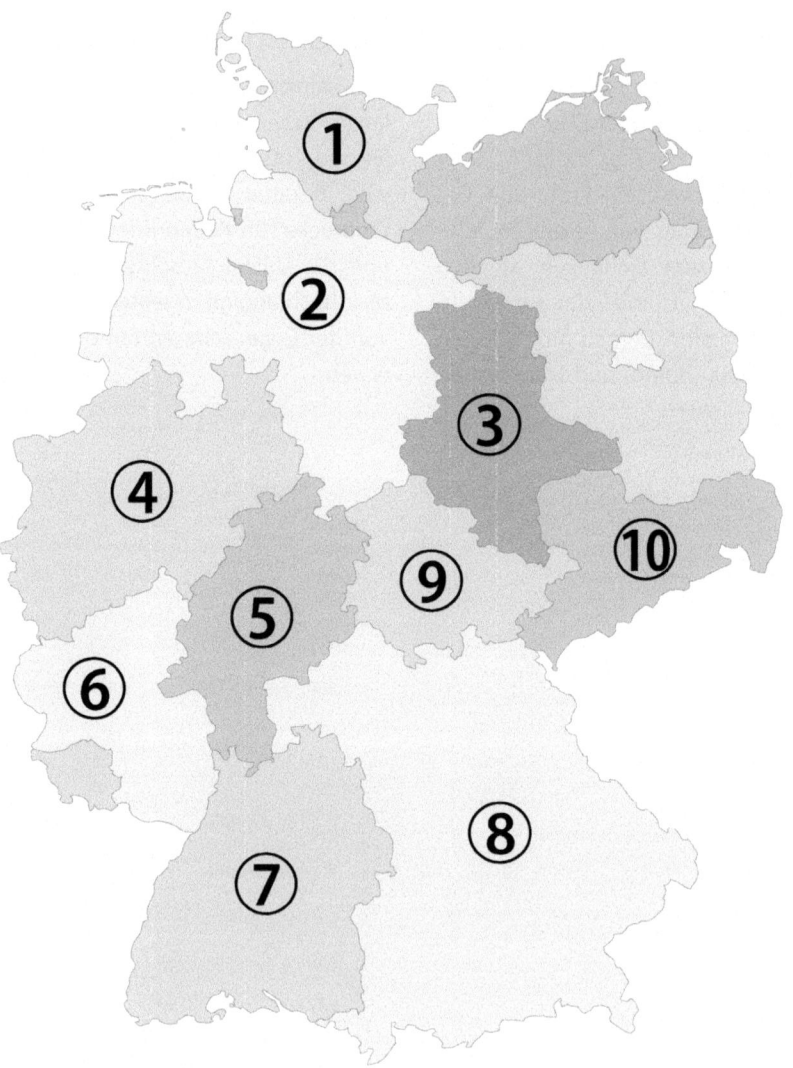

1) Welches Bundesland ist mit der Zahl 1 gekennzeichnet?

6) Welches Bundesland ist mit der Zahl 6 gekennzeichnet?

2) Welches Bundesland ist mit der Zahl 2 gekennzeichnet?

7) Wie heißt die Hauptstadt des Bundeslandes mit der Zahl 7?

8) Wie heißt die Hauptstadt des Bundeslandes mit der Zahl 8?

3) Welches Bundesland ist mit der Zahl 3 gekennzeichnet?

9) Wie heißt die Hauptstadt des Bundeslandes mit der Zahl 9?

4) Welches Bundesland ist mit der Zahl 4 gekennzeichnet?

10) Wie heißt die Hauptstadt des Bundeslandes mit der Zahl 10?

11) An wie viele Nachbarstaaten grenzt Deutschland?

An ___ Nachbarstaaten.

5) Welches Bundesland ist mit der Zahl 5 gekennzeichnet?

12) Welches ist der höchste deutsche Berg?

A. Biberkopf
B. Brocken
C. Zugspitze
D. Feldberg
E. Keine Antwort ist richtig.

13) Liegt der Taunus in Bayern?

☐ ja   ☐ nein

14) Welche Stadt gehört nicht zum Ruhrgebiet?

A. Dortmund
B. Gelsenkirchen
C. Mönchengladbach
D. Duisburg
E. Keine Antwort ist richtig.

15) An welchem Fluss liegt die Stadt Bremen?

16) Welche Stadt ist keine Hansestadt?

A. Hamburg
B. Bremen
C. Aachen
D. Rostock
E. Keine Antwort ist richtig.

17) Welches ist das flächengrößte deutsche Bundesland?

18) Für welche beliebte deutsche Urlaubsregion stehen die Namen Timmendorfer Strand, Rügen, Fehmarn und Usedom?

A. Ostsee
B. Nordsee
C. Bodensee
D. Mecklenburgische Seenplatte
E. Keine Antwort ist richtig.

19) An welchen europäischen Staat grenzt Frankfurt an der Oder?

20) In welchem Mittelgebirge liegt die „Sächsische Schweiz"?

A. Teutoburger Wald
B. Kaiserstuhl
C. Spessart
D. Elbsandsteingebirge
E. Keine Antwort ist richtig.

Europa und die Welt

Bearbeiten Sie bitte die folgenden Aufgaben, indem Sie die richtige Lösung markieren oder die Antwort in das Lösungsfeld schreiben.

21) Welches Land ist mit der Zahl 2 gekennzeichnet?

_____

22) Wie heißt die Landeswährung des Landes mit der Zahl 3?

A. Euro
B. Schilling
C. Franken
D. Krone
E. Keine Antwort ist richtig.

23) Wie heißt die Hauptstadt des Landes mit der Zahl 4?

_____

24) Wie heißt die Hauptstadt des Landes mit der Zahl 5?

_____

25) Welches Land ist mit der Zahl 6 gekennzeichnet?

A. Kroatien
B. Serbien
C. Slowenien
D. Bosnien
E. Keine Antwort ist richtig.

26) Welches Land ist mit der Zahl 7 gekennzeichnet?

A. Rumänien
B. Ungarn
C. Bulgarien
D. Griechenland
E. Keine Antwort ist richtig.

27) Hat das Land mit der Zahl 8 zwischen acht und neun Millionen Einwohner?

☐ ja   ☐ nein

28) Wie heißt die Hauptstadt des Landes mit der Zahl 9?

A. Brüssel
B. Warschau
C. Bratislava
D. Prag
E. Keine Antwort ist richtig.

29) Wie heißt die Hauptstadt des Landes mit der Zahl 10?

_____

30) Die Balkanhalbinsel liegt im …?

A. Südosten Europas.
B. Nordwesten Europas.
C. Südwesten Europas.
D. Nordosten Europas.
E. Keine Antwort ist richtig.

31) Wie heißt der atlantische Meeresarm zwischen England und Frankreich?

_____

32) Wie groß ist der Zeitunterschied zwischen Frankfurt am Main (Winter- bzw. Normalzeit) und dem südafrikanischen Kapstadt?

A. + 5 Stunden
B. + 1 Stunde
C. − 5 Stunden
D. − 10 Stunden
E. Keine Antwort ist richtig.

33) Welche Staaten zählen zum Baltikum?

_____

_____

34) Wie heißt die Meerenge zwischen dem Schwarzen Meer und dem Mittelmeer?

A. Bosporus
B. Straße von Gibraltar
C. Sueskanal
D. Straße von Tunis
E. Keine Antwort ist richtig.

35) In welchem Land liegt die spanische Exklave Melilla?

A. Marokko
B. Algerien
C. Portugal
D. Frankreich
E. Keine Antwort ist richtig.

36) Die dunkelgraue Fläche ist das Staatsgebiet ...?

A. von Laos.
B. Kambodschas.
C. Vietnams.
D. Thailands.
E. Keine Antwort ist richtig.

37) Wo liegt die Insel Madagaskar?

A. Im Pazifischen Ozean
B. Im Atlantischen Ozean
C. Im Indischen Ozean
D. In der Karibik
E. Keine Antwort ist richtig.

38) Die kürzeste Schiffsroute von Florida nach Hawaii führt …?

A. durch den Panamakanal.

B. vorbei am Kap Hoorn.

C. durch den Sueskanal.

D. durch den US-Central-Shipping-Kanal.

E. Keine Antwort ist richtig.

39) Wie heißt der wohl längste Fluss der Erde – Jangtsekiang, Wolga oder Amazonas?

_____

40) Welchem Staat ist die falsche Hauptstadt zugeordnet?

A. Japan / Tokio

B. Afghanistan / Kabul

C. Australien / Sydney

D. Indonesien / Jakarta

E. Keine Antwort ist richtig.

41) Auf welchem Kontinent liegt Afghanistan?

_____

42) Der Himalaya ist berühmt für seine …?

A. Siebenhunderter.

B. Achttausender.

C. Neunpfünder.

D. Zehntonner.

E. Keine Antwort ist richtig.

43) Die dunkelgraue Fläche ist das Staatsgebiet von …?

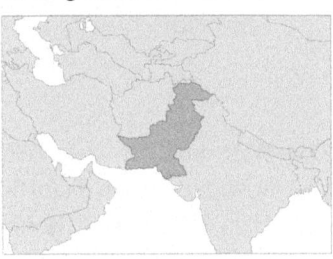

_____.

44) Wie viele Bundesstaaten haben die USA?

A. 50

B. 51

C. 55

D. 56

E. Keine Antwort ist richtig.

45) Ist die Erdoberfläche ist zu mehr als zwei Dritteln mit Wasser bedeckt?

☐ ja   ☐ nein

46) Die Serengeti liegt größtenteils in …?

A. Namibia.

B. Südafrika.

C. Tansania.

D. Malawi.

E. Keine Antwort ist richtig.

47) Auf der Karibikinsel Hispaniola liegen die Staaten Dominikanische Republik und …?

A. Jamaika.

B. Haiti.

C. Barbados.

D. Puerto Rico.

E. Keine Antwort ist richtig.

48) Welches Land gehört nicht zum Hauptsiedlungsgebiet der Volksgruppe der Kurden?

A. Türkei

B. Irak

C. Syrien

D. Jemen

E. Keine Antwort ist richtig.

49) Wie breit ist die Beringstraße, eine Meerenge zwischen Russland und den USA, an ihrer schmalsten Stelle?

A. 1.203 km

B. 85 km

C. 11.546 km

D. 689 km

E. Keine Antwort ist richtig.

50) Welchem Staat ist die richtige Hauptstadt zugeordnet?

A. Brasilien / Rio de Janeiro

B. Kolumbien / Bogotá

C. Kanada / Vancouver

D. Portugal / Porto

E. Keine Antwort ist richtig.

Lösungen: Geografie

1. Schleswig-Holstein	18. A	35. A
2. Niedersachsen	19. Polen	36. C
3. Sachsen-Anhalt	20. D	37. C
4. Nordrhein-Westfalen	21. Niederlande	38. A
5. Hessen	22. C	39. Amazonas
6. Rheinland-Pfalz	23. Paris	40. C
7. Stuttgart	24. Rom	41. Asien
8. München	25. A	42. B
9. Erfurt	26. C	43. Pakistan
10. Dresden	27. ja	44. A
11. 9	28. D	45. ja
12. C	29. Warschau	46. C
13. nein	30. A	47. B
14. C	31. Ärmelkanal	48. D
15. Weser	32. B	49. B
16. C	33. Estland, Lettland, Litauen	50. B
17. Bayern	34. A	

Zu 1) Schleswig-Holstein

Die Zahl 1 kennzeichnet das nördlichste deutsche Bundesland Schleswig-Holstein. Es grenzt sowohl an die Nordsee als auch an die Ostsee, deshalb nennt man es auch „Land zwischen den Meeren". Schleswig-Holstein hat rund 2,9 Millionen Einwohner, die Landeshauptstadt ist Kiel.

Zu 2) Niedersachsen

Niedersachsen, das mit der Zahl 2 gekennzeichnete Bundesland, ist der nach Bayern zweitgrößte deutsche Flächenstaat mit einer Einwohnerzahl von rund 8 Millionen. Die Stadtstaaten Bremen und Hamburg wirken wirtschaftlich, kulturell und sozial bis tief ins niedersächsische Territorium hinein. Die Hauptstadt des Bundeslandes ist Hannover.

Zu 3) Sachsen-Anhalt

Die Zahl 3 kennzeichnet das Bundesland Sachsen-Anhalt, das rund 2,2 Millionen Einwohner aufweist. Sachsen-Anhalt umfasst den Großteil des Mittelgebirges Harz und verfügt über zahlreiche UNESCO-Weltkulturerbestätten, darunter die Lutherstädte Wittenberg und Eisleben. Die Landeshauptstadt ist Magdeburg.

Zu 4) Nordrhein-Westfalen

Die Zahl 4 steht für das mit gut 18 Millionen Einwohnern bevölkerungsreichste deutsche Bundesland Nordrhein-Westfalen. Es zählt zu den wirtschaftlichen Zentren Deutschlands, durchläuft jedoch seit dem Niedergang der Kohle- und Stahlindustrie einen tiefgreifenden Strukturwandel. Im Ballungsraum Rhein-Ruhr reihen sich zahlreiche Großstädte wie Dortmund, Essen und Duisburg aneinander. Die größte nordrhein-westfälische Stadt ist Köln, die Landeshauptstadt ist Düsseldorf.

Zu 5) Hessen

Die Zahl 5 kennzeichnet das Bundesland Hessen. Das Land beheimatet rund 6,3 Millionen Einwohner und zählt zu den am dichtesten besiedelten Regionen Deutschlands, insbesondere im Süden: Hier liegt der Ballungsraum Rhein-Main, dessen wirtschaftliche und infrastrukturelle Bedeutung weit über die Landesgrenzen hinausstrahlt. Die größte Stadt Hessens ist Frankfurt, die Landeshauptstadt ist Wiesbaden.

Zu 6) Rheinland-Pfalz

Das Bundesland mit der Zahl 6 heißt Rheinland-Pfalz. Es zählt gut 4 Millionen Einwohner, ist bekannt für seine Weinanbaugebiete und reich an Kulturdenkmälern wie Schlössern, Burgen und Kirchen. Die Landeshauptstadt ist Mainz.

Zu 7) Stuttgart

Die Zahl 7 steht für Baden-Württemberg, das sowohl nach Einwohnerzahl (11,1 Mio.) als auch nach Fläche drittgrößte deutsche Bundesland. Die Landeshauptstadt Stuttgart liegt am Neckar und ist mit über 630.000 Einwohnern die sechstgrößte Stadt Deutschlands. Bekannt ist sie unter anderem durch das jährlich stattfindende Volksfest „Cannstatter Wasen" und das Großprojekt „Stuttgart 21", in dessen Verlauf der bisherige Stuttgarter Kopfbahnhof zu einem unterirdischen Durchgangsbahnhof umgebaut wird.

Zu 8) München

Die Zahl 8 steht für das flächengrößte deutsche Bundesland Bayern. Im Freistaat leben rund 13,1 Millionen Einwohner, 1,5 Millionen davon in der Landeshauptstadt und drittgrößten deutschen Stadt München. In der bayerischen Metropole an der Isar lassen sich auch abseits von Oktoberfest und Fußballspielen zahlreiche Sehenswürdigkeiten besichtigen, beispielsweise der Englische Garten, der Olympiapark, das Neue Rathaus und verschiedene Galerien.

Zu 9) Erfurt

Das Bundesland mit der Zahl 9 heißt Thüringen und hat eine Einwohnerzahl von rund 2,1 Millionen. Die Hauptstadt und zugleich größte Stadt des Landes ist Erfurt. Gelegen im südlichen Thüringer Becken, beherbergt die 200.000-Einwohner-Stadt die drittälteste Universität Deutschlands. In ihrem großen mittelalterlichen Altstadtkern ragt eines der Wahrzeichen der Stadt auf, der Erfurter Dom.

Zu 10) Dresden

Die Zahl 10 trägt das Bundesland Sachsen. Der Freistaat hat rund 4,1 Millionen Einwohner und wird geprägt von den Metropolen Leipzig, Chemnitz und der Landeshauptstadt Dresden. Ihre herausragende kulturelle Bedeutung – z. B. als Standort von Zwinger, Semperoper und Frauenkirche –, ihre barocke Architektur und ihre Lage am Elbufer haben der rund 560.000 Einwohner zählenden Stadt den Beinamen „Elbflorenz" eingebracht.

Zu 11) An _9_ Nachbarstaaten.

Deutschland hat gemeinsame Grenzen mit neun weiteren Ländern. Im Uhrzeigersinn: Dänemark, Polen, Tschechien, Österreich, Schweiz, Frankreich, Luxemburg, Belgien, Niederlande.

Zu 12) C. Zugspitze

Die Zugspitze ist mit 2.962 Metern über Normalhöhennull der höchste Berg Deutschlands. Der Grenzberg zwischen Deutschland und Österreich gehört zum Wettersteingebirge in den nördlichen Kalkalpen. Ihren Namen erhielt die Zugspitze aufgrund der vielen Lawinenzüge an den Steilhängen ihres Nordfußes.

Zu 13) nein

Das Mittelgebirge Taunus, Teil des Rheinischen Schiefergebirges, reicht vom östlichen Rheinland-Pfalz nach Südwesthessen hinein. Der Taunus bedeckt eine Fläche von rund 2.700 Quadratkilometern; höchster Gipfel ist der Große Feldberg mit 879 Metern über Normalnull.

Zu 14) C. Mönchengladbach

Dortmund, Gelsenkirchen und Duisburg sind Metropolen des Ruhrgebiets, einem Ballungsraum, der im Wesentlichen aus zahlreichen zusammengewachsenen Großstädten besteht. Der Namensgeber, die Ruhr, ist ein Nebenfluss des Rheins. Mönchengladbach liegt in der Region Niederrhein.

Zu 15) Weser

Die Weser durchfließt die Bundesländer Hessen, Nordrhein-Westfalen, Niedersachsen und die Stadt Bremen, die nach Hamburg zweitgrößte norddeutsche Stadt. Sie bildet mit der Stadt Bremerhaven das Bundesland Freie Hansestadt Bremen, das komplett von niedersächsischem Gebiet umgeben ist.

Zu 16) C. Aachen

Bremen, Hamburg und Rostock führen auch heute noch offiziell den Beinamen „Hansestadt". Historisch waren Hansestädte Städte, die dem mittelalterlichen Kaufmanns- und Städtebund der Hanse angehörten, der von der Mitte des 12. bis zur Mitte des 17. Jahrhunderts bestand. Weitere Hansestädte sind u. a. Lübeck, Wismar, Stralsund und Lüneburg.

Zu 17) Bayern

Der Freistaat Bayern ist das flächengrößte deutsche Bundesland und hat nach Nordrhein-Westfalen die zweithöchste Einwohnerzahl. Bayern grenzt an Tschechien, Österreich und die Schweiz sowie an die Bundesländer Baden-Württemberg, Hessen, Thüringen und Sachsen.

Zu 18) A. Ostsee

Rügen, Usedom und Fehmarn sind die größten deutschen Inseln – und alle drei liegen in der Ostsee. Timmendorfer Strand ist eine Gemeinde am ostholsteinischen Ostseeufer, etwa 15 Kilometer nördlich von Lübeck.

Zu 19) Polen

Frankfurt an der Oder liegt im äußersten Osten Brandenburgs gegenüber der polnischen Kleinstadt Słubice. Beide Städte sind nur durch den deutsch-polnischen Grenzfluss Oder getrennt und über die 251 Meter lange Stadtbrücke miteinander verbunden.

Zu 20) D. Elbsandsteingebirge

Das Elbsandsteingebirge liegt in Sachsen und im tschechischen Nordböhmen: Den tschechischen Teil nennt man auch „Böhmische

Schweiz", den deutschen Teil „Sächsische Schweiz". Geprägt wurde der Name im 18. Jahrhundert von zwei Schweizer Künstlern, die sich an das Jura-Gebirge ihrer Heimat erinnert fühlten. Populär wurde der Begriff durch die Ortsbeschreibungen des Autors und Theologen Wilhelm Leberecht Götzinger (1758–1818).

Zu 21) Niederlande

Die Zahl 2 kennzeichnet die Niederlande. Die Hauptstadt des über 17 Millionen Einwohner zählenden EU-Gründungsmitglieds ist Amsterdam, Regierungssitz ist jedoch das 50 Kilometer entfernte Den Haag. Zum Staatsgebiet des „Königreichs der Niederlande" (so der vollständige offizielle Name) gehören neben dem europäischen Territorium auch einige karibische Inseln.

Zu 22) C. Franken

Der Schweizer Franken ist die Währung der Schweiz und des Fürstentums Liechtenstein. Seine ISO-Abkürzung ist „CHF", sein Währungszeichen „SFr".

Zu 23) Paris

Frankreich, das mit der Zahl 4 gekennzeichnete Land, wird zentralistisch von der Hauptstadt Paris aus verwaltet und hat mit über 67 Millio-

nen Einwohnern die zweitgrößte Bevölkerung der EU. Das Land ist landschaftlich vielfältig: Im Süden des Landes liegen die Pyrenäen und das Mittelmeer, im Westen und Nordwesten der Atlantik, im Osten die Alpen.

Zu 24) Rom

Rom ist die Hauptstadt und größte Stadt Italiens. In ihrem Zentrum liegt als Enklave der Staat Vatikanstadt, Sitz des Papstes. Die Altstadt von Rom, der Petersdom und die Vatikanstadt sind seit 1980 Weltkulturerbe.

Zu 25) A. Kroatien

Das europäische Land zur Zahl 6 heißt Kroatien. Kroatien ging aus dem ehemaligen Jugoslawien hervor, von dem es 1991 seine Unabhängigkeit erklärte. Seit 2013 ist das Land EU-Mitglied. Es zählt gut 4 Millionen Einwohner, die Hauptstadt ist Zagreb.

Zu 26) C. Bulgarien

Das mit der Zahl 7 gekennzeichnete europäische Land ist Bulgarien, eine südosteuropäische Republik an der Westküste des Schwarzen Meeres mit gut 7 Millionen Einwohnern. Der ehemalige Ostblockstaat mit der Hauptstadt Sofia ist mittlerweile EU- und NATO-Mitglied.

Zu 27) ja

Das mit der Zahl 8 gekennzeichnete Land ist Österreich, ein mitteleuropäischer Binnenstaat mit rund 8,9 Millionen Einwohnern. Er liegt größtenteils in den Ostalpen und wird häufig auch als „Alpenrepublik" bezeichnet. Österreich ist ein wichtiges Transitland für den Verkehr zwischen Nord- und Südosteuropa. Die Hauptstadt des EU-Mitgliedslandes ist Wien.

Zu 28) D. Prag

Die tschechische Hauptstadt – und zugleich die größte Stadt des Landes – ist Prag mit rund 1,3 Millionen Einwohnern. Die geschichtsträchtige Metropole verfügt über zahlreiche Sehenswürdigkeiten, darunter die Prager Burg auf dem Berg Hradschin, die Karlsbrücke und der Wenzelsplatz.

Zu 29) Warschau

Die Zahl 10 kennzeichnet das europäische Land Polen. Die Hauptstadt des 38-Millionen-Einwohner-Staates ist Warschau im östlichen Zentrum des Landes. Polen ist seit 2004 EU-Mitglied und hat entlang der Flüsse Oder und Neiße eine 467 Kilometer lange Grenze zu Deutschland.

Zu 30) A. Südosten Europas.

Die Balkanhalbinsel, benannt nach dem Balkangebirge, befindet sich im südosteuropäischen Mittelmeerraum. Hier liegen die Staaten Kroatien, Bosnien und Herzegowina, Serbien, Mazedonien, Montenegro, Albanien, der Kosovo, Bulgarien und Griechenland, weiter gefasst auch Teile Sloweniens, Rumäniens und der Türkei.

Zu 31) Ärmelkanal

Der Ärmelkanal trennt das französische Festland von Großbritannien und verbindet den offenen Nordatlantik mit der Nordsee. Er ist an seiner schmalsten Stelle – der Straße von Dover bzw. Straße von Calais – nur 34 Kilometer breit. Hier wird der Ärmelkanal auch vom 1993 eingeweihten Eurotunnel unterquert, der einen regelmäßigen Zugverkehr zwischen Frankreich und dem Vereinigten Königreich ermöglicht.

Zu 32) B. + 1 Stunde

Kapstadt liegt zwar rund elf Flugstunden von Frankfurt am Main entfernt auf der Südhalbkugel der Erde. Der Zeitunterschied beträgt jedoch nur eine Stunde (Winter- bzw. Normalzeit), im Sommer besteht sogar Zeitgleichheit. Grund ist die geringe Entfernung in west-östlicher Richtung, die für die Einteilung der Zeitzonen ausschlaggebend ist: Frankfurt befindet sich zwischen dem 8. und 9., Kapstadt zwischen dem 18. und 19. Längengrad.

Zu 33) Estland, Lettland, Litauen

Das Baltikum ist ein Gebiet in Nordosteuropa und umfasst die Staaten Estland, Lettland und Litauen. Um das Baltikum herum liegen Polen, Russland, Weißrussland und die Ostsee.

Zu 34) A. Bosporus

Der Bosporus, die Meerenge zwischen Europa und Kleinasien, verbindet das Schwarze Meer mit dem Marmarameer, einem Binnenmeer des Mittelmeers. An seinen Ufern erstreckt sich die Stadt Istanbul.

Zu 35) A. Marokko

Die Kleinstadt Melilla liegt an der Nordostküste Marokkos, gehört aber politisch zu Spanien. Bekannt ist die Exklave vor allem durch regelmäßige Versuche afrikanischer Flüchtlinge, in den EU-Außenposten zu gelangen, um auf spanischem Boden Asyl zu beantragen. Um illegale Einwanderung zu verhindern, wurden stark bewachte Grenzzäune errichtet.

Zu 36) C. Vietnams.

Die Sozialistische Republik Vietnam ist ein Küstenstaat in Südostasien mit über 95 Millionen Einwohnern. Er grenzt an die Länder Kambodscha, Laos und China, ans Südchinesische Meer und an den Golf von Thailand.

Zu 37) C. Im Indischen Ozean

Die ehemalige französische Kolonie Madagaskar liegt im Indischen Ozean vor der Küste des ostafrikanischen Landes Mosambik. Der Indische Ozean reicht von Afrika bis nach Australien und von Indien bis zur Antarktis, bedeckt fast 15 Prozent der Erdoberfläche und ist der drittgrößte Ozean des Planeten.

Zu 38) A. durch den Panamakanal.

Der kürzeste Seeweg von Florida nach Hawaii führt durch den mittelamerikanischen Panamakanal. Das Kap Hoorn markiert die Südspitze Südamerikas; ihre Umfahrung würde die Fahrt vom Mittelatlantik in den Pazifik gewaltig verlängern. Der Sueskanal verbindet das Mittelmeer mit dem Roten Meer, einen „Central-Shipping-Kanal" quer durch die USA gibt es nicht.

Zu 39) Nil

Um den Titel des längsten Flusses der Erde wetteifern bis heute der Amazonas in Südamerika und der afrikanische Nil. Neueste Messungen sehen den Amazonas mit knapp 7.000 Kilometern vor dem Nil mit 6.852 Kilometern. Keinen Streit gibt es beim drittlängsten Fluss, dem Jangtsekiang in China (6.380 km). Die Wolga ist vergleichsweise kurz (3.350 km).

Zu 40) C. Australien / Sydney

Die Hauptstadt Australiens ist nicht Sydney, sondern Canberra im Südwesten des Landes. Canberra ist eine Planhauptstadt, deren Errichtung 1908 als Kompromisslösung beschlossen wurde, um die Rivalität der Metropolen Sydney und Melbourne zu umgehen.

Zu 41) Asien

Afghanistan ist ein Binnenstaat in Asien. Seit dem Abzug der internationalen Truppen 2021 wird das krisengeschüttelte Land erneut von den radikalislamischen Taliban regiert. Ihre erste Herrschaft endete durch einen Krieg unter Führung der USA zu Beginn der 2000er-Jahre.

Zu 42) B. Achttausender.

Der Himalaya, ein Gebirgssystem in Asien, ist berühmt für seine Achttausender: Berge, deren Gipfel mindestens 8.000 Meter hoch sind. Im Himalaya liegen zehn der weltweit 14

Achttausender, darunter auch der höchste Berg der Erde, der Mount Everest (8.848 m).

Zu 43) Pakistan.

Die dunkelgraue Fläche ist das Gebiet der Islamischen Republik Pakistan. Das Land grenzt im Südwesten an den Iran, im Westen und Nordwesten an Afghanistan, im Nordosten an China und im Osten und Südosten an Indien. Pakistan entstand 1947 aus den größtenteils muslimisch geprägten Gebieten des aufgelösten Kolonialreichs Britisch-Indien. Damals beinhaltete das Staatsgebiet noch den Landesteil Ostpakistan, der 1971 unter dem Namen Bangladesch unabhängig wurde.

Zu 44) A. 50

Das Kernland der USA besteht aus 48 Bundesstaaten. Hinzu kommen die Pazifikinsel Hawaii und die Exklave Alaska am nordwestlichen Zipfel des nordamerikanischen Kontinents.

Zu 45) ja

Die Erdoberfläche misst rund 510 Millionen Quadratkilometer. Davon sind knapp 71 Prozent von Wasser bedeckt, der Rest ist Landmasse.

Zu 46) C. Tansania.

Die Serengeti ist eine Savanne, ein baumarmer, tropischer, steppenähnlicher Vegetationstyp. Ihr Hauptgebiet liegt in Tansania östlich des Viktoriasees, ein kleiner Teil ragt in den Süden Kenias hinein. Die Serengeti ist eines der komplexesten Ökosysteme Afrikas und umschließt auch den Serengeti-Nationalpark, der zum UNESCO-Weltnaturerbe zählt.

Zu 47) B. Haiti.

Hispaniola ist die zweitgrößte der Westindischen Inseln in der Karibik. Knapp zwei Drittel der Inselfläche gehören zur Dominikanischen Republik, das andere Drittel belegt Haiti. Beide Staaten zählten bis ins 19. Jahrhundert zur spanischen Kronkolonie Santo Domingo.

Zu 48) D. Jemen

Die Kurden sind eine westasiatische Ethnie. Ihre Hauptsiedlungsgebiete liegen im Südosten der Türkei und in angrenzenden Teilen des Irak, des Iran und Syriens. Die Republik Jemen befindet sich hingegen im Süden der Arabischen Halbinsel.

Zu 49) B. 85 km

Die Beringstraße liegt zwischen dem östlichsten Punkt Asiens in Sibirien und dem westlichsten Punkt Nordamerikas in Alaska. Sie ist etwa 30 bis 50 Meter tief, an ihrer schmalsten Stelle nur 85 Kilometer breit und friert im Winter zu. Bis vor rund 10.000 Jahren war die Beringstraße noch eine Landbrücke, „Beringia" genannt. Man nimmt an, dass auf diesem Weg die ersten Einwanderer von Asien aus nach Nordamerika gelangten.

Zu 50) B. Kolumbien / Bogotá

Kolumbiens Hauptstadt Bogotá liegt in den Anden, 2.640 Meter über dem Meeresspiegel, ungefähr in der Landesmitte. Mit rund acht Millionen Einwohnern zählt Bogotá zu den größten Metropolen Südamerikas. Die brasilianische Hauptstadt heißt Brasília, die kanadische Ottawa und die portugiesische Lissabon.

Interkulturelles Wissen, Religion und Philosophie *Bearbeitungszeit 25 Minuten*

Bearbeiten Sie bitte die folgenden Aufgaben, indem Sie die richtige Lösung markieren oder die Antwort in das Lösungsfeld schreiben.

1) Wie heißt diese hinduistische Gottheit?

A. Buddha
B. Ganesha
C. Zarathustra
D. Shiva
E. Keine Antwort ist richtig.

2) Wie heißt eine Hauptfigur der Geschichtensammlung „Tausendundeine Nacht"?

A. Mata Hari
B. Soraya
C. Scheherazade
D. Kleopatra
E. Keine Antwort ist richtig.

3) Aus dem antiken Griechenland stammt …?

A. die Bergpredigt.
B. das Höhlengleichnis.
C. der kategorische Imperativ.
D. die Ringparabel.
E. Keine Antwort ist richtig.

4) Ist „Manitu" eine afrikanische Sagengestalt?

☐ ja   ☐ nein

5) Die Schweizergarde beschützt …?

A. den Präsidenten der Schweiz in Bern.
B. das Karl-May-Museum in der Sächsischen Schweiz.
C. den Papst im Vatikan.
D. die Staatsgrenze der Schweiz zu Liechtenstein.
E. Keine Antwort ist richtig.

6) Welches Instrument gilt als schottisches Nationalinstrument?

_____

7) Welcher mythische Ort gilt als der Nordrand der Welt?

A. Atlantis
B. Thule
C. El Dorado
D. Valhalla
E. Keine Antwort ist richtig.

8) Wie heißen die vier Evangelisten des Neuen Testaments?

9) Im späten 18. und im 19. Jahrhundert diente Australien als …?

A. holländischer Militärstützpunkt.
B. japanische Expeditionsbasis.
C. britische Sträflingskolonie.
D. spanisches Erzabbaugebiet.
E. Keine Antwort ist richtig.

10) Von wem stammt der Ausspruch „Ich denke, also bin ich"?

A. Baruch Spinoza
B. René Descartes
C. Friedrich Nietzsche
D. Immanuel Kant
E. Keine Antwort ist richtig.

11) Was würde dem thailändischen Straßenverkehr fehlen, wenn es keine Tuk-Tuks gäbe?

A. Eine Art motorisierte Rikscha
B. Elefanten, die Personen befördern
C. Traditionelle Touristenbusse
D. Taxis ohne Dach
E. Keine Antwort ist richtig.

12) Wie heißt der traditionelle spanische Mittagsschlaf?

13) Der Sage nach ist Excalibur ein magisches …?

A. Pferd.
B. Trinkgefäß.
C. Buch.
D. Schwert.
E. Keine Antwort ist richtig.

14) Welches eigene Genre bilden die Produkte der indischen Filmindustrie?

A. Delhi-Drama
B. Bollywood-Film
C. Bombay Movie
D. Cinema Eastern
E. Keine Antwort ist richtig.

15) An welchem Feiertag gedenken die christlichen Kirchen des letzten Abendmahls Jesu?

A. Karfreitag

B. Heiligabend

C. Gründonnerstag

D. Fronleichnam

E. Keine Antwort ist richtig.

16) Die Schiiten bilden die größte Glaubensrichtung des Islam – stimmt diese Aussage?

☐ stimmt   ☐ stimmt nicht

17) Wie heißt in der antiken römischen Mythologie der Gott des Krieges?

A. Ares

B. Apollo

C. Mars

D. Merkur

E. Keine Antwort ist richtig.

18) Mit dem Begriff „Sirtaki" meint man ...?

A. ein kroatisches Fleischgericht.

B. ein albanisches Heldenepos.

C. einen griechischen Volkstanz.

D. einen türkischen Wechselgesang.

E. Keine Antwort ist richtig.

19) In welchem Land herrscht Linksverkehr?

A. Neuseeland

B. Argentinien

C. Ägypten

D. Frankreich

E. Keine Antwort ist richtig.

20) Auf welchem Kontinent leben die meisten Menschen?

_____

21) Die Abbildung zeigt den griechischen Göttervater Zeus in Stiergestalt bei der Entführung der ...?

A. Helena.

B. Venus.

C. Aphrodite.

D. Europa.

E. Keine Antwort ist richtig.

22) Für welches alljährliche Ritual ist die baskische Stadt Pamplona bekannt – eine Tomatenschlacht, einen Karnevalsumzug oder einen Stierlauf?

_____

23) Wann verfasste Martin Luther seine 95 Thesen, die die Reformation auslösten?

A. 1418
B. 1450
C. 1517
D. 1618
E. Keine Antwort ist richtig.

24) Diese Gebetskette heißt …?

_____ .

25) Die israelische Bevölkerung ist zum größten Teil …?

A. muslimisch.
B. jüdisch.
C. christlich.
D. konfessionslos.
E. Keine Antwort ist richtig.

26) Das Wort „Wodka" stammt aus dem Slawischen und bedeutet übersetzt …?

A. Wässerchen.
B. Schnaps.
C. Schluck.
D. Alkohol.
E. Keine Antwort ist richtig.

27) „Freiheit, Gleichheit, Brüderlichkeit" ist der Wahlspruch welches Landes?

_____

28) Der Begriff „Maghreb" bezeichnet eine Region …?

A. in Südamerika.
B. auf der Arabischen Halbinsel.
C. in Afghanistan.
D. in Nordafrika.
E. Keine Antwort ist richtig.

29) Wer oder was ist ein/e Burka?

A. Ein hoher jüdischer Feiertag
B. Ein Ganzkörperschleier muslimischer Frauen
C. Eine Kopfbedeckung orthodoxer Christen
D. Ein buddhistischer Religionsgelehrter
E. Keine Antwort ist richtig.

30) Was enthält die Tora?

A. Verhaltensregeln für Diplomaten

B. Wichtige religiöse Texte des Judentums

C. Völkerrechtliche Verträge

D. Verfassungstexte von UNO-Staaten

E. Keine Antwort ist richtig.

31) Ein Löwenkörper, ein Frauenkopf, Flügel – wie heißt dieses antike Fabelwesen?

32) Wodurch zeichnet sich ein Stoiker aus?

A. Selbstsucht

B. Trauer

C. Gelassenheit

D. Humor

E. Keine Antwort ist richtig.

33) Ein traditionelles indisches Kleidungsstück für Frauen heißt …?

A. Fes.

B. Kaftan.

C. Kippa.

D. Sari.

E. Keine Antwort ist richtig.

34) Sind des Kaisers neue Kleider aus dem gleichnamigen dänischen Märchen viel zu klein, unsichtbar oder aus Gold geflochten?

35) Was ist die Scharia?

A. Das islamische Recht

B. Ein Katalog von Verhaltensregeln während einer Pilgerfahrt

C. Eine altägyptische Göttin, die auch heute noch verehrt wird

D. Ein politisches Bündnis arabischer Staaten

E. Keine Antwort ist richtig.

36) Welcher deutsche Philosoph prägte den Satz „Gott ist tot"?

A. Arthur Schopenhauer

B. Karl Marx

C. Friedrich Nietzsche

D. Peter Sloterdijk

E. Keine Antwort ist richtig.

37) Wohin muss man reisen, wenn man das Herkunftsland von Sushi und Sake kennen lernen möchte?

_____

38) Bei welchem andalusischen Tanz kommen Kastagnetten zum Einsatz?

A. Flamenco
B. Tango
C. Cancan
D. Lambada
E. Keine Antwort ist richtig.

39) Wer ist der Gründer der modernen Türkei?

A. Osman I.
B. Orhan Pamuk
C. Recep Tayyip Erdoğan
D. Mustafa Kemal Atatürk
E. Keine Antwort ist richtig.

40) In welchem Land ist die Trennung von Religion und Staat in der Verfassung verankert?

A. Deutschland
B. Türkei
C. Schweiz
D. Iran
E. Keine Antwort ist richtig.

41) Der deutsche Aufklärungsphilosoph Immanuel Kant lebte und starb in …?

A. Berlin.
B. Wien.
C. Moskau.
D. Königsberg.
E. Keine Antwort ist richtig.

42) Welche Religion hat keine „Gurus"?

A. Hinduismus
B. Sikhismus
C. Buddhismus
D. Islam
E. Keine Antwort ist richtig.

43) Welche tragische Figur der griechischen Mythologie tötet seinen Vater und heiratet seine Mutter?

_____

44) Wer folgte dem Ariadnefaden aus dem Labyrinth des Minotaurus?

A. Theseus
B. Achilles
C. Ajax
D. Orpheus
E. Keine Antwort ist richtig.

45) Der legendäre Schweizer Nationalheld Wilhelm Tell ...?

A. erfand die Kuckucksuhr.

B. bestieg die zehn höchsten Alpengipfel in einer Woche.

C. schoss mit seiner Armbrust auf einen Apfel.

D. formulierte das Reinheitsgebot für Almkäse.

E. Keine Antwort ist richtig.

46) Bunte Haare, große Augen – charakteristische Figurenmerkmale in japanischen Comics, den sogenannten ...?

A. Makis.

B. Fugus.

C. Tangos.

D. Mangas.

E. Keine Antwort ist richtig.

47) Das Ziel eines Buddhisten ist der Austritt aus dem ewigen Kreislauf von Leid und Wiedergeburt und der Eintritt ...?

A. ins Nirwana.

B. ins Sanskrit.

C. in den Himalaya.

D. nach Gondwana.

E. Keine Antwort ist richtig.

48) In der Ökumene suchen ...?

A. Zentralbanken die internationale Kooperation.

B. verschiedene Religionsgemeinschaften den Dialog.

C. Bauern gemeinsame Bewirtschaftungsformen.

D. Araber nach Erdöl.

E. Keine Antwort ist richtig.

49) Welcher Name steht für ein mythisches Seeungeheuer – und eine politische Metapher?

A. Medusa

B. Argos

C. Leviathan

D. Pegasus

E. Keine Antwort ist richtig.

50) Eine „Fajita" ist ein ...?

A. Kleid.

B. Kopftuch.

C. Fleischgericht.

D. Blumengesteck.

E. Keine Antwort ist richtig.

Lösungen: Interkulturelles Wissen, Religion und Philosophie

1. B	17. C	34. unsichtbar
2. C	18. C	35. A
3. B	19. A	36. C
4. nein	20. Asien	37. Japan
5. C	21. D	38. A
6. Dudelsack	22. Stierlauf	39. D
7. B	23. C	40. B
8. Johannes, Lukas,	24. Rosenkranz	41. D
Markus, Matthäus	25. B	42. D
9. C	26. A	43. Ödipus
10. B	27. Frankreich	44. A
11. A	28. D	45. C
12. Siesta	29. B	46. D
13. D	30. B	47. A
14. B	31. Sphinx	48. B
15. C	32. C	49. C
16. stimmt nicht	33. D	50. C

Zu 1) B. Ganesha

Der markante Elefantenkopf gehört Ganesha – im Hinduismus angesehen als Gott der Weisheit, Überbringer des Glücks und Beherrscher sämtlicher Hindernisse. Die wohl beliebteste hinduistische Gottheit wird im Buddhismus und Jainismus ebenfalls verehrt und erfreut sich auch außerhalb des indischen Subkontinents großer Bekanntheit.

Zu 2) C. Scheherazade

Die Rahmenhandlung der orientalischen Geschichtensammlung „Tausendundeine Nacht" dreht sich um König Schahriyâr, der aus Frust über den Seitensprung seiner Gattin jeden Tag eine andere Frau heiratet und sie kurz darauf umbringen lässt. Doch Scheherazade erzählt dem König spannende Geschichten, deren Fortgang er unbedingt hören will – weshalb er sie verschont. Bekannte Figuren aus „Tausendundeiner Nacht" sind u. a. Sindbad, Aladin und Ali Baba.

Zu 3) B. das Höhlengleichnis.

Das Höhlengleichnis ist ein erkenntnistheoretisches Modell des griechischen Philosophen Platon (428/427–348/347 v. Chr.). Die Bergpredigt des Jesus von Nazareth ist eine Episode im Matthäus-Evangelium, der kategorische Imperativ ist ein ethisches Gebot Immanuel Kants (1724–1804), die Ringparabel stammt aus dem Drama „Nathan der Weise" von Gotthold Ephraim Lessing (1729–1781).

Zu 4) nein

In den Sprachen mancher nordamerikanischer Ureinwohner – wie der Arapaho, Cree und Cheyenne – bedeutet „Manitu" so viel wie „allumfassendes Geheimnis" oder „Große Kraft, die allem innewohnt". Es handelt sich um eine Art spirituelle Energie, eine göttliche Macht.

Zu 5) C. den Papst im Vatikan.

Die Schweizergarde ist für den Schutz des Papstes verantwortlich. Sie sichert den apostolischen Palast, die Zugänge zur Vatikanstadt sowie den Eingang des Castel Gandolfo (Sommerresidenz des Papstes). Ausgehoben wurde die Garde 1506 unter eidgenössischen Söldnern; noch heute dürfen in ihr ausschließlich Schweizer Staatsbürger Dienst tun.

Zu 6) Der Dudelsack

Im Mittelalter war der Dudelsack in ganz Europa verbreitet, ab dem 18. Jahrhundert geriet er jedoch zunehmend in Vergessenheit. Nur in einigen abgelegenen Gegenden konnte er sich halten – und in Schottland: Hier avancierte der Dudelsack zum Nationalinstrument. Das Funktionsprinzip: Der Spieler bläst durch ein Anblasrohr einen Beutel auf, beim Zusammenpressen strömt die Luft über mehrere Pfeifen hinaus. Auf der sogenannten „Spielpfeife" wird die Melodie gespielt, die anderen Pfeifen („Bordunpfeifen") erzeugen jeweils einen durchgehenden Ton – so entsteht der charakteristische Dudelsack-Klang.

Zu 7) B. Thule

Im 4. Jahrhundert v. Chr. erwähnte der griechische Entdecker Pytheas zum ersten Mal den Ort Thule, eine Insel im „äußersten Norden", sechs Tagesfahrten von Britannien entfernt.

In der Folge wurde Thule zum Synonym für den Nordrand der Welt. In Goethes „Faust" wird „Der König von Thule" besungen, die Comic-Figur Prinz Eisenherz ist der Sohn des Königs von Thule, und Geologen nennen den nördlichsten Landpunkt der Erde in Grönland „Ultima Thule" (lat. „ultimus" = „der äußerste").

Zu 8) Johannes, Lukas, Markus, Matthäus

Das Neue Testament entstand etwa zwischen 50 und 130 n. Chr. im jüdisch-christlichen Umfeld des östlichen Mittelmeerraums. Mit den vier Evangelien, die nach Ihren mutmaßlichen Verfassern benannt sind, besteht es vor allem aus erzählenden Schriften. Hinzu kommen die Apostelgeschichte, belehrende Briefliteratur sowie die Offenbarung des Johannes.

Zu 9) C. britische Sträflingskolonie.

Tatsächlich entdeckten die Holländer den Inselkontinent Anfang des 17. Jahrhunderts zuerst; sie erkannten darin aber keinen besonderen Nutzen. James Cook nahm Australien 1770 für die englische Krone in Besitz, die das Gebiet kurz darauf zur Sträflingskolonie erklärte. Bis zur Mitte des 19. Jahrhunderts wurden rund 160.000 britische Sträflinge nach Australien verbannt.

Zu 10) B. René Descartes

René Descartes (1596–1650) war ein französischer Philosoph, Mathematiker und Naturwissenschaftler. Er gilt als Begründer des modernen frühneuzeitlichen Rationalismus („Cartesianismus"). Sein berühmtes Diktum „cogito ergo sum" („ich denke, also bin ich") bildet die Grundlage seiner Metaphysik: Descartes betrachtet Geist und Materie als zwei verschiedene, unabhängige Instanzen („Cartesianischer Dualismus").

Zu 11) A. Eine Art motorisierte Rikscha

In ganz Südostasien – von Indien bis zu den Philippinen – gehören motorisierte Rikschas zum Straßenbild: Dabei handelt es sich um in der Regel dreirädrige Wagen mit Platz für zwei bis drei Personen. In Thailand hat sich für die Gefährte, meist Zweitakter, wegen ihres charakteristischen Fahrgeräuschs der Name „Tuk-Tuks" eingebürgert.

Zu 12) Siesta

Die Siesta ist eine Reaktion auf die brütende Mittagshitze, die im Sommer in vielen Regionen der Iberischen Halbinsel herrscht. Viele Geschäfte bleiben deswegen zwischen 14 und 17 Uhr geschlossen. Für das öffentliche Leben nutzt man die Morgen-, Abend- und Nachtstunden – fehlenden Schlaf holt man während der Siesta nach. Angesichts der zunehmenden Verbreitung von Klimaanlagen und der globalen Verflechtung der Wirtschaft steht die Tradition vermehrt in der Kritik.

Zu 13) D. Schwert.

Das sagenhafte Schwert Excalibur gehörte dem mythischen König Artus und verlieh ihm übermenschliche Kräfte. Artus hatte es von der „Herrin vom See" erhalten, als Ersatz für sein im Kampf zerbrochenes Schwert Caliburn. Dieses hatte er einst aus einem Stein gezogen, in den es vom Zauberer Merlin getrieben worden war. Als Artus später in der Schlacht fiel, warf Sir Bevidere, ein Ritter von Artus' Tafelrunde, Excalibur zurück in den See. Dort soll es noch heute ruhen.

Zu 14) B. Bollywood-Film

„Bollywood" ist ein Kunstwort aus Bombay und Hollywood und bezeichnet die produktivste Filmindustrie der Welt – nämlich die indische mit einem Jahresausstoß von 200 bis 250 Filmen. Charakteristische Elemente eines Bollywood-Films sind Tanz- und Musikeinlagen sowie eine erzählerische Kommentierung des Geschehens.

Zu 15) C. Gründonnerstag

Der Gründonnerstag, auch „Hoher Donnerstag" oder „Palmdonnerstag", ist der fünfte Tag der Karwoche. An diesem Tag gedenken die christlichen Kirchen des letzten Abendmahls Jesu und seiner Jünger am Abend vor seiner Kreuzigung. Auf den Gründonnerstag folgt der Karfreitag.

Zu 16) stimmt nicht

Schätzungsweise 85–90 Prozent der weltweit rund 1,6 Milliarden Moslems sind Sunniten. Die Schiiten sind die zweitgrößte islamische Konfession; sie stellen u. a. im Irak, im Iran, im Libanon und in Aserbaidschan die Bevölkerungsmehrheit. Wegen der geografischen Form, die diese Länder bilden, spricht man auch vom „schiitischen Halbmond". Auslöser der Spaltung in Sunniten und Schiiten war ein Streit um die Nachfolge des Propheten Mohammed im 7. Jahrhundert.

Zu 17) C. Mars

In der römischen Mythologie ist Merkur der Götterbote und Apollo der Gott der Poesie und des Lichts. Der Gott des Krieges und der Schlachten heißt bei den alten Römern Mars, bei den antiken Griechen Ares.

Zu 18) C. einen griechischen Volkstanz.

Wer von „Sirtaki" spricht, meint damit einen griechischen Volkstanz – allerdings zu Unrecht: Der Sirtaki ist nicht in der griechischen Kultur verwurzelt, sondern wurde 1960 eigens für den Film „Alexis Sorbas" mit Anthony Quinn erfunden.

Zu 19) A. Neuseeland

Das Mutterland des Linksverkehrs ist Großbritannien. In vielen Ländern, die früher zum britischen Weltreich gehörten, fährt man noch heute auf der linken Straßenseite: z. B. in Australien, Indien und Neuseeland.

Zu 20) Asien

Asien (rund 4,5 Mrd. Einwohner) ist richtig – immerhin befinden sich hier mit China (1,4 Mrd.) und Indien (1,3 Mrd.) die bevölkerungsreichsten Länder der Erde. Auf Rang 2 liegt Afrika mit über 1,2 Milliarden Menschen, gefolgt von Europa (740 Mio.), Nordamerika (580 Mio.), Südamerika (420 Mio.) und zu guter Letzt Australien/Ozeanien (40 Mio.).

Zu 21) D. Europa.

Der Sage nach verliebte sich der griechische Göttervater Zeus einst in die Europa, Tochter des phönizischen Königs Agenor. Zeus verwandelte sich in einen Stier, um seine eifersüchtige Frau Hera zu täuschen, sich im Schutz einer Kuhherde an Europa anzunähern und sie zu entführen. Auf Kreta zeugte das Paar drei Kinder. Später erhielt der Erdteil, zu dem Kreta gehört, Europas Namen – wie es die Liebesgöttin Aphrodite vorausgesagt hatte.

Zu 22) Für einen Stierlauf

Die baskische Stadt Pamplona ist bekannt für ihren „Encierro", einen Stierlauf während der „Sanfermines", einer sommerlichen Festwoche zu Ehren Bischof Firmins des Älteren von Amiens (ca. 272–ca. 303). Dabei treiben Einheimische und Touristen als Mutprobe Stiere und Ochsen durch die Altstadt in eine Arena, wo diese später gegen Matadore einen Todeskampf führen.

Zu 23) C. 1517

Der Theologe Martin Luther (1483–1546) verfasste 1517 seine 95 Thesen zum Ablasshandel, die großen öffentlichen Anklang fanden und die Reformation auslösten. Er protestierte damit weniger gegen die Finanzpraktiken der katholischen Kirche als gegen die dahinterstehende Bußgesinnung. Der Ablasshandel veranlasste ihn, eine Reform der Kirche „an Haupt und Gliedern" zu fordern.

Zu 24) Rosenkranz.

Der Rosenkranz gilt als verbreitetste Andachtsform der katholischen Kirche. Er besteht aus einem Kreuz und 59 Perlen, die man zum Abzählen der Rosenkranzgebete nutzt – einer regelmäßigen Abfolge der Gebete „Vaterunser", „Ave Maria" und „Ehre sei dem Vater".

Zu 25) B. jüdisch.

Die demokratisch-parlamentarische Republik Israel wurde erst 1948 gegründet, beruft sich jedoch auf eine 4.000 Jahre alte jüdische Tradition. Nach den Erfahrungen des Holocausts beschloss die Regierung 1950 das „Rückkehrgesetz", demzufolge jeder Jude, gleich welcher Herkunft, die israelische Staatsbürgerschaft erwerben kann. Gut 75 Prozent der israelischen Bevölkerung sind Juden, 17 Prozent sind Muslime und zwei Prozent Christen.

Zu 26) A. Wässerchen.

Wodka ist eine farblose, annähernd geschmacksneutrale Spirituose. Das slawische „vodka" ist die Verkleinerungsform von „voda" („Wasser").

Zu 27) Frankreich

„Freiheit, Gleichheit, Brüderlichkeit" (franz. „Liberté, Égalité, Fraternité") wurde im Nachhinein zur Parole der Französischen Revolution von 1789 erklärt und nach dem Zweiten Weltkrieg in die Verfassung aufgenommen. Als Teil des nationalen französischen Erbes ist der Wahlspruch heute auf vielen öffentlichen Gebäuden, auf Münzen und Briefmarken zu finden.

Zu 28) D. in Nordafrika.

„Maghreb" (arabisch für „Westen") bezeichnet den westlichen Teil des Verbreitungsgebiets des Islam. Der Maghreb umfasst die nordafrikanischen Länder Marokko, Tunesien und Algerien, teilweise auch Libyen und Mauretanien.

Zu 29) B. Ein Ganzkörperschleier muslimischer Frauen

Die Burka ist ein Stofftuch, das den Körper nahezu vollständig verdeckt. Solche Ganzkörperschleier werden von muslimischen Frauen vor allem in Afghanistan, Pakistan und Teilen Indiens getragen. Hierzulande wird das Tragen der Burka kontrovers diskutiert; Kritiker sehen darin ein Symbol für die Unterdrückung der Frau.

Zu 30) B. Wichtige religiöse Texte des Judentums

Die Tora (auch „Thora") ist der erste Teil der hebräischen Bibel, der wichtigsten religiösen Schrift des Judentums. Sie besteht aus den fünf Büchern Mose. Oft meint man mit dem Begriff auch die Torarolle, eine handgeschriebene Pergamentrolle mit dem Text der Tora, aus der in jüdischen Gottesdiensten gelesen wird.

Zu 31) Sphinx

Das Fabelwesen Sphinx kannten viele Kulturen des Altertums, z. B. die Ägypter. In der griechischen Mythologie ist die Sphinx ein geflügelter Löwe mit einem Frauenkopf. Der Legende nach belagerte die Sphinx einst die Stadt Theben und fraß alle Passanten, die ihr Rätsel nicht lösen konnten: Was geht am Morgen auf vier Füßen, am Mittag auf zwei und am Abend auf drei? Die Antwort wusste Ödipus: der Mensch – als krabbelndes Kind, aufrecht gehender Erwachsener und lahmender Greis mit Stütze. Daraufhin stürzte sich die Sphinx ins Meer, und Ödipus wurde König von Theben.

Zu 32) C. Gelassenheit

Die philosophische Lehre der Stoa beruht auf einem tiefen Vertrauen in die Logik der Natur und in die Kausalität allen Geschehens. Zur Maxime des Stoikers gehört es, gelassen, geduldig und beherrscht Weisheit anzustreben. Der Name „Stoa" bezeichnete ursprünglich eine Säulenhalle auf dem Versammlungs- und Marktplatz im antiken Athen: Dort nahm Zenon von Kition, der Begründer der Stoa, um 300 v. Chr. seine Lehrtätigkeit auf.

Zu 33) D. Sari.

Die Rede ist vom Sari, einem traditionellen Frauengewand, das in Indien, Sri Lanka, Bangladesch, Nepal und Teilen Pakistans bis heute alltäglich ist. Saris bestehen aus einer meist fünf bis sechs Meter langen, raffiniert um den Körper gewickelten Stoffbahn. Die Antworten A und C bezeichnen Kopfbedeckungen: Die Kippa wird von männlichen Juden getragen, der Fes war früher vor allem im Orient und auf dem Balkan gängig. Der Kaftan, ein knie- bis knöchellanges Woll- oder Seidenhemd, war einst im Osmanischen Reich und unter osteuropäischen Juden verbreitet. Heute schätzt man ihn noch in Zentralasien.

Zu 34) unsichtbar

Im Märchen „Des Kaisers neue Kleider" von Hans Christian Andersen (1805–1875) fällt der Kaiser auf Betrüger herein: Sie geben vor, ihm verzauberte Kleider zu weben, die nur sehen könne, wer klug und seines Amtes würdig sei. Als der Kaiser selbst die Kleider nicht sieht, verschweigt er dies aus Eitelkeit und Scham – und seine Untergebenen loben ehrfürchtig die feinen, neuen Stoffe. Bei einer Parade merkt ein Kind schließlich an, dass der Kaiser nackt ist, was dann auch das Volk ausruft. Der Kaiser jedoch bleibt stur – und unbekleidet.

Zu 35) A. Das islamische Recht

„Scharia" nennt man das islamische Recht, das der religiösen Lehre nach auf die Umsetzung der göttlichen Vorschriften und die Verwirklichung einer göttlichen Ordnung abzielt. Dem religiösen Verständnis zufolge gelten die Gesetze der Scharia bis auf wenige Ausnahmen für alle Menschen, auch für Nichtmuslime. In manchen Ländern ist die Scharia Grundlage der staatlichen Gesetzgebung.

Zu 36) C. Friedrich Nietzsche

Der Ausspruch vom Tod Gottes findet sich an verschiedenen Stellen im Werk Friedrich Nietzsches (1844–1900). Nietzsche drückt damit den zwiespältigen Anbruch eines verweltlichten Zeitalters aus: Fortschreitende Aufklärung, Wissenschaft und Liberalisierung haben traditionelle, religiös fundierte Werteordnungen aufgelöst – ein gewaltiger Vorgang mit ungeheurer Tragweite und unvorhersehbaren Auswirkungen.

Zu 37) Japan

Sake ist ein japanischer Reiswein und Sushi ein traditionelles japanisches Gericht mit rohem oder geräuchertem Fisch, serviert in mundgerechten Portionen. Die bekannteste Sushi-Variante sind die Maki: Rollen aus Fisch, Gemüse und Reis, umwickelt mit einem Algenblatt.

Zu 38) A. Flamenco

Kastagnetten – paarweise gespielte Klappern – sind typische rhythmische Begleitinstrumente des Flamenco. Der Tanz entwickelte sich in Andalusien über mehr als 2.000 Jahre hinweg, begünstigt durch die Abgeschiedenheit dieses Landstrichs. Lange Zeit wurde der Flamenco vor allem von der Roma-Untergruppe der Gitanos gespielt und getanzt. Als im 19. Jahrhundert ein spanischer Nationalstolz aufkam, infolge des Unabhängigkeitskriegs (1808–1813), wurden die Gitanos zum Symbol nationaler Identität – und mit ihnen der Flamenco.

Zu 39) D. Mustafa Kemal Atatürk

Die Türkei ging nach dem Ersten Weltkrieg aus dem Osmanischen Reich hervor. Der Staatsgründer Mustafa Kemal Atatürk (1881–1938) war bestrebt, die Türkei durch zahlreiche gesellschaftliche Reformen nach dem Vorbild europäischer Nationalstaaten zu modernisieren. Zunächst wurde im Jahre 1922 das Sultanat, 1924 dann das Kalifat beseitigt. Im Folgenden schaffte die Türkei die Scharia ab und verbot in einer umfassenden Kleiderreform den Fez – eine männliche Kopfbedeckung – und den Schleier für die Frau. Zudem wurde die Gemeinschaftserziehung von Jungen und Mädchen eingeführt.

Zu 40) B. Türkei

Die türkische Verfassung schreibt eine strenge Trennung von Religion und Staat vor, die jedoch faktisch als staatliche Kontrolle über die Religion ausgeübt wird, indem islamische Rechtsgelehrte, Vorbeter etc. vom Staat ausgebildet werden. Grundsätzlich gilt Glaubensfreiheit für das Individuum, die privilegierte Religion ist jedoch der sunnitische Staatsislam. Das deutsche Grundgesetz garantiert zwar Religionsfreiheit, formuliert aber ein eher partnerschaftliches Verhältnis von Staat und (christlichen) Kirchen. In der Schweiz wird diese Beziehung je nach Kanton unterschiedlich ausgestaltet, die Verfassung setzt sich ein religiöses Bekenntnis „im Namen Gottes des Allmächtigen" voran. Die Islamische Republik Iran schließlich steht politisch und gesellschaftlich auf einem religiösen Fundament.

Zu 41) D. Königsberg.

Immanuel Kant wurde 1724 im preußischen Königsberg geboren und starb dort 1804. Er zählt zu den einflussreichsten Denkern der Aufklärung. Bekannt sind u. a. seine Definition der Aufklärung als „Ausgang des Menschen aus seiner selbst verschuldeten Unmündigkeit" oder die Formulierung des kategorischen Imperativs: „Handle nur nach derjenigen Maxime, durch die du zugleich wollen kannst, dass sie ein allgemeines Gesetz werde."

Zu 42) D. Islam

Gurus sind spirituelle Lehrer im Hinduismus, im Sikhismus und im tantrischen Buddhismus. Sie unterweisen ihre Schüler in der religiösen Lehre und weihen sie in rituelle Künste wie Tanz oder Gesang ein.

Zu 43) Ödipus

Ohne seine Eltern zu kennen, tötet Ödipus in der griechischen Mythologie erst den Vater und heiratet dann seine Mutter – wie es ihm ein Orakel vorhergesagt hatte. In Bezug darauf sprach der Psychoanalytiker Sigmund Freud vom „Ödipus-Komplex", demzufolge Jungen eine unbewusste sexuelle Zuneigung zur Mutter entwickeln, verbunden mit feindseligen Gefühlen gegen den Vater. Zeus ist der oberste griechische Gott, Herkules ein griechischer Sagenheld und Homer der Autor der antiken Epen „Odyssee" und „Ilias".

Zu 44) A. Theseus

Dem furchtbaren Minotaurus auf Kreta, einem Mischwesen aus Mensch und Stier, waren alle neun Jahre sieben Jünglinge und Jungfrauen zu opfern. Theseus, Prinz von Athen, wollte dem ein Ende setzen: Er wagte sich ins Labyrinth, in dem der Minotaurus lauerte, und tötete ihn. Den Rückweg fand Theseus mithilfe eines Fadens, den ihm Ariadne geschenkt hatte, die Tochter des kretischen Königs Minos.

Zu 45) C. schoss mit seiner Armbrust auf einen Apfel.

Wilhelm Tell ist ein sagenhafter Schweizer Nationalheld, der um die Wende vom 13. zum 14. Jahrhundert gelebt haben soll. Der Legende nach befahl ihm ein habsburgischer Land-

vogt, einen Apfel vom Kopf seines Sohnes zu schießen – was ihm auch gelang. Später ermordete er den Landvogt und beteiligte sich am Kampf der Eidgenossen um die Unabhängigkeit von den Habsburgern. Die Figur des Tell ist in der Schweiz als Symbol der typischen eidgenössischen Eigenständigkeit sehr populär.

Zu 46) D. Mangas.

Ein extravagantes Haarstyling und große Augen sind typische Stilmittel des modernen Mangas, des japanischen Comics, der sich auch in Deutschland großer Beliebtheit erfreut. Der Tango ist ein Tanz, als Makis bezeichnet man verschiedene Tierarten und Fugu ist eine Spezialität der japanischen Küche – bestehend aus dem Muskelfleisch von Kugelfischen.

Zu 47) A. ins Nirwana.

Das Ziel eines Buddhisten ist das Nirwana – ein unbeschreibbarer Zustand nach dem Austritt aus dem Kreislauf von Werden und Vergehen. Im Nirwana sind der religiösen Lehre nach alle mit dem Dasein verbundenen Wünsche und Vorstellungen überwunden (Ich-Sucht, Gier …). Der Himalaya ist das höchste Gebirge der Welt, Sanskrit eine altindische Sprache und Gondwana heißt ein Großkontinent, der vor 250 bis 300 Millionen Jahren einen Großteil der Landmasse der Erde umfasste.

Zu 48) B. verschiedene Religionsgemeinschaften den Dialog.

„Ökumene" bezeichnet eine Bewegung, die die Zusammenarbeit der verschiedenen christlichen Konfessionen in ihren orthodoxen, katholischen und evangelischen Ausprägungen anstrebt. Manche Theologen beziehen den Begriff auch auf einen umfassenderen religiösen Dialog der monotheistischen Religionen Christentum, Judentum und Islam.

Zu 49) C. Leviathan

Der Leviathan ist ein Seeungeheuer aus der christlich-jüdischen Mythologie, ein Mischwesen aus Drachen, Schlange, Wal und Krokodil. Seine Unbesiegbarkeit durch Menschenhand beschreibt u. a. das biblische Buch Hiob; es heißt, nur Gott selbst könne die Kreatur töten. Der britische Staatstheoretiker Thomas Hobbes (1588–1679) verglich in seiner einflussreichen Schrift „Leviathan" von 1651 das unbezwingbare Seeungeheuer mit dem allmächtigen Staat. Heute steht der Leviathan auch als Metapher für unkontrollierbare Finanzmärkte und die ungezügelte Natur.

Zu 50) C. Fleischgericht

Die Fajita ist ein traditionelles Gericht aus dem mexikanisch-texanischen Kulturkreis: gegrilltes, in Streifen geschnittenes Fleisch vom Rind, Huhn oder Schwein, serviert auf einer Weizentortilla mit Beilagen wie Chili, Käse, Tomaten, Salsa oder Guacamole. Der Begriff „faja" (dt. „Gürtel") bezieht sich auf das Zwerchfell – von diesem Teil des Ochsen stammte das Fleisch, das früher die Cowboys am Rio Grande verzehrten.

Persönlichkeiten, Erfindungen, Entdeckungen

Bearbeitungszeit 25 Minuten

Wer hat was getan? Bitte ordnen Sie jeder Person die zugehörige Aktion zu, indem Sie den richtigen Lösungsbuchstaben in das Kästchen schreiben.

1) Johannes Gutenberg   A. war der erste Mensch im Weltall.

2) Samuel Morse   B. begründete die moderne Evolutionstheorie.

3) Alfred Nobel   C. entdeckte den Seeweg nach Indien.

4) Louis Pasteur   D. erfand das Dynamit.

5) Juri Gagarin   E. entwickelte einen Apparat zur Signalübertragung.

6) Charles Darwin   F. entwickelte ein Verfahren zur Konservierung von Lebensmitteln.

7) Neil Armstrong   G. entwickelte den ersten Computer.

8) Roald Amundsen   H. betrat als erster Mensch den Mond.

9) Vasco da Gama   I. war der erste Mensch am Südpol.

10) Konrad Zuse   J. entwickelte den Buchdruck mit beweglichen Lettern.

Bearbeiten Sie bitte die folgenden Aufgaben, indem Sie die richtige Lösung markieren oder die Antwort in das Lösungsfeld schreiben.

11) „Veni, vidi, vici" – von wem stammt dieser Satz?

A. Gaius Julius Caesar

B. Napoleon Bonaparte

C. Alexander der Große

D. Marcus Tullius Cicero

E. Keine Antwort ist richtig.

12) Wer stellte die Relativitätstheorie auf?

_____

13) „Das Kommunistische Manifest" verfassten Karl Marx und …?

A. Friedrich Engels.

B. Rosa Luxemburg.

C. Louis-Auguste Blanqui.

D. Wladimir Iljitsch Lenin.

E. Keine Antwort ist richtig.

14) Welcher Komponist litt unter vollständiger Taubheit?

A. Wolfgang Amadeus Mozart

B. Györgi Ligeti

C. Johann Sebastian Bach

D. Ludwig van Beethoven

E. Keine Antwort ist richtig.

15) Der Ottomotor, ein im Zwei- oder Viertaktprinzip laufender Verbrennungsmotor, wurde nach Otto Lilienthal benannt. Stimmt diese Aussage?

☐ stimmt ☐ stimmt nicht

16) Wie heißt diese Person?

A. Mike Tyson

B. Nelson Mandela

C. Muhammad Ali

D. Martin Luther King jr.

E. Keine Antwort ist richtig.

17) 1592 landete Kolumbus erstmals in der Neuen Welt – stimmt diese Aussage?

☐ stimmt ☐ stimmt nicht

18) Als bedeutendster britischer Staatsmann des 20. Jahrhunderts gilt …?

A. Neville Chamberlain.

B. Winston Churchill.

C. Tony Blair.

D. Sir Alex Ferguson.

E. Keine Antwort ist richtig.

19) Benjamin Franklin erfand den Blitzableiter und gehörte zu den Gründervätern der USA. Stimmt diese Aussage?

☐ stimmt   ☐ stimmt nicht

20) In den Automobilwerken von Henry Ford wurde 1913 …?

A. der erste Airbag getestet.

B. zum ersten Mal ein Auto mit Rückwärtsgang gebaut.

C. der erste Dieselmotor hergestellt.

D. die weltweit erste Fließbandfertigung eingeführt.

E. Keine Antwort ist richtig.

21) Wer gilt als Erfinder der Glühlampe?

A. Nikola Tesla

B. Heinrich Hertz

C. Thomas Alva Edison

D. Louis Daguerre

E. Keine Antwort ist richtig.

22) Nikolaus Kopernikus stellte im 16. Jh. die damals revolutionäre Behauptung auf, …?

A. den ersten Planeten außerhalb unseres Sonnensystems entdeckt zu haben.

B. dass es Wasser auf dem Mars gibt.

C. ein Schwarzes Loch entdeckt zu haben.

D. dass sich die Erde um die Sonne dreht.

E. Keine Antwort ist richtig.

23) Diese Urform des Fahrrads heißt auch …?

A. Velomobil.

B. Draisine.

C. Faltrad.

D. Liegerad.

E. Keine Antwort ist richtig.

24) Politikreformen unter den Schlagworten „Glasnost" und „Perestroika" initiierte welcher sowjetische Politiker?

25) „Man wird nicht als Frau geboren: Man wird es." Von wem stammt dieser Satz?

A. Alice Schwarzer
B. Karl Lagerfeld
C. Simone de Beauvoir
D. Judith Butler
E. Keine Antwort ist richtig.

26) Nach zehn Jahren Versuch, Beobachtung und Auswertung fand Johannes Kepler …?

A. die Grundlagen der Lichtbrechung.
B. die Widerlegung des Pythagoras-Satzes.
C. den Beweis für die Quantentheorie.
D. die Gesetze der Planetenbewegung.
E. Keine Antwort ist richtig.

27) Wurde das MP3-Audioformat in Japan entwickelt?

☐ ja   ☐ nein

28) Wer gilt als Begründer der modernen Elektrotechnik?

A. Robert Bosch
B. Werner von Siemens
C. Carl Lorenz
D. Frederik Philips
E. Keine Antwort ist richtig.

29) Jeanne d'Arc, auch bekannt als Johanna von Orléans, führte als 17-Jährige im Hundertjährigen Krieg französische Truppen ins Feld. Stimmt diese Aussage?

☐ stimmt   ☐ stimmt nicht

30) Welche Leistung vollbrachte der Pilot Charles Lindbergh?

A. Den ersten Hubschrauberflug
B. Den ersten Passagierflug über den Pazifik
C. Den ersten Nonstop-Alleinflug über den Atlantik
D. Den ersten Flug in einem Düsenjet
E. Keine Antwort ist richtig.

31) Welcher deutsche Ingenieur leitete Raketenprogramme für das nationalsozialistische „Dritte Reich" und für die NASA?

A. Ferdinand Porsche
B. Carl von Linde
C. Wernher von Braun
D. Oskar von Miller
E. Keine Antwort ist richtig.

32) Wer entdeckte das Penicillin?

A. Robert Koch
B. Louis Pasteur
C. Paul Ehrlich
D. Alexander Fleming
E. Keine Antwort ist richtig.

33) Der deutsche Archäologe Heinrich Schliemann fand bei einer seiner Ausgrabungen ...?

A. den heiligen Gral.

B. die legendäre Stadt Troja.

C. den sagenumwobenen Schatz der Nibelungen.

D. Hinweise auf den Stein der Weisen.

E. Keine Antwort ist richtig.

34) Wie heißt diese britische Politikerin?

35) Wer erfand das Telefon?

A. James Clerk Maxwell

B. Hermann von Helmholtz

C. Alexander Graham Bell und Philipp Reis

D. Thomas Edison

E. Keine Antwort ist richtig.

36) Galileo Galilei blickte 1610 durch sein Fernrohr und entdeckte ...?

A. dass die Neigung des Schiefen Turms von Pisa zunimmt.

B. den Ausbruch eines verheerenden Feuers am anderen Ende der Stadt.

C. die vier größten Jupitermonde.

D. einen bislang unbekannten Vulkan in den Apenninen.

E. Keine Antwort ist richtig.

37) Welcher Widerstandsgruppe gegen den Nationalsozialismus gehörten Hans und Sophie Scholl an?

A. Rote Brigaden

B. Die Falken

C. Weiße Rose

D. Pax Christi

E. Keine Antwort ist richtig.

38) Der US-Amerikaner Edwin Hubble ist Namensgeber eines Geräts, das ...?

A. den Weltraum beobachtet.

B. an Land und auf dem Wasser fährt.

C. in die tiefsten Meeresgräben taucht.

D. die polaren Eismassen präzise ausmisst.

E. Keine Antwort ist richtig.

39) Wie hieß der erste Ministerpräsident des Staates Israel?

A. David Ben-Gurion
B. Ariel Scharon
C. Jitzchak Rabin
D. Ignatz Bubis
E. Keine Antwort ist richtig.

40) Der erste schwarze Präsident Südafrikas hieß …?

A. Thabo Mbeki.
B. Frederik Willem de Klerk.
C. Martin Luther King.
D. Nelson Mandela.
E. Keine Antwort ist richtig.

41) War Werner Heisenberg ein bedeutender Chemiker?

☐ ja   ☐ nein

42) Nach welchem Mathematiker ist ein Test benannt, der die Ebenbürtigkeit von menschlicher und künstlicher Intelligenz überprüft?

A. August Ferdinand Möbius
B. Carl Friedrich Gauß
C. Pierre-Simon Laplace
D. Alan Turing
E. Keine Antwort ist richtig.

43) Sir Edmund Hillary und Tenzing Norgay waren die ersten Menschen …?

A. auf dem Mond.
B. auf dem Mount Everest.
C. in den Grabräumen der Cheops-Pyramide.
D. an der Quelle des Amazonas.
E. Keine Antwort ist richtig.

44) Ein Apparat namens „Trieste" erreichte 1960 …?

A. eine Flughöhe von 13 Kilometern.
B. den Südpol.
C. den Marianengraben, eine der tiefsten Stellen des Ozeans.
D. die Mondoberfläche.
E. Keine Antwort ist richtig.

45) Einer der Anführer der bundesdeutschen Studentenproteste Ende der 60er-Jahre war …?

A. Karl Liebknecht.
B. Kurt Georg Kiesinger.
C. Rudi Dutschke.
D. Ernst Bloch.
E. Keine Antwort ist richtig.

46) Wer gründete das Rote Kreuz?

A. Florence Nightingale

B. Sir Walter Cross

C. Mutter Teresa

D. Henri Dunant

E. Keine Antwort ist richtig.

47) Die Brüder Joseph und Jacques Montgolfier sind die Erfinder ...?

A. des Heißluftballons.

B. des Omelettes.

C. der Baskenmütze.

D. des Golfsports.

E. Keine Antwort ist richtig.

48) Der Guerillaführer Che Guevara kämpfte nach der kubanischen Revolution in ...?

A. Tansania und Brasilien.

B. Indien und Mexiko.

C. Kongo und Bolivien.

D. Vietnam und Kolumbien.

E. Keine Antwort ist richtig.

49) Der Franzose Jacques-Yves Cousteau war ein Filmemacher und Pionier der ...?

A. Meeresforschung.

B. Vulkanforschung.

C. Höhlenforschung.

D. Tropenforschung.

E. Keine Antwort ist richtig.

50) Die britische Forscherin Jane Goodall studierte das Verhalten von ...?

A. Löwen.

B. Gorillas.

C. Schimpansen.

D. Elefanten.

E. Keine Antwort ist richtig.

Lösungen: Persönlichkeiten, Erfindungen, Entdeckungen

1. J	18. B	35. C
2. E	19. stimmt	36. C
3. D	20. D	37. C
4. F	21. C	38. A
5. A	22. D	39. A
6. B	23. B	40. D
7. H	24. Michail Gorbatschow	41. nein
8. I	25. C	42. D
9. C	26. D	43. B
10. G	27. nein	44. C
11. A	28. B	45. C
12. Albert Einstein	29. stimmt	46. D
13. A	30. C	47. A
14. D	31. C	48. C
15. stimmt nicht	32. D	49. A
16. D	33. B	50. C
17. stimmt nicht	34. Margaret Thatcher	

Zu 1) J. entwickelte den Buchdruck mit beweglichen Lettern.

Johannes Gensfleisch (um 1400–1468), genannt Gutenberg, entwickelte den Buchdruck mit beweglichen Metall-Lettern. Sicher ist, dass er diese Technik in Europa als erster in einem funktionierenden Gesamtsystem umsetzen konnte. Ob ihm dieser Verdienst auch auf globaler Ebene gebührt, ist jedoch fraglich, da entsprechende koreanische Drucke bereits auf das 14. Jahrhundert datiert werden.

Zu 2) E. entwickelte einen Apparat zur Signalübertragung.

Samuel Morse baute 1833 einen Schreibtelegrafen zur elektrischen

Signalübertragung, den sogenannten Morseapparat. Am Empfangsgerät fixierte ein Metallstift die gesendeten Signale auf einem Papierstreifen. Um die Übertragung zu vereinfachen, entwickelte ein Mitarbeiter Morses ein spezielles Alphabet, das Buchstaben und Zahlen als Folge von kurzen und/oder langen Signalen darstellt (Morsezeichen).

Zu 3) D. erfand das Dynamit.

Alfred Bernhard Nobel (1833–1896), schwedischer Erfinder und Chemiker, entwickelte das Dynamit. In seinem Testament verfügte der kinderlose Nobel, mit seinem Vermögen eine Stiftung zu gründen und die Vermögenszinsen an Menschen zu vergeben, die „im verflossenen Jahr der Menschheit den größten Nutzen geleistet haben": So kam es zu den Nobelpreisen.

Zu 4) F. entwickelte ein Verfahren zur Konservierung von Lebensmitteln.

Louis Pasteur (1822–1895) entwickelte das Verfahren der Pasteurisierung: Erhitzt man Nahrungsmittel kurzzeitig auf 60–90 °C, wird ein Großteil der vorhandenen Mikroorganismen abgetötet, sodass z. B. Milchprodukte länger gelagert werden können.

Zu 5) A. war der erste Mensch im Weltall.

Juri Gagarin (1934–1968) war ein sowjetischer Kosmonaut und der erste Mensch im Weltall. Am 12. April 1961 umrundete er mit dem Raumschiff „Wostok 1" in 108 Minuten ein Mal komplett die Erde.

Zu 6) B. begründete die moderne Evolutionstheorie.

Charles Robert Darwin (1809–1882) gilt wegen seiner Beiträge zur Evolutionstheorie als einer der bedeutendsten Naturwissenschaftler. Inspiriert von den Erkenntnissen einer Forschungsreise auf dem Vermessungsschiff „Beagle", entwarf er 1838 die Theorie der Anpassung an den Lebensraum durch Variation und natürliche Selektion: So erklärte er die evolutionäre Entwicklung aller Organismen und ihre Aufspaltung in verschiedene Arten. In seinem 1859 veröffentlichten Hauptwerk „Die Entstehung der Arten" präsentierte er seine Theorie zum ersten Mal einer breiteren Öffentlichkeit. Seine streng naturwissenschaftliche Erklärung der Artenvielfalt bildet die Grundlage der modernen Evolutionstheorie und markiert den entscheidenden Wendepunkt in der Geschichte der modernen Biologie.

Zu 7) H. betrat als erster Mensch den Mond.

Im Rahmen des Apollo-Programms der US-Raumfahrtbehörde NASA betrat Neil Armstrong erstmals am 21. Juli 1969 den Mond. Er und die anderen Apollo-Astronauten kehrten unversehrt zur Erde zurück. Die Mondlandung bildete den Höhepunkt des Wettlaufs ins All zwischen den USA und der UdSSR.

Zu 8) I. war der erste Mensch am Südpol.

Roald Amundsen (1872–1928) erreichte am 14. Dezember 1911 als erster Mensch mit den vier Begleitern seiner Expedition den Südpol. Damit kam er seinem britischen Rivalen Robert F. Scott um 35 Tage zuvor.

Zu 9) C. entdeckte den Seeweg nach Indien.

Der portugiesische Seefahrer Vasco da Gama (1469–1524) segelte von 1497 bis 1498 mit einer Flotte von vier Schiffen von Lissabon aus um das Kap der Guten Hoffnung nach Indien. Bis dahin kannte man in Europa nur den Landweg zu dem Subkontinent.

Zu 10) G. entwickelte den ersten Computer.

Der Unternehmer, Ingenieur und Erfinder Konrad Zuse (1910–1995) konstruierte verschiedene Computermodelle, darunter 1941 die sogenannte „Z3". Die Maschine gilt als erster funktionstüchtiger Computer der Welt, der mit binärer Gleitkommarechnung arbeitete.

Zu 11) A. Gaius Julius Caesar

Gaius Julius Caesar (100–44 v. Chr.) war Feldherr, Staatsmann und der erste Alleinherrscher im antiken Rom. Mit dem Satz „Veni, vidi, vici" – „Ich kam, ich sah, ich siegte" – kommentierte Caesar seine rasche Eroberung des Königreichs Pontos am Schwarzen Meer (47 v. Chr.). Der Ausspruch hat sich zum geflügelten Wort entwickelt.

Zu 12) Albert Einstein

Die Relativitätstheorie umfasst zwei von Albert Einstein geschaffene physikalische Theorien, die sich mit der Struktur von Raum und Zeit befassen. Die spezielle Relativitätstheorie beschreibt das Verhalten von Raum und Zeit aus der Sicht von Beobachtern, die sich relativ zueinander bewegen, und die damit verbundenen Phänomene. Darauf aufbauend führt die allgemeine Relativitätstheorie die Gravitation auf eine Krümmung von Raum und Zeit zurück, verursacht u. a. durch die beteiligten Massen.

Zu 13) A. Friedrich Engels.

„Das Manifest der Kommunistischen Partei" oder kurz „Das Kommunistische Manifest", 1848 erschienen, verfasste der Ökonom und Philosoph Karl Marx (1818–1883) zusammen mit dem Philosophen und Historiker Friedrich Engels (1820–1895). Auf knapp 30 Seiten skizzieren sie die historische Entwicklung der Gesellschaftsmodelle vor dem Hintergrund fortwährender Klassenkämpfe, grenzen den Kommunismus von bisherigen Gesellschaftsformen ab und betonen die internationale Solidarität des Proletariats.

Zu 14) D. Ludwig van Beethoven

Ludwig van Beethoven (1770–1827) litt seit seinem 30. Lebensjahr unter zunehmender Schwerhörigkeit und war im Alter von 49 Jahren vollständig ertaubt. Trotzdem komponierte er weiter und schuf z. B. die Messe in D-Dur „Missa Solemnis".

Zu 15) stimmt nicht

Hubkolbenmotoren mit Fremdzündung nennt man seit Mitte des 19. Jahrhunderts offiziell Ottomotor. Namensgeber ist Nicolaus August Otto (1832–1891), einer der Entwickler des Viertaktverfahrens. Otto Lilienthal (1848–1896) war ein deutscher Luftfahrtpionier und konstruierte das erste funktionsfähige Gleitflugzeug.

Zu 16) D. Martin Luther King jr.

Das Foto zeigt den US-amerikanischen Bürgerrechtler Martin Luther King jr. (1929–1968). Als führender Vertreter der Bürgerrechtsbewegung „Civil Rights Movement" kämpfte er in den 50er- und 60er-Jahren gegen die Diskriminierung der schwarzen Bevölkerung in den US-Südstaaten. Seine 1963 in Washington gehaltene Rede „I Have a Dream" ging in die Geschichte ein. 1964 erhielt King den Friedensnobelpreis, 1968 fiel er einem Attentat zum Opfer.

Zu 17) stimmt nicht

Am 12. Oktober 1492 erreichten die Schiffe des Christoph Kolumbus Amerika. Kolumbus ging zuerst auf einer Insel der Bahamas an Land, die er „San Salvador" taufte. Wie man heute weiß, wurde der amerikanische Kontinent schon rund 500 Jahre vor Kolumbus von Leif Eriksson oder anderen Isländern entdeckt. Dennoch gilt Kolumbus bis heute als Entdecker Amerikas, da erst seine Reisen zur dauerhaften Kolonisierung und Besiedlung durch Menschen anderer Kontinente führten. Da dies mit einer zum Teil äußerst gewaltsamen Verdrängung der Ureinwohner einherging, wird die historische Rolle des Kolumbus bis heute kontrovers diskutiert.

Zu 18) B. Winston Churchill.

Sir Winston Churchill (1874–1965) war zweimal britischer Premierminister: Während des Zweiten Weltkriegs von 1940 bis 1945 und zwischen 1951 und 1955. Seine Popularität verdankte er insbesondere seiner Eloquenz und seinem charismatischen, entschlossenen Auftreten. Anders als sein Vorgänger Neville Chamberlain machte Churchill in seiner ersten Amtszeit keine Zugeständnisse an Adolf Hitler, sondern setzte auf eisernen Widerstand. Darüber hinaus verstand er sich auf eine feinsinnige, wirkungsvolle Sprache, die ihm 1953 den Literatur-Nobelpreis einbrachte.

Zu 19) stimmt

Benjamin Franklin (1706–1790) war ein amerikanischer Naturwissenschaftler, Schriftsteller und Staatsmann. Zu seinen Erfindungen zählt nicht nur der Blitzableiter, sondern auch der flexible Harnkatheter, die Bifokalbrille und eine frühe Form der Schwimmflosse. Ab der Mitte des 18. Jahrhunderts entwickelte sich Franklin zum einflussreichen Politiker. 1776 gehörte er zu den Unterzeich-

nern der (von ihm mitformulierten) Unabhängigkeitserklärung; später beteiligte er sich an der Ausarbeitung der Verfassung der USA.

Zu 20) D. die weltweit erste Fließbandfertigung eingeführt.

Zur Herstellung des Modells T wurde in Henry Fords Automobilwerken weltweit zum ersten Mal die Fließbandproduktion eingesetzt: Dabei zerlegt man den Produktionsprozess in einzelne Arbeitsschritte, und die Maschinen und Arbeitsplätze werden entsprechend ihrer Einsatzreihenfolge angeordnet. Ziel ist eine effiziente, schnelle Fertigung ohne Unterbrechungen und Zwischentransporte.

Zu 21) C. Thomas Alva Edison

Der US-amerikanische Erfinder Thomas Alva Edison (1847–1931) war nicht der Erste, der eine funktionierende Glühlampe entwickelte – aber er verbesserte das Prinzip 1879 entscheidend: Eine Vakuumversiegelung und ein spezieller Kohlefaden ermöglichten eine hohe, stabile Lichtausbeute bei niedrigen Herstellungs- und Energiekosten. Im Laufe seines Lebens reichte Edison über 1.000 Patente ein.

Zu 22) D. dass sich die Erde um die Sonne dreht.

Nikolaus Kopernikus (1473–1543) kritisierte das seit der Antike gültige, von der Kirche vertretene geozentrische Weltbild, wonach die Erde den Mittelpunkt des Weltalls bildet, umkreist von der Sonne und den anderen Planeten. Stattdessen vertrat er die Ansicht, die Erde bewege sich mitsamt den übrigen Planeten um die Sonne. Dieses Modell bezeichnet man als heliozentrisches oder auch „kopernikanisches" Weltbild.

Zu 23) B. Draisine.

Das Foto zeigt die Laufmaschine des deutschen Erfinders Karl Freiherr von Drais (1785–1851), von der zeitgenössischen Presse „Draisine" getauft. Drais konstruierte das Gerät um 1817 in Mannheim – durchsetzen konnte es sich allerdings nie wirklich: Auf dem Gehweg zu fahren war vielerorts verboten, und auf die zerfurchten und verdreckten Straßen wollte damals niemand ausweichen.

Zu 24) Michail Gorbatschow

Als Generalsekretär des Zentralkomitees der Kommunistischen Partei der Sowjetunion initiierte Michail Gorbatschow unter den Schlagworten „Glasnost" („Öffnung") und „Perestroika" („Umbau") Mitte der 80er-Jahre breit angelegte Reformen, um die sowjetische Politik, Wirtschaft und Gesellschaft zu modernisieren. Die Maßnahmen konnten den Verfall der Sowjetunion jedoch nicht aufhalten, zum Teil beschleunigten sie ihn sogar. Die UdSSR hörte 1991 auf zu existieren.

Zu 25) C. Simone de Beauvoir

Simone de Beauvoir (1908–1986) war eine französische Schriftstellerin und Philosophin. Sie gilt als Vertreterin der philosophischen Strömung des Existenzialismus, ebenso wie ihr langjähriger Lebensgefährte Jean-Paul Sartre. Das vorgestellte Zitat stammt aus ihrem Buch „Das andere Geschlecht" (1949), einem der wichtigsten Werke des Feminismus.

Zu 26) D. die Gesetze der Planetenbewegung.

Nach Jahren der Forschungsarbeit veröffentlichte Johannes Kepler (1571–1630) 1609 einen Aufsatz, in dem er die ersten beiden der nach ihm benannten drei Keplerschen Gesetze zur Planetenbewegung erläuterte. Laut dem ersten Keplerschen Gesetz bewegen Planeten sich auf ellipsenförmigen Bahnen, in deren Brennpunkt der Schwerpunkt des Systems liegt, wenn beide Körper durch Gravitation in Wechselwirkung stehen. Nach dem zweiten Kepler-schen Gesetz überstreicht dabei der Fahrstrahl eines Planeten in gleichen Zeiten gleiche Flächen. Das dritte Keplersche Gesetz schließlich besagt, dass die Quadrate der Umlaufzeiten der Körper sich zueinander verhalten wie die dritten Potenzen der großen Halbachsen der Umlaufbahnen.

Zu 27) nein

Das MP3-Komprimierungsverfahren (eigentlich „MPEG-1 Audio Layer III" bzw. „MPEG-2 Audio Layer III") wurde Anfang der 80er-Jahre in Deutsch-land entwickelt, unter Federführung des Fraunhofer-Instituts. Bei der MP3-Methode werden nicht wahrnehmba-re Signalanteile weggelassen, um di-gitale Audiodaten möglichst verlust-frei zu komprimieren. Den Durch-bruch erlebte das MP3-Format Ende der 90er-Jahre in Internet-Musik-tauschbörsen; in der Folge verdräng-ten MP3-Dateien die Audio-CD als Hauptmedium für Musik und gespro-chene Inhalte.

Zu 28) B. Werner von Siemens

Werner von Siemens (1816–1892) baute 1866 den ersten elektrischen Generator, der zur Spannungserzeu-gung keinen von außen zugeführten Strom benötigte, sondern diesen selbst bereitstellte. Das zugrundelie-gende dynamoelektrische Prinzip gilt als Meilenstein in der Entwicklung der modernen Elektro- und Stark-stromtechnik.

Zu 29) stimmt

Religiöse Visionen veranlassten Jean-ne d'Arc (ca. 1412–1431), für die Be-freiung Frankreichs aus der engli-schen Besatzung zu kämpfen. Im Al-ter von 17 Jahren gewann sie das Vertrauen Karls VII. und führte mehr-fach erfolgreich dessen Truppen an. Durch Verrat geriet sie in englische Gefangenschaft; nach einem Inquisi-tionsprozess durch katholische Kleri-ker wurde sie 1431 auf dem Scheiter-haufen verbrannt.

Zu 30) C. Den ersten Nonstop-Alleinflug über den Atlantik

Charles Lindbergh (1902–1974) überquerte 1927 als erster Mensch in seinem Flugzeug „Spirit of St. Louis" den Atlantik (New York–Paris), alleine und ohne Zwischenlandung.

Zu 31) C. Wernher von Braun

Wernher von Braun (1912–1977) zählt zu den Pionieren der Raketen-technik und der Raumfahrt. Für das NS-Regime entwickelte von Braun im Zweiten Weltkrieg die weltweit erste Großrakete „Aggregat 4" (A4), die Jo-seph Goebbels in „Vergeltungswaffe

2" (V2) umbenannte. Sie war das erste menschengemachte Objekt, das in den Weltraum vordringen konnte. Nach dem Krieg emigrierte von Braun in die USA. Dort konstruierte er Trägerraketen für die Raumfahrtbehörde NASA – auch für das Apollo-Programm, das zur ersten bemannten Mondlandung führte.

Zu 32) D. Alexander Fleming

Der Siegeszug der Antibiotika begann 1928 mit einer verschimmelten Bakterienkultur: Alexander Fleming (1881–1955), der in einem Londoner Hospital forschte, hatte eine Agarplatte mit Staphylokokken beimpft und dann beiseite gestellt. Nach seiner Rückkehr aus den Ferien bemerkte er, dass ein Schimmelpilz auf dem Nährboden gewachsen war und die Vermehrung der Bakterien verhindert hatte. Fleming nannte diesen Bakterien tötenden Stoff „Penicillin". Die Substanz ließ sich zunächst nicht in nennenswerter Menge isolieren; erst 1942 konnte der erste Patient damit behandelt werden.

Zu 33) B. die legendäre Stadt Troja.

Das bekannteste Projekt des deutschen Kaufmanns und Archäologen Heinrich Schliemann (1822–1890) war die Suche nach der legendären antiken Stadt Troja, dem Schauplatz des Trojanischen Kriegs. Ab 1869 veranstaltete er dazu Grabungen in der Westtürkei nahe den Dardanellen. Als er 1873 bekanntgab, die Stadt gefunden zu haben, sorgte dies für großes Aufsehen.

Zu 34) Margaret Thatcher

Margaret Thatcher (1925–2013) war die erste Frau im Amt des britischen Premierministers. Sie führte es von 1979 bis 1990 – länger als jeder ihrer Amtskollegen im 20. Jahrhundert. Thatchers politisches Programm – Wirtschaftsliberalismus, Privatisierung von Staatsbetrieben, Beschneidung des Sozialstaats – nennt man auch „Thatcherismus". Ihr selbstbewusstes, zuweilen autoritäres, meist erfolgreiches Auftreten brachte ihr den Spitznamen „Iron Lady" („eiserne Lady") ein.

Zu 35) C. Alexander Graham Bell und Philipp Reis

Strenggenommen begann die Geschichte des Telefons bereits 1837: Damals konstruierte der US-Amerikaner Samuel Morse den Morsetelegrafen und schuf so die Grundlagen der Signalübermittlung durch elektrische Leitungen. 1854 veröffentlichte Charles Bourseul einen Artikel über mögliche Techniken der elektrischen Sprachübertragung; praxistaugliche Entwicklungen von Tivadar Puskás, Antonio Meucci, Philipp Reis, Elisha Gray und Alexander Graham Bell folgten. Doch nur Bell war imstande, das Telefon über Versuchsstadien hinaus als Gesamtsystem zur Marktreife zu entwickeln. 1876 brachte er seinen Apparat in Boston erstmals zur praktischen Anwendung.

Zu 36) C. die vier größten Jupitermonde.

Bei der Beobachtung des Planeten Jupiter 1610 entdeckte Galileo Galilei (1564–1642) die vier größten Monde des Riesenplaneten. Die Trabanten mit den Namen „Ganymed", „Kallisto", „Io" und „Europa" bezeichnet man noch heute als „Galileische Monde".

Zu 37) C. Weiße Rose

Die Geschwister Hans und Sophie Scholl, geboren 1918 und 1921, waren Teil der studentischen Gruppe „Weiße Rose", die Widerstand gegen den Nationalsozialismus leistete, hauptsächlich durch die Verbreitung von Flugblättern. Sie wurden dafür am 22. Februar 1943 in München hingerichtet.

Zu 38) A. den Weltraum beobachtet.

Das Hubble-Weltraumteleskop, benannt nach dem US-Astronomen Edwin Hubble (1889–1953), wurde 1990 in den Orbit gebracht. Im Unterschied zu irdischen Großteleskopen wird seine Sicht durch keinerlei atmosphärische Einflüsse (Staubpartikel, Luftflirren) beeinträchtigt. Das Hubble-Teleskop erlaubte eine Reihe eindrucksvoller Aufnahmen, die dabei halfen, neue Galaxienhaufen zu entdecken, schwarze Löcher nachzuweisen und Erkenntnisse über die Ausdehnung des Universums zu gewinnen.

Zu 39) A. David Ben-Gurion

Am 14. Mai 1948 verkündete David Ben-Gurion als erster Ministerpräsident des neuen Staates Israel dessen Unabhängigkeit. Er regierte von 1948 bis 1954 und von 1955 bis 1963. Ariel Scharon war israelischer Ministerpräsident von 2001 bis 2006, Jitzchak Rabin bekleidete das Amt von 1974 bis 1977 und von 1992 bis 1995. Ignatz Bubis war von 1992 bis 1999 Vorsitzender des Zentralrats der Juden in Deutschland.

Zu 40) D. Nelson Mandela.

Nelson Mandela (1918–2013), einer der führenden Köpfe der südafrikanischen Anti-Apartheid-Bewegung, war als Amtsnachfolger Frederik Willem de Klerks von 1994 bis 1999 erster schwarzer Präsident der Republik

Südafrika. Sein Nachfolger Thabo Mbeki amtierte von 1999 bis 2008.

Zu 41) nein

Werner Heisenberg (1901–1976) war ein bedeutender deutscher Physiker. Für seine Begründung der Quantenmechanik erhielt er 1932 den Physik-Nobelpreis. Bekannt ist sein Name auch durch die heisenbergsche Unschärferelation: Demnach kann man den Ort und die Geschwindigkeit eines Elementarteilchens nicht gleichzeitig messen.

Zu 42) D. Alan Turing

Alan Turing (1912–1956), britischer Mathematiker und Informatiker, gilt als Mitbegründer der Computertechnik und Informatik. Im Zweiten Weltkrieg half er maßgeblich, den deutschen Enigma-Geheimcode zu entschlüsseln. 1960 schlug er ein Verfahren vor, um künstliche Intelligenz zu prüfen: Ein Fragesteller kommuniziert per Tastatur und Bildschirm mit einem Menschen und einer Maschine. Kann er beide hinterher nicht eindeutig auseinanderhalten, gilt das künstliche Denkvermögen dem menschlichen als ebenbürtig, und der Test ist bestanden.

Zu 43) B. auf dem Mount Everest.

Der Neuseeländer Sir Edmund Hillary und der nepalesische Bergsteiger Tenzing Norgay erreichten am 29. Mai 1953 als erste Menschen den Gipfel des Mount Everest, des höchsten Berges der Welt.

Zu 44) C. den Marianengraben, eine der tiefsten Stellen des Ozeans.

Die „Trieste" war ein speziell für die Tiefseeforschung gebautes U-Boot, das 1953 vom Stapel gelassen wurde. 1960 tauchten Jacques Piccard und Don Walsh damit zum Marianengraben, einem der tiefsten Punkte der Weltmeere, rund elf Kilometer unterhalb des Meeresspiegels.

Zu 45) C. Rudi Dutschke.

Rudi Dutschke (1940–1979), Mitglied des Sozialistischen Deutschen Studentenbundes (SDS), gilt als bekanntester Wortführer der Studentenbewegung in Westberlin und Westdeutschland Ende der 60er-Jahre. 1968 wurde Dutschke bei einem Attentat vom Hilfsarbeiter Josef Bachmann angeschossen und schwer verletzt. An den Spätfolgen des Anschlags starb er elf Jahre darauf.

Zu 46) D. Henry Dunant

Der Schweizer Geschäftsmann und Humanist Henry Dunant (1828–1910) gründete 1863 mit vier Landsmännern in seiner Heimatstadt Genf das „Internationale Komitee der Hilfsgesellschaften für die Verwundetenpflege", das 1876 in „Internationales Komitee vom Roten Kreuz" (IKRK) umbenannt wurde.

Zu 47) A. des Heißluftballons.

Die Brüder Joseph Michel (1740–1810) und Jacques Étienne Montgolfier (1745–1799) erfanden den Heißluftballon. Im Dezember 1782 stieg ihre „Montgolfière" genannte Konstruktion aus Leinen und Papier zum ersten Mal über dem französischen Annonay auf.

Zu 48) C. Kongo und Bolivien.

Der Argentinier Ernesto Rafael Guevara de la Serna (1928–1967), genannt Che Guevara, war einer der Anführer der kubanischen Revolution (1956–1959). Nach Konflikten mit den Castro-Brüdern Fidel und Raúl legte er 1965 seine Ämter nieder und reiste in den Kongo, um im dortigen Bürgerkrieg auf Seiten der Rebellen eine marxistische Revolution nach kubanischem Vorbild zu organisieren. Das Vorhaben scheiterte, ebenso wie sein Kampf gegen die Militärjunta in Bolivien ab 1966. 1967 wurde Guevara vom bolivianischen Militär verhaftet und hingerichtet.

Zu 49) A. Meeresforschung.

Jacques-Yves Cousteau (1910–1997) drehte rund 20 Filme über die Welt unter Wasser, die ihm u. a. einen Oscar einbrachten. Er schrieb mehrere Bücher, entwickelte Forschungs-U-Boote, tiefseetaugliche Kameras, wasserdichte Kameragehäuse, den ersten Tauchscooter und vieles mehr. Für sein Engagement zum Schutz der Meere wurde Cousteau vielfach ausgezeichnet. Sein Markenzeichen war eine rote Wollmütze, sein Expeditionsschiff „Calypso" wurde weltbekannt.

Zu 50) C. Schimpansen.

Jane Goodall, geboren 1934, erforschte das Verhalten von Schimpansen. Ihre Arbeiten änderten das menschliche Bild von der Primatengattung grundlegend: Goodall wies nach, dass Schimpansen Krieg führen, Werkzeuge nutzen und Fleisch essen. 2002 wurde die engagierte Tier- und Naturschützerin Friedensbotschafterin der UNO.

Recht und Gesetz *Bearbeitungszeit 15 Minuten*

Bearbeiten Sie bitte die folgenden Aufgaben, indem Sie die richtige Lösung markieren oder die Antwort in das Lösungsfeld schreiben.

1) Beginnt die Rechtsfähigkeit eines Menschen mit 18 Jahren?

☐ ja ☐ nein

2) Wie alt muss man mindestens sein, um bei Bundestagswahlen wählen zu dürfen?

A. 14 Jahre
B. 17 Jahre
C. 18 Jahre
D. 21 Jahre
E. Keine Antwort ist richtig.

3) Wie heißt diese Personifikation der Gerechtigkeit?

4) Was ist ein vorrangiger Zweck des Grundgesetzes?

A. Die Rechtsbeziehungen zwischen Privatpersonen zu regeln
B. Die Wirtschaftsordnung der Bundesrepublik Deutschland festzulegen
C. Die Bürger vor dem Staat zu schützen
D. Die Rechtsstellung zu anderen Staaten zu bestimmen
E. Keine Antwort ist richtig.

5) Was zählt nicht zum Aufgabenspektrum der Polizei?

A. Gefahren für die öffentliche Sicherheit und Ordnung abzuwehren
B. Die Bundesrepublik gegen äußere Bedrohungen zu verteidigen
C. Anderen Behörden Amts- und Vollzugshilfe zu leisten
D. Aufgaben in der Strafverfolgung zu übernehmen, unter Aufsicht der Staatsanwaltschaft
E. Keine Antwort ist richtig.

6) Die Bundeswehr darf im Landesinneren …?

A. grundsätzlich nicht eingesetzt werden.

B. grundsätzlich immer eingesetzt werden, wenn die Polizei darum bittet.

C. in Ausnahmefällen zur Aufrechterhaltung der Ordnung eingesetzt werden.

D. nur unbewaffnet zu Hilfseinsätzen eingesetzt werden.

E. Keine Antwort ist richtig.

7) Wann ist die Bundeswehr laut NATO-Bündnisvertrag zum Eingreifen berechtigt?

A. Nur, wenn die Bundesrepublik Deutschland direkt angegriffen wird

B. Wenn ein NATO-Staat einen anderen Staat angreifen will

C. Wenn ein Staat gegen einen NATO-Bündnispartner eine Wirtschaftsblockade ausruft

D. Nur, wenn mindestens zwei NATO-Bündnispartner von einem übermächtigen Gegner angegriffen werden

E. Keine Antwort ist richtig.

8) Wann ist man vor dem Gesetz volljährig?

Mit _____ Jahren.

9) Wozu sind Beamte nicht verpflichtet?

A. Loyalität gegenüber dem Dienstherrn

B. Schutz der freiheitlich-demokratischen Grundordnung

C. Unterlassen von Streiks

D. Verzicht auf Mitgliedschaft in einer Partei

E. Keine Antwort ist richtig.

10) Ein Teil dieser Amtstracht ist …?

A. der Kaftan.

B. die Kutte.

C. die Robe.

D. der Frack.

E. Keine Antwort ist richtig.

11) Wem steht der Ertrag der Gewerbesteuer zu?

A. Dem Bund

B. Dem jeweiligen Bundesland

C. Der jeweiligen Gemeinde

D. Dem Bund und den Ländern

E. Keine Antwort ist richtig.

12) Die Prohibition bezeichnet das Verbot von ...?

A. Prostitution.

B. Glücksspiel.

C. Drogen.

D. Gotteslästerung.

E. Keine Antwort ist richtig.

13) Das Privatrecht regelt die Beziehung zwischen ...?

A. Trägern der öffentlichen Gewalt und Privatpersonen.

B. rechtlich gleichgestellten Rechtssubjekten.

C. Bürgerlichem Recht und Handelsrecht.

D. dem Staat und seinen Bürgern.

E. Keine Antwort ist richtig.

14) Was bedeutet die Abkürzung „AGB"?

_____

_____

15) Welche Pflicht ergibt sich aus einem Kaufvertrag für den Käufer?

A. Eigentumsübertragung an der Kaufsache

B. Übergabe der Kaufsache

C. Bezahlung des Kaufpreises

D. Erstellung eines Kaufvertrages

E. Keine Antwort ist richtig.

16) Eine geschäftliche Anfrage ...?

A. muss schriftlich bestätigt werden.

B. muss vom Geschäftsführer unterschrieben sein.

C. ist eine verbindliche Willenserklärung.

D. ist formfrei und rechtlich unverbindlich.

E. Keine Antwort ist richtig.

17) Ein Patent ist ein Schutzrecht – stimmt diese Aussage?

☐ stimmt   ☐ stimmt nicht

18) Was bedeutet „Eigentum" im rechtlichen Sinne?

A. Besitz eines Gegenstandes

B. Tatsächliche Herrschaft über einen Gegenstand

C. Rechtliche Verfügungsgewalt über eine Sache

D. Tatsächliche Verfügungsgewalt über eine Sache

E. Keine Antwort ist richtig.

19) Was ist eine Konventionalstrafe – ein Verzugszins, eine richterliche Strafe oder eine Vertragsstrafe?

_____

20) Die Prokura ist ...?

A. eine handelsrechtliche Vollmacht eines Mitarbeiters.

B. ein Arbeitsverhältnis auf Probe.

C. die Aufnahme einer Firma ins Handelsregister.

D. eine Unternehmensprüfung durch den Staat.

E. Keine Antwort ist richtig.

21) Welche Angaben muss ein Arbeitsvertrag nicht enthalten?

A. Namen und Adressen der Vertragsparteien

B. Beginn und Dauer des Arbeitsverhältnisses

C. Kündigungsfristen

D. Urlaubsdauer

E. Keine Antwort ist richtig.

22) Welcher Begriff steht für eine Rechtsform?

A. Stiller Gesellschafter einer Aktiengesellschaft

B. Beschränkt haftender Gesellschafter einer Kommanditgesellschaft

C. Unbeschränkt haftender Gesellschafter einer Kommanditgesellschaft

D. Offene Handelsgesellschaft

E. Keine Antwort ist richtig.

23) Was unterscheidet Pacht und Miete?

A. Pächtern steht der Ertrag der ihnen überlassenen Sache zu, Mietern nicht.

B. Mieter sind nicht für den Unterhalt der ihnen überlassenen Sache verantwortlich, Pächter schon.

C. Mieten können nur Privatpersonen, pachten nur Unternehmen.

D. Nichts – Miete und Pacht sind ein und dasselbe.

E. Keine Antwort ist richtig.

24) Jugendliche sind nach deutschem Recht in der Regel ...?

Personen von _____ bis einschließlich _____ Jahren.

25) Was regelt der sogenannte „Taschengeldparagraph"?

A. Die Besteuerung von Minderjährigen

B. Die Erbansprüche von Minderjährigen

C. Die Geschäftsfähigkeit von Minderjährigen

D. Die elterliche Unterhaltspflicht

E. Keine Antwort ist richtig.

26) An einem Zivilprozess ist die Staatsanwaltschaft normalerweise nicht beteiligt – stimmt diese Aussage?

☐ stimmt   ☐ stimmt nicht

27) Juristische Personen sind unter anderem ...?

A. Richter und Anwälte.

B. Vereine und Aktiengesellschaften.

C. Kläger und Beklagte in einem Zivilprozess.

D. verurteilte Straftäter.

E. Keine Antwort ist richtig.

28) Welche Form der politischen Partizipation ist hier dargestellt?

A. Volksabstimmung

B. Ziviler Ungehorsam

C. Petition

D. Boykott

E. Keine Antwort ist richtig.

29) Eine V-Person ...?

A. liefert Informationen aus kriminellen Milieus.

B. vertritt die Interessen der Kriminalbeamten im Landesparlament.

C. führt interne Ermittlungen gegen Polizeibeamte durch.

D. wird rund um die Uhr observiert.

E. Keine Antwort ist richtig.

30) Wo hat der Internationale Strafgerichtshof seinen Sitz?

A. Karlsruhe

B. Straßburg

C. Brüssel

D. Den Haag

E. Keine Antwort ist richtig.

Lösungen: Recht und Gesetz

1. nein	12. C	22. D
2. C	13. B	23. A
3. Justitia	14. Allgemeine Ge-	24. 14 | 17
4. C	schäftsbedingungen	25. C
5. B	15. C	26. stimmt
6. C	16. D	27. B
7. D	17. stimmt	28. B
8. 18	18. C	29. A
9. D	19. Vertragsstrafe	30. D
10. C	20. A	
11. C	21. E	

Zu 1) nein

Die Rechtsfähigkeit als Ausdruck der personalen Würde des Menschen bedeutet, Träger von Rechten und Pflichten zu sein. Sie beginnt mit der Geburt, die mit dem vollständigen Austritt des Kindes aus dem Mutterkörper vollendet ist, wobei es nicht auf die Lösung der Nabelschnur ankommt. Die Rechtsfähigkeit endet mit dem Tod, der nach herrschender Rechtsauffassung mit Eintritt des Hirntodes erreicht ist.

Zu 2) **C.** 18 Jahre

Bei einer Bundestagswahl dürfen alle deutschen Staatsbürger wählen, die mindestens 18 Jahre alt sind.

Zu 3) Justitia

Das Foto zeigt eine Skulptur der Justitia. Ihre Augenbinde steht für Unparteilichkeit, die Waage für das gewissenhafte Abwägen von Schuld und Unschuld und das Richterschwert für die Konsequenz im Urteil. Die Personifikation der Gerechtigkeit und Rechtspflege geht zurück auf die gleichnamige Göttin der antiken römischen Mythologie.

Zu 4) **C.** Die Bürger vor dem Staat zu schützen

Ein Kern der deutschen Verfassung besteht darin, die Bürger vor dem Staat zu schützen, der in all seinen Einrichtungen an das geltende Recht gebunden ist. In die Freiheit des Einzelnen darf nur unter genau geregelten Umständen eingegriffen werden. Die Vorgaben des Grundgesetzes wirken sich zwar auch auf die Rechtsbeziehungen von Privatpersonen aus – konkret werden diese aber im Bürgerlichen Gesetzbuch (BGB) geregelt. Über die wirtschaftliche Ordnung Deutschlands und die Rechtsstellung zu anderen Staaten findet sich im Grundgesetz wenig.

Zu 5) B. Die Bundesrepublik gegen äußere Bedrohungen zu verteidigen

Der Kernauftrag der Polizei ist die Abwehr von Gefahren für die öffentliche Sicherheit und Ordnung. Daraus resultieren verschiedene Aufgaben: die Regelung und Sicherung des Straßenverkehrs, die Verfolgung von Ordnungswidrigkeiten, die Amts- und Vollzugshilfe (Zusammenarbeit mit anderen Behörden), die Strafverfolgung (unter Aufsicht der Staatsanwaltschaft) und eventuell der Schutz privater Rechte, wenn dieser nicht anders gewährleistet werden kann. Die Verteidigung gegen äußere Bedrohungen ist hingegen Sache des deutschen Militärs, der Bundeswehr.

Zu 6) C. in Ausnahmefällen zur Aufrechterhaltung der Ordnung eingesetzt werden.

Wenn die Kräfte der Polizeibehörden nicht ausreichen, darf die Bundeswehr auch zu Friedenszeiten im Inneren eingesetzt werden, „zur Abwehr einer drohenden Gefahr für den Bestand oder die freiheitliche demokratische Grundordnung des Bundes oder eines Landes" (Artikel 87a des Grundgesetzes). Darüber hinaus nennt Artikel 35 des Grundgesetzes die Möglichkeit der Amtshilfe durch die Bundeswehr „bei einer Naturkatastrophe oder bei einem besonders schweren Unglücksfall". Was genau ein „besonders schwerer Unglücksfall" oder eine „Gefahr für die freiheitliche demokratische Grundordnung" ist, ist jedoch nicht näher definiert und daher umstritten.

Zu 7) D. Wenn ein NATO-Partner angegriffen wird

Zur Abschreckung der Sowjetunion im Kalten Krieg wurde in Artikel 5 des Nordatlantikvertrags der sogenannte „Bündnisfall" festgelegt: Ein bewaffneter Angriff auf einen NATO-Staat wird als Angriff auf alle NATO-Staaten betrachtet, die dann von ihrem „Recht der individuellen oder kollektiven Selbstverteidigung" Gebrauch machen dürfen, „einschließ-

lich der Anwendung von Waffengewalt". In der fast 70-jährigen Geschichte der NATO wurde der Bündnisfall erst ein einziges Mal erklärt:
nach den Anschlägen auf das World
Trade Center am 11. September 2001.

Zu 8) Mit _18_ Jahren.

In Deutschland gilt man mit Vollen-
dung des 18. Lebensjahres – sprich:
ab dem 18. Geburtstag – rechtlich als
volljährig und damit als unbeschränkt geschäftsfähig. In der DDR
war dies schon seit 1950 so; in der
Bundesrepublik Deutschland lag das
Schwellenalter bis 1975 bei 21 Jahren. Zum Besitz eines Personalaus-
weises ist man übrigens ab 16 Jahren
verpflichtet.

Zu 9) D. Verzicht auf Mitgliedschaft
in einer Partei

Beamte sind zum Schutz der freiheitlich-demokratischen Grundordnung
und zur Loyalität gegenüber ihrem
Dienstherrn verpflichtet; sie dürfen
nicht streiken und müssen dem Arbeitgeber ihre volle Arbeitskraft zur
Verfügung stellen. Außerdem haben
sie sich im Amt parteipolitisch neutral
zu verhalten – das heißt aber nicht,
dass sie keiner Partei beitreten dürfen. Nur sollte ihr politisches Engagement eher zurückhaltend sein und

natürlich stets auf dem Boden des
Grundgesetzes stattfinden.

Zu 10) C. die Robe.

Das Foto zeigt Richter des deutschen
Bundesverfassungsgerichts in ihrer
Amtstracht: ein Barett auf dem Kopf,
ein Jabot um den Hals und eine Robe
am Körper. Auch die Richter anderer
Gerichte tragen während der Ver-
handlung Roben – ebenso wie
Staatsanwälte, Rechtsanwälte und
Protokollführer.

Zu 11) C. Der jeweiligen Gemeinde

Die Gewerbesteuer liegt in der Er-
tragshoheit der Gemeinden. Per Ge-
werbesteuerumlage müssen Bund
und Länder allerdings an den Erlösen
beteiligt werden. Einkünfte aus der
Vermögen- und der Biersteuer stehen
allein den Bundesländern zu, die
Branntwein- und die Energiesteuer
sind wiederum reine Bundessteuern.

Zu 12) C. Drogen.

Die Prohibition (lat. „prohibere" =
„verhindern") ist das Verbot bestimmter Drogen, dem international
z. B. Kokain, Heroin und Ecstasy un-
terliegen. Ziel ist es, die Bevölkerung
vor negativen Wirkungen des Dro-
genkonsums zu schützen. Kritikern
zufolge führt eine Prohibition andererseits zur Entstehung von

Schwarzmärkten und zu einer Zunahme drogenbedingter Kriminalität.

Zu 13) B. rechtlich gleichgestellten Rechtssubjekten.

Das Privatrecht regelt die Beziehungen zwischen gleichgestellten Rechtssubjekten. Synonym werden die Begriffe „Bürgerliches Recht" und „Zivilrecht" verwendet, die aber eigentlich nur Teilgebiete des Privatrechts bezeichnen. Neben dem Privatrecht definieren die Rechtswissenschaften das öffentliche Recht als zweiten großen Rechtsbereich.

Zu 14) Allgemeine Geschäftsbedingungen

Die allgemeinen Geschäftsbedingungen (AGB) sind Vertragsklauseln wie Zahlungs- oder Lieferbedingungen, die der Verwender für eine Vielzahl von Verträgen vorformuliert. Damit ein Vertrag zustande kommt, müssen die AGB von der jeweils anderen Vertragspartei akzeptiert werden. Es ist unerheblich, ob die Bestimmungen einen äußerlich gesonderten Bestandteil des Vertrags bilden (umgangssprachlich „das Kleingedruckte") oder ob sie in die Vertragsurkunde selbst aufgenommen werden. Der Verwender muss ausdrücklich auf die AGB hinweisen und die Möglichkeit

zur Kenntnisnahme bieten, damit sie Vertragsbestandteil werden können.

Zu 15) C. Bezahlung des Kaufpreises

Der Kaufvertrag verpflichtet den Käufer nach § 433 II des Bürgerlichen Gesetzbuchs (BGB) zur Bezahlung des Kaufpreises und Abnahme der Kaufsache.

Zu 16) D. ist formfrei und rechtlich unverbindlich.

Mit einer geschäftlichen Anfrage holt man Angebote ein, um zu prüfen, zu welchen Konditionen eine Ware oder Dienstleistung bezogen werden kann. Der Anfragende ist rechtlich nicht gebunden, ein Angebot auch anzunehmen. In der Regel lässt man sich mehrere Angebote erstellen, um die besten Preise und Bedingungen zu ermitteln.

Zu 17) stimmt

Ein Patent ist ein hoheitlich erteiltes Schutzrecht auf eine Erfindung. Es steht jedem frei, ein Patent anzumelden oder nicht – niemand ist dazu verpflichtet.

Zu 18) C. Rechtliche Verfügungsgewalt über eine Sache

Als Eigentum im rechtlichen Sinne (§§ 903 ff. BGB) bezeichnet man die rechtliche Verfügungsgewalt über eine Sache, während mit Besitz (§§

854 ff. BGB) die tatsächliche Gewalt über eine Sache gemeint ist.

Zu 19) Eine Vertragsstrafe

Die Konventionalstrafe ist eine vertraglich festgelegte Strafe für den Fall, dass vertragliche Verpflichtungen nicht erfüllt werden. Eine Konventionalstrafe kann z. B. fällig werden, wenn Lieferzeiten nicht eingehalten werden. Im Baugewerbe wird sie häufig für die verspätete Fertigstellung von Gebäuden vereinbart.

Zu 20) A. eine handelsrechtliche Vollmacht eines Mitarbeiters.

Die Prokura ist eine handelsrechtliche Vollmacht mit gesetzlich festgelegtem Inhalt, die ausdrücklich und persönlich erteilt werden muss. Sie ermächtigt nach deutschem Handelsrecht „zu allen Arten von gerichtlichen und außergerichtlichen Geschäften und Rechtshandlungen", die eine gewerbliche Tätigkeit mit sich bringt. Beispielsweise erlaubt die Prokura dem Prokuristen die Aufnahme eines Kredits, den Kauf eines Grundstücks, die Führung des Geschäftsverkehrs, die Zeichnung von Wechseln, die Führung von Prozessen oder die Erteilung von Handlungsvollmachten. Wenn festgelegt, darf der Prokurist auch Mitarbeiter einstellen und entlassen.

Zu 21) E. Keine Antwort ist richtig.

Ein Arbeitsvertrag muss sämtliche genannten Angaben enthalten – und noch einige mehr: nämlich den Arbeitsort, die Arbeitszeit, die Tätigkeitsbezeichnung und die Höhe des Entgelts.

Zu 22) D. Offene Handelsgesellschaft

Die Rechtsform einer Gesellschaft definiert den gesetzlichen Rahmen für ihre Besteuerung, für die Haftung der Gesellschafter und deren Recht zur Geschäftsführung. Zudem ist damit festgelegt, ob die Gesellschaft eine eigene Rechtspersönlichkeit besitzt (wie bei einer AG) oder ob ihre Gesellschafter als natürliche Personen handeln (wie bei einer GbR). Grundsätzlich unterscheidet man zwischen Einzelunternehmen, Personengesellschaften (GbR, oHG …), Kapitalgesellschaften (AG, GmbH …) und Mischformen (GmbH & Co. KG …) sowie Vereinen und Stiftungen.

Zu 23) A. Pächtern steht der Ertrag der ihnen überlassenen Sache zu, Mietern nicht.

Sowohl im Miet- als auch im Pachtverhältnis wird eine Sache entgeltlich zum befristeten Gebrauch überlassen. Im Gegensatz zum Mieter steht dem Pächter jedoch der aus der Sache – z. B. einer Gaststätte – erwirtschaftete Ertrag zu („Fruchtziehung").

Zu 24) Personen von __14__ bis einschließlich __17__ Jahren.

Das Achte Buch Sozialgesetzbuch, das Jugendschutzgesetz und viele weitere Gesetze definieren Jugendliche als Personen, „die 14, aber noch nicht 18 Jahre alt sind". Eine Ausnahme ist das Jugendarbeitsschutzgesetz – hier gilt man erst ab 15 Jahren als Jugendlicher.

Zu 25) C. Die Geschäftsfähigkeit von Minderjährigen

Den sogenannten „Taschengeldparagraphen" kennen Juristen auch als § 110 des Bürgerlichen Gesetzbuchs (BGB). Dieser besagt, dass schon Minderjährige ab sieben Jahren beschränkt geschäftsfähig sind und wirksame Verträge schließen können. Eine dezidierte Zustimmung des gesetzlichen Vertreters ist zum Kauf einer DVD oder einer Packung Kaugummi nicht nötig; es genügt die Überlassung des Taschengelds zur freien Verfügung.

Zu 26) stimmt

Ein Zivilprozess verhandelt Rechtsstreitigkeiten zwischen gleichrangigen Rechtssubjekten: Das können natürliche Personen sein, also Bürge-rinnen und Bürger, aber auch juristische Personen wie Vereine oder Aktiengesellschaften. Der Sachverhalt im Zivilprozess wird nicht von Staats wegen ermittelt, sondern das Gericht bewertet, was die Parteien (Kläger und Beklagter) vorbringen. Die Staatsanwaltschaft ist nur im Strafrecht, einem Teil des öffentlichen Rechts, die „Herrin des Ermittlungsverfahrens". Dabei ermittelt sie Fakten, die den Betroffenen be- oder auch entlasten können.

Zu 27) B. Vereine und Aktiengesellschaften.

Juristische Personen sind zweckgebundene Personenvereinigungen oder Vermögensmassen, die gesetzlich anerkannte Träger von Rechten und Pflichten sind. Dazu zählen u. a. Vereine, Aktiengesellschaften, Gesellschaften mit beschränkter Haftung und Genossenschaften. Nicht zu verwechseln mit den natürlichen Personen: den Bürgerinnen und Bürgern.

Zu 28) B. Ziviler Ungehorsam

Das Foto zeigt eine Sitzblockade, eine Ausdrucksform zivilen Ungehorsams. Dieser politik- und rechtstheoretische Begriff bezeichnet die symbolische Verletzung rechtlicher Normen, um gegen eine Unrechtssituation anzugehen und grundlegende Rechte einzufordern. Die beteiligten Personen nehmen in Kauf, dafür verurteilt zu werden.

Zu 29) A. liefert Informationen aus kriminellen Milieus.

„V-Personen", „V-Männer" oder „V-Leute" nennt man Verbindungs- bzw. Vertrauenspersonen, die einer Ermittlungsbehörde – Polizei, Zoll, Nachrichtendienst – Informationen aus kriminellen Milieus liefern. Im Gegensatz zu verdeckten Ermittlern gehören sie der Behörde nicht an, arbeiten jedoch in ihrem Auftrag gegen Entlohnung. Die Auftraggeber erhoffen sich davon Insiderwissen über schwer zugängliche Kreise (z. B. Drogen- oder Rotlichtszene).

Zu 30) D. Den Haag

Der Internationale Strafgerichtshof (IStGH), 1998 durch einen internationalen Vertrag ins Leben gerufen, sitzt in Den Haag. Er ist ein ständiges Strafgericht mit Zuständigkeit für Völkermord, Verbrechen gegen die Menschlichkeit und Kriegsverbrechen. Die ersten Richter des IStGH wurden 2003 vereidigt.

Literatur, Klassik, Theater   *Bearbeitungszeit 15 Minuten*

Bearbeiten Sie bitte die folgenden Aufgaben, indem Sie die richtige Lösung markieren oder die Antwort in das Lösungsfeld schreiben.

1) Welche Literaturform zählt nicht zur Belletristik?

A. Erzählende Literatur
B. Enzyklopädie
C. Comic
D. Science Fiction / Fantasy
E. Keine Antwort ist richtig.

2) Wer schrieb den „Faust"?

A. Heinrich Mann
B. Johann Wolfgang von Goethe
C. Friedrich Schiller
D. Thomas Mann
E. Keine Antwort ist richtig.

3) Wer komponierte die Oper „Die Zauberflöte"?

4) Die höchste menschliche Stimmlage heißt …?

A. Tenor.
B. Bass.
C. Alt.
D. Sopran.
E. Keine Antwort ist richtig.

5) Wie heißt diese Theaterform: Scherenschnitt, Schattenriss oder Schattenspiel?

6) Wie heißt das berühmteste Theaterviertel der USA?

A. Silicon Valley
B. Big Apple
C. Broadway
D. Nashville
E. Keine Antwort ist richtig.

7) Ein Oktett ist ein …?

A. achtköpfiges Musikensemble.
B. Zwischenspiel in der Oper.
C. Blasinstrument.
D. Notenständer.
E. Keine Antwort ist richtig.

8) Welches dieser Bücher stammt nicht von Astrid Lindgren?

A. Pippi Langstrumpf
B. Wir Kinder aus Bullerbü
C. Ronja Räubertochter
D. Emil und die Detektive
E. Keine Antwort ist richtig.

9) Joseph Haydns 9. Sinfonie enthält die Ode „An die Freude" – stimmt diese Aussage?

☐ stimmt   ☐ stimmt nicht

10) Eine kurze Erzählung mit belehrender Absicht, in der vor allem Tiere auftreten, nennt man …?

A. Gleichnis.
B. Roman.
C. Fabel.
D. Legende.
E. Keine Antwort ist richtig.

11) Ein Libretto ist ein …?

A. Lustspiel.
B. Liederbuch.
C. Opern-Vorspiel.
D. Text eines Musikstücks.
E. Keine Antwort ist richtig.

12) Schrieb Heinrich Mann die „Buddenbrooks"?

☐ ja   ☐ nein

13) Welches ist kein Saiteninstrument – die Oboe, die Bratsche oder das Cello?

14) Auf welchen Literaturklassiker verweist das Foto?

A. Ulysses
B. Don Quijote
C. Homo Faber
D. Der Zauberberg
E. Keine Antwort ist richtig.

15) Wer schrieb die „Blechtrommel"?

A. Franz Kafka
B. Friedrich Schiller
C. Heinrich Böll
D. Günter Grass
E. Keine Antwort ist richtig.

16) Ein bekanntes Theaterstück Samuel Becketts heißt: „Warten auf …"?

A. „Loriot".
B. „Godot".
C. „Abendrot".
D. „Gernot".
E. Keine Antwort ist richtig.

17) Wer verfasste die Tragödie „Romeo und Julia"?

_____

18) Welche Töne ergeben den C-Dur-Akkord?

A. c-f-g
B. c-f-a
C. c-e-g
D. c-e-a
E. Keine Antwort ist richtig.

19) Wer schrieb die Romane „Hundert Jahre Einsamkeit" und „Die Liebe in Zeiten der Cholera"?

A. Gabriel Garcia Marquez
B. Virginia Woolf
C. Isabel Allende
D. Imre Kertész
E. Keine Antwort ist richtig.

20) Ist eine Sonate ein Instrumentalstück für Orchester?

⬜ ja   ⬜ nein

21) Eine Autobiografie ist ein Buch, das jemand über sein eigenes Leben geschrieben hat – stimmt diese Aussage?

⬜ stimmt   ⬜ stimmt nicht

22) Welches Märchen handelt von einem Waisenkind?

A. Die sieben Raben
B. Das tapfere Schneiderlein
C. Hans im Glück
D. Die Sterntaler
E. Keine Antwort ist richtig.

23) Das Foto zeigt …?

A. den Pariser Louvre.
B. die Wiener Staatsoper.
C. die Dresdner Semperoper.
D. das Moskauer Bolschoi-Theater.
E. Keine Antwort ist richtig.

24) Welches Musikstück machte Maurice Ravel einem breiten Publikum bekannt – Badinerie, Valse d'été oder Boléro?

_____

25) Welcher Schriftstellerin ist ein renommierter Literaturpreis gewidmet?

A. Elfriede Jelinek
B. Herta Müller
C. Ingeborg Bachmann
D. Christa Wolf
E. Keine Antwort ist richtig.

26) Wer schrieb den Roman „Farm der Tiere"?

A. Aldous Huxley
B. George Orwell
C. Roald Dahl
D. Mark Twain
E. Keine Antwort ist richtig.

27) Wobei handelt es sich nicht um ein bekanntes Ballettstück?

A. Der Nussknacker
B. Peter und der Wolf
C. Schwanensee
D. Der Feuervogel
E. Keine Antwort ist richtig.

28) In welchem Land spielt die Oper „Aida" – Italien, Ägypten oder China?

29) Welcher Autor gehörte nicht zur „Beat Generation"?

A. Jack Kerouac
B. Allen Ginsberg
C. William S. Burroughs
D. Truman Capote
E. Keine Antwort ist richtig.

30) Woyzeck, Danton, Leonce und Lena sind Hauptfiguren in Dramen welches Autors?

A. Friedrich Dürrenmatt
B. Georg Büchner
C. Molière
D. Heinrich von Kleist
E. Keine Antwort ist richtig.

Lösungen: Literatur, Klassik, Theater

1. B	11. D	22. D
2. B	12. nein	23. C
3. Wolfgang Amadeus	13. Oboe	24. Boléro
Mozart	14. B	25. C
4. D	15. D	26. B
5. Schattenspiel	16. B	27. B
6. C	17. William Shakespeare	28. Ägypten
7. A	18. C	29. D
8. D	19. A	30. B
9. stimmt nicht	20. nein	
10. C	21. stimmt	

Zu 1) B. Enzyklopädie

Eine Enzyklopädie ist ein Nachschlagewerk und zählt zum Genre der Sachliteratur. Als Belletristik (franz. „belles lettres" = „schöne Literatur") bezeichnet man die verschiedenen Formen der Unterhaltungsliteratur, also Romane aus den Bereichen erzählende Literatur, Spannung, Science Fiction und Fantasy, aber auch Comics, Cartoons und humoristische Titel.

Zu 2) B. Johann Wolfgang von Goethe

„Faust" ist eine 1808 veröffentlichte Tragödie von Johann Wolfgang von Goethe (1749–1832). Das Werk gilt als eines der bedeutendsten und meistzitierten der deutschen Literaturgeschichte. Die Handlung: Heinrich Faust, ein angesehener Gelehrter, zieht seine Lebensbilanz und erkennt, dass es ihm als Wissenschaftler an wirklicher Einsicht mangelt und er als Mensch unfähig ist, das Leben zu genießen. Verzweifelt schließt er einen Pakt mit dem teuflischen Mephistopheles, dem er seine Seele verschreibt. Im Gegenzug erhält er noch einmal die Kraft der Jugend und unternimmt eine Reise durch die Welt, wobei sich eine tragisch verlaufende Liebschaft mit dem jungen Gretchen entwickelt.

Zu 3) Wolfgang Amadeus Mozart

Wolfgang Amadeus Mozart (1756–1791) war ein Komponist der Wiener Klassik. Sein umfangreiches Werk genießt weltweite Popularität und gehört zum bedeutendsten Repertoire der klassischen Musik. Mozart war außerordentlich vielseitig und der wohl einzige Komponist der Geschichte, der in allen Kompositionsgattungen seiner Zeit Meisterwerke schuf. Weitere bekannte Mozart-Opern neben der „Zauberflöte" sind „Don Giovanni", „Così fan tutte" und „Die Entführung aus dem Serail".

Zu 4) D. Sopran.

Der Sopran, die höchste menschliche Stimmlage, wird vor allem von Frauen und Jungen vor dem Stimmbruch gesungen. Männer können diese Stimmlage mit ihrer Kopfstimme erreichen (Falsett).

Zu 5) Schattenspiel

Das Foto zeigt ein Beispiel für das Schattenspiel oder Schattentheater. Dabei werden die Schatten bewegter Figuren von hinten auf eine Leinwand geworfen. Dazu erzählt ein Sprecher eine Geschichte, die den Gang der Handlung erlebbar macht. Diese Theaterform stammt ursprünglich aus Südostasien und hat dort eine jahrhundertealte Tradition.

Zu 6) C. Broadway

Das weltberühmte US-amerikanische Theaterviertel liegt in New York am Broadway, einer Verkehrsachse, die sich in Nord-Süd Richtung durch den Stadtteil Manhattan zieht. Rund um den Times Square ballen sich gut 40 große Theater, die u. a. Theaterstücke, Shows und Musicals zeigen. Um das Viertel herum („off Broadway") gibt es zahlreiche weitere Bühnen.

Zu 7) A. achtköpfiges Musikensemble.

Ein Oktett (lat. „octo" = „acht") ist ein achtköpfiges Musik-Ensemble (oder ein Stück für solche Gruppen). In der klassischen Musik können Oktette ganz unterschiedlich zusammengesetzt sein: z. B. aus acht Streichern, acht Bläsern oder zwei Doppelquartetten mit je vier Streichern.

Zu 8) D. Emil und die Detektive

Die Schwedin Astrid Lindgren (1907–2002) zählt zu den bekanntesten und erfolgreichsten Kinderbuchautorinnen der Welt. Allein in Deutschland kommen ihre Werke bis heute auf eine Gesamtauflage von rund 30 Millionen. Pippi Langstrumpf, die Kinder aus Bullerbü und Ronja Räubertochter gehören ebenso zum Kabinett der von ihr erdachten Charaktere wie Kalle Blomquist, Michel aus Lönneberga oder Karlsson vom Dach. „Emil und die Detektive" stammt jedoch nicht aus ihrer Feder; Autor der Geschichten um den Jung-Detektiv Emil ist der Dresdner Schriftsteller Erich Kästner (1899–1974).

Zu 9) stimmt nicht

Der Komponist der fraglichen Symphonie war Ludwig van Beethoven (1770–1827). Er schuf neun Sinfonien, zahlreiche Streichquartette, Lieder, Klavierstücke, Orchesterwerke, Messen und eine Oper. Beethoven gilt als einer der wichtigsten Vertreter der Wiener Klassik, der die Musik dieser Stilepoche zu ihrer höchsten Entwicklung geführt hat, insbesondere in den stilprägenden Formen der Sinfonie, der Klaviersonate und des Streichquartetts.

Zu 10) C. Fabel.

Fabeln sind in Vers- oder Prosaform verfasste kurze Erzählungen mit belehrender Absicht. Als Akteure mit menschlichen Charakterzügen treten vor allem Tiere auf, aber auch fabelhafte Mischwesen, Pflanzen und Gegenstände. Die Dramatik der Fabelhandlung zielt auf eine Schlusspointe hin, an die sich meist eine allgemeine Moral anschließt.

Zu 11) D. Text eines Musikstücks.

Der Begriff „Libretto" bezeichnet Texte für Opern, Operetten, Musicals, Kantaten und andere Musikstücke. Weiter gefasst steht der Ausdruck auch für das Handlungsgerüst von Balletten oder Pantomimen.

Zu 12) nein

Autor der „Buddenbrooks" ist Thomas Mann (1875–1955), der jüngere Bruder Heinrich Manns (1871–1950). Die „Buddenbrooks" entstanden von 1897 bis 1900; 1929 erhielt Mann dafür den Literatur-Nobelpreis.

Zu 13) Die Oboe

Die Oboe ist ein Holzblasinstrument mit Doppelrohrblatt. Vorläufer dieses Instruments gab es schon um 3000 v. Chr., die heutige Form wurde im 19. Jahrhundert entwickelt. In der klassischen Musik hat die Oboe neben der Flöte und dem Fagott seit dem Barock ihren festen Platz im Orchester und als Soloinstrument. Bedeutende Oboenkonzerte komponierten u. a. Johann Sebastian Bach, Wolfgang Amadeus Mozart, Robert Schumann, Joseph Haydn und Richard Strauss. Abseits der klassischen Musik spielt man die Oboe vor allem im Jazz.

Zu 14) B. Don Quijote

Windmühlen sind ein zentrales Motiv in Miguel de Cervantes' Literaturklassiker „Don Quijote", der Anfang des 17. Jahrhunderts erschien. Die gleichnamige Hauptfigur ist eigentlich ein kleiner Landadeliger namens Alonso Quijano, der sich zum Ritter und den Bauern Sancho Panza zu seinem Stallmeister erklärt. Gemeinsam kämpfen sie gegen Windmühlen, die Don Quijote für Riesen hält. So entstand das Sprichwort „gegen Windmühlen kämpfen" für sinnlose Fehden gegen eingebildete Gefahren bzw. unveränderliche Zustände.

Zu 15) D. Günter Grass

Günter Grass (1927–2015) gilt als einer der bedeutendsten deutschsprachigen Autoren der Gegenwart. 1999 erhielt er den Nobelpreis für Literatur. „Die Blechtrommel", sein bekanntestes Werk, erschien 1959.

Zu 16) B. „Godot".

Der irische Schriftsteller Samuel Beckett begann 1948 mit der Arbeit an seinem bekanntesten Theaterstück „Warten auf Godot", das 1949 fertiggestellt, drei Jahre später publiziert und 1954 uraufgeführt wurde. Die Handlung des Stücks – die Hauptfiguren warten auf einen ominösen Unbekannten namens Godot, der niemals erscheint – gab und gibt Anlass zu vielfältigsten Interpretationen. Mit „Warten auf Godot" erlangte Beckett weltweite Berühmtheit und den Nobelpreis für Literatur.

Zu 17) William Shakespeare

William Shakespeare (ca. 1564–1616) war ein bedeutender englischer Dichter und Dramatiker. Er schuf eine Vielzahl von lyrischen Werken, Historiendramen, Komödien und Tragödien, darunter „Julius Cäsar", „Hamlet", „Macbeth" und „Ein Sommernachtstraum". Die 1597 veröffentlichte Tragödie „Romeo und Julia" erzählt von zwei jungen Liebenden, die verfeindeten Familien angehören. Das Stück, das mit dem gemeinsamen Selbstmord Romeos und Julias endet, ist eine der berühmtesten Liebesgeschichten der Weltliteratur.

Zu 18) C. c-e-g

Akkorde sind Zusammenklänge mehrerer Töne. Die gängigsten Akkorde sind Dreiklänge aus drei Tönen. Bei Dur-Akkorden beträgt der Abstand vom Grundton zum darüberliegenden Ton eine große Terz, der Abstand zum oberen Ton eine weitere kleine Terz.

Zu 19) A. Gabriel Garcia Marquez

Gabriel Garcia Marquez (1927–2014) war der berühmteste kolumbianische Schriftsteller. Seine Hauptwerke heißen „Hundert Jahre Einsamkeit", „Chronik eines angekündigten Todes" und „Die Liebe in Zeiten der Cholera". Marquez' Stil wird dem Magischen Realismus zugerechnet: Rationale Wirklichkeit mischt sich mit Magischem, Traumhaftem. 1982 erhielt Marquez den Nobelpreis für Literatur.

Zu 20) nein

Sonaten sind Instrumentalstücke für Solisten oder kleine kammermusikalische Besetzungen im Duo oder Trio. Instrumentalstücke für Orchester nennt man Symphonien (auch „Sinfonien").

Zu 21) stimmt

In einer Autobiografie schildert der Verfasser seine Lebensgeschichte – oder Teile davon – aus der Retrospektive (anders als beim Tagebuch). Das Spezielle an der Autobiografie ist die Identität von Autor und Protagonist.

Zu 22) D. Die Sterntaler

„Die Sterntaler" findet sich in der Grimm'schen Sammlung „Kinder- und Hausmärchen" und basiert teilweise auf der Novelle „Die drei lieb-reichen Schwestern und der glückliche Färber" von Achim von Arnim. Die Handlung: Ein armes Waisenkind, das nichts als ein Stückchen Brot besitzt, verschenkt seine Kleidung an Menschen, die noch weniger haben. Vom Nachthimmel fallen daraufhin Silbertaler in ihren Schoß, die sie mit einem neuen Leinenhemd auffängt.

Zu 23) C. die Dresdner Semperoper.

Die Semperoper, benannt nach dem Architekten Gottfried Semper (1803–1879), ist das Aufführungshaus der Sächsischen Staatsoper Dresden. Das ehemals königliche Hoftheater wurde von 1838 bis 1841 erbaut und danach mehrmals zerstört und wiedererrichtet. Man rechnet die Semperoper zu den schönsten Opernhäusern Europas; ihre Architektur mit Anleihen aus der Antike und Renaissance besticht durch Pracht und Funktionalität.

Zu 24) Boléro

Der französische Komponist Maurice Ravel (1875–1937) war einer der Hauptvertreter des Impressionismus. Ravel machte sich bereits zu Lebzeiten einen Namen, schrieb zunächst Klavierstücke und Lieder, später auch größere Orchesterwerke. Den „Boléro", ein Ballett, schrieb er 1928 im Auftrag für die russische Tänzerin Ida Rubinstein. Ravel arbeitete sehr sorgfältig; seine Werke zeichnen sich durch große Genauigkeit aus.

Zu 25) C. Ingeborg Bachmann

Die Österreicherin Ingeborg Bachmann (1926–1973) zählt zu den bedeutendsten deutschsprachigen Autorinnen des 20. Jahrhunderts. Zu ihren Hauptthemen gehörten die Arbeit an der Sprache und die weibliche Identität im Patriarchat. Ihre Geburtsstadt Klagenfurt veranstaltet seit 1976 jährlich einen dreitägigen Lesewettbewerb mit unveröffentlichter Prosa um den Ingeborg-Bachmann-Preis, einen der renommiertesten Literaturpreise im deutschsprachigen Raum.

Zu 26) B. George Orwell

George Orwells Roman „Farm der Tiere" erschien 1945 und wird oft als Anspielung auf die Entwicklung der Sowjetunion gelesen: Die Tiere einer Farm verjagen den unfähigen Bauern und beschließen, sich künftig selbst zu versorgen und demokratisch zu organisieren. Nach und nach übernehmen jedoch die Schweine die Alleinherrschaft und beuten die anderen Tiere aus. Der Roman wurde mehrmals verfilmt, teils mit starken antikommunistischen Untertönen.

Zu 27) B. Peter und der Wolf

„Peter und der Wolf" ist ein 1936 veröffentlichtes Musikmärchen des russischen Pianisten und Komponisten Sergei Prokofjew (1891–1953). Den auftretenden Figuren sind jeweils bestimmte Instrumente und musikalische Leitmotive zugeordnet. „Schwanensee" und „Der Nussknacker" sind Ballette des russischen Komponisten Pjotr Tschaikowski (1840–1893), „Der Feuervogel" stammt aus der Feder seines Landsmanns Igor Strawinsky (1882–1971).

Zu 28) Ägypten

Die Oper „Aida" wurde von Guiseppe Verdi für das Opernhaus in Kairo komponiert und dort 1871 uraufgeführt. Die Geschichte spielt in Ägypten zur Zeit der Pharaonen: Die nubische Prinzessin Aida, Gefangene am ägyptischen Hof, verliebt sich in den Heerführer Radames, der sich zwischen seiner Liebe zu ihr und seiner Loyalität zum Pharao entscheiden muss.

Zu 29) D. Truman Capote

„Beat Generation" nennt man eine US-amerikanische Gruppe von Autoren der 1950er-Jahre. Durch ausgiebigen Drogenkonsum, chaotische Spontaneität und Rastlosigkeit grenzten sie sich ab von gesellschaftlichen

Konventionen und dem Zeitgeist des Kalten Kriegs. Die wichtigsten Vertreter der „Beatniks" waren Jack Kerouac (1922–1969), Allen Ginsberg (1926–1997) und William S. Burroughs (1914–1997). Truman Capote (1924–1984) gehörte nicht dazu, zählt aber mit Welterfolgen wie „Kaltblütig" und „Frühstück bei Tiffanys" zu den bedeutendsten US-Schriftstellern des 20. Jahrhunderts.

Zu 30) B. Georg Büchner

Georg Büchner (1813–1837) zählt trotz seines frühen Todes mit 23 Jahren zu den bedeutenden deutschen Dramatikern. Das Drama „Woyzeck" gehört noch heute zu den erfolgreichsten Theaterstücken im deutschsprachigen Raum: Es erzählt mit psychologischem Feinsinn und dramatischer Finesse, wie und warum der Soldat Woyzeck zum Mörder (gemacht) wird. Auch das Lustspiel „Leonce und Lena" und das Revolutionsdrama „Dantons Tod" sind vielbeachtet.

Kunst und Gestaltung   *Bearbeitungszeit 15 Minuten*

Bearbeiten Sie bitte die folgenden Aufgaben, indem Sie die richtige Lösung markieren oder die Antwort in das Lösungsfeld schreiben.

1) Wer malte das Ölgemälde „Mona Lisa"?

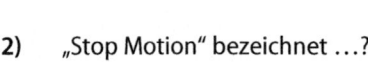

2) „Stop Motion" bezeichnet …?

A. eine Zeichentechnik.

B. eine Filmtechnik.

C. eine Grafik-Software.

D. einen Lichteffekt.

E. Keine Antwort ist richtig.

3) Die Kunstepoche des Barock wird charakterisiert durch …?

A. schlichte Ruhe.

B. üppige Pracht.

C. rohe Kraft.

D. nüchterne Einfachheit.

E. Keine Antwort ist richtig.

4) Ai Weiwei ist ein bekannter chinesischer …?

A. Künstler und Aktivist.

B. Filmemacher und Literat.

C. Musiker und Tänzer.

D. Koch und Modeschöpfer.

E. Keine Antwort ist richtig.

5) Wer malte dieses Gemälde?

A. Caspar David Friedrich

B. Salvador Dalí

C. Jan Vermeer

D. Michelangelo

E. Keine Antwort ist richtig.

6) Steht der Begriff „Prêt-à-porter" für maßgeschneiderte Designerkleidung?

☐ ja   ☐ nein

7) Was sind Klinker?

A. Antike Edelsteine

B. Fassaden-Vorbauten

C. Spezielle Ziegelsteine

D. Gotische Wasserspeier

E. Keine Antwort ist richtig.

8) Ein Kunstwerk wird in einem älteren Zustand wiederhergestellt – lautet der Fachbegriff dafür Renovierung, Restaurierung oder Restauration?

_____

9) Was versteht man unter einer „Corporate Identity"?

A. Das angestrebte Erscheinungsbild eines Unternehmens

B. Das Firmenlogo eines Unternehmens

C. Die Schaufenstergestaltung eines Warenhauses

D. „Corporate Identity" ist ein Synonym für „Marketingabteilung".

E. Keine Antwort ist richtig.

10) Der Maler Claude Monet gilt als bedeutender Vertreter der Stilrichtung des Realismus – stimmt diese Aussage?

☐ stimmt   ☐ stimmt nicht

11) Welche Schrift enthält Serifen?

A. Calibri

B. Myriad

C. Times New Roman

D. Arial

E. Keine Antwort ist richtig.

12) Welcher bedeutende niederländische Künstler (1853–1890) gilt als einer der Begründer der modernen Malerei?

A. Anthonis van Dyck

B. Peter Paul Rubens

C. Paul Gauguin

D. Vincent van Gogh

E. Keine Antwort ist richtig.

13) Wie heißen diese verzierten, kreisförmigen Kirchenfenster?

A. Fenstersterne

B. Fensterrosen

C. Fensterblumen

D. Fensterkränze

E. Keine Antwort ist richtig.

14) Ein bekannter Leitsatz für Designer lautet: Form folgt ...?

_____.

15) Eine Kunstgalerie lädt zur Vernissage. Was erwartet die Besucher?

A. Die Eröffnung einer Ausstellung

B. Die Versteigerung von Kunstwerken

C. Ein Tanzabend in besonderem Ambiente

D. Ein persönliches Gespräch mit einem bekannten Künstler

E. Keine Antwort ist richtig.

16) Steht die Abkürzung „CMYK" für ein Farbmodell?

☐ ja   ☐ nein

17) Welche Sekundärfarben lassen sich aus den Grundfarben Blau, Gelb und Rot mischen?

A. Grün, Braun und Orange

B. Cyan, Violett und Braun

C. Grün, Violett und Orange

D. Grün, Pink und Orange

E. Keine Antwort ist richtig.

18) Annie Leibovitz ist eine US-amerikanische …?

A. Malerin.

B. Architektin.

C. Bildhauerin.

D. Fotografin.

E. Keine Antwort ist richtig.

19) Der Begriff „Brutalismus" bezeichnet …?

A. einen Architekturstil.

B. eine Kunstepoche.

C. eine Maltechnik.

D. eine Form der Bildhauerei.

E. Keine Antwort ist richtig.

20) Eine Abschattung zum Rand einer Fotografie hin nennt man …?

A. Moiré-Effekt.

B. Fliegengittereffekt.

C. Vignettierung.

D. Lens Flare.

E. Keine Antwort ist richtig.

21) Was versteht man unter „Rendern"?

A. Eine Objektansicht, bei der der vordere Teil des Objektes ganz weggeschnitten ist

B. Die Vorderansicht eines Objekts

C. Die Ausgabe des aktuellen grafischen Bildschirminhalts

D. Die Erzeugung eines Bildes aus Rohdaten

E. Keine Antwort ist richtig.

22) Für welche Kunstrichtung stehen die Namen Andy Warhol und Roy Lichtenstein?

23) In welchem Stil ist der Kölner Dom gebaut?

A. Romantik

B. Renaissance

C. Gotik

D. Barock

E. Keine Antwort ist richtig.

24) Von welchem Straßenkünstler stammt dieses Graffito?

A. Banksy

B. Campino

C. Loriot

D. Iggy Pop

E. Keine Antwort ist richtig.

25) Ist das Gemälde „Die Nachtwache" von Pablo Picasso?

☐ ja   ☐ nein

26) Wo ist Michelangelos Wandbild „Das Jüngste Gericht" zu sehen?

A. Sixtinische Kapelle

B. Kölner Dom

C. Louvre

D. Kathedrale von Sankt Petersburg

E. Keine Antwort ist richtig.

27) Was ist ein Fischgrätmuster?

A. Ein Textilmuster, das beim Weben entsteht

B. Ein blauweißes Fliesenmuster

C. Ein Schmuckmuster aus Gold und Silber

D. Ein Gipsornament an Bauwerken

E. Keine Antwort ist richtig.

28) Für welche gestalterische Stilrichtung stehen die Namen Walter Gropius, Ludwig Mies van der Rohe, Wassily Kandinsky und Lyonel Feininger?

A. Historismus

B. Postmoderne

C. Rokoko

D. Klassische Moderne

E. Keine Antwort ist richtig.

29) Welches Teilungsverhältnis besteht beim Goldenen Schnitt?

A. Das Verhältnis des Ganzen zum größeren Teil entspricht dem Verhältnis des größeren Teils zum kleineren Teil.

B. Das Teilungsverhältnis beträgt drei zu zwei.

C. Das Teilungsverhältnis beträgt vier zu drei.

D. Das Teilungsverhältnis beträgt sechzehn zu neun.

E. Keine Antwort ist richtig.

30) Welcher Würfel ist in isometrischer Perspektive abgebildet?

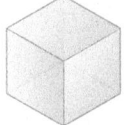

A.

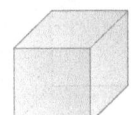

B.

C.

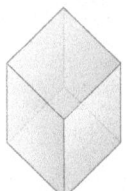

D.

E. Keine Antwort ist richtig.

Lösungen: Kunst und Gestaltung

1. Leonardo da Vinci	11. C	21. D
2. B	12. D	22. Pop-Art
3. B	13. B	23. C
4. A	14. Funktion	24. A
5. C	15. A	25. nein
6. nein	16. ja	26. A
7. C	17. C	27. A
8. Restaurierung	18. D	28. D
9. A	19. A	29. A
10. stimmt nicht	20. C	30. A

Zu 1) Leonardo da Vinci

Die „Mona Lisa" wurde von Leonardo da Vinci (1452–1519) auf dünnes Pappelholz gemalt und entstand wahrscheinlich von 1503 bis 1505. Da Vinci – Maler, Bildhauer, Architekt, Musiker, Anatom, Mechaniker, Ingenieur, Naturphilosoph und Erfinder – gilt als der Universalmensch der Renaissance. Er schuf Gemälde, Skulpturen und andere Kunstgegenstände und entwarf visionäre Gebäude und Maschinen – viele Projekte konnte er jedoch nie realisieren.

Zu 2) **B.** eine Filmtechnik.

„Stop Motion" ist eine Filmtechnik. Hierbei nimmt man per Kamera einzelne Bilder eines Motivs auf, das von Aufnahme zu Aufnahme leicht verändert wird. Hintereinander abgespielt, erzeugen die Einzelbilder den Eindruck einer durchgehenden Bewegung.

Zu 3) **B.** üppige Pracht.

Der Barock, eine europäische Kunstepoche zwischen ungefähr 1575 und 1770, war geprägt von üppiger Pracht und verschwenderischem Formenreichtum. In der barocken Architektur dominierten schwingende und stark verzierte Formen, Kuppeln, Säulengruppen und Giebel. Die Malerei der Epoche kennzeichneten große Deckenbilder, starke Farbkontraste und die Betonung von Licht und Schatten. Die Literatur glitt zum Teil in den Schwulst ab. Auf den Barock folgte der Klarheit suchende, die antike Formensprache beschwörende Klassizismus.

Zu 4) A. Künstler und Aktivist.

Ai Weiwei ist ein zeitgenössischer Konzeptkünstler und politischer Aktivist aus China. Seine Arbeiten behandeln meist kritisch, oft satirisch die Themen Kapitalismus, Korruption und Umweltzerstörung, häufig mit Bezügen zur chinesischen Kultur. Aufsehen erregte die dreimonatige Inhaftierung Ai Weiweis im Jahr 2011: Die chinesische Regierung hielt ihn ohne offizielle Anklage fest, was zu internationalen Protesten führte.

Zu 5) C. Jan Vermeer

„Das Mädchen mit dem Perlenohrgehänge" ist das bekannteste Gemälde des niederländischen Malers Jan Vermeer (1635–1675). Eine fiktive Entstehungsgeschichte des Bildes erzählt der Roman „Das Mädchen mit dem Perlenohrring", der unter diesem Titel auch verfilmt wurde. Vermeers Gesamtwerk ist mit 37 Gemälden eher klein; es umfasst Ansichten der Stadt Delft, Genreszenen aus dem städtischen und häuslichen Leben und Historienbilder mit antiken, biblischen und mythischen Motiven.

Zu 6) nein

Der Begriff „Prêt-à-porter" – übersetzt: „bereit zum Tragen" – bezeichnet tragfertige Kleidung in Standardgrößen. Im Gegensatz dazu steht die maßgeschneiderte Mode, die „Haute Couture" („gehobene Schneiderei").

Zu 7) C. Spezielle Ziegelsteine

Klinker – backsteinähnliche Ziegelsteine – waren früher ein beliebtes Material zum Hausbau, u. a. in Norddeutschland. Sie werden unter sehr hohen Temperaturen gebrannt, wobei sich ihre Poren schließen, was sie sehr wasser- und wetterfest macht. Ihr markantes Aussehen sorgt für einen hohen Wiedererkennungswert – beispielsweise bei den berühmten Klinkerbauten der Hamburger Speicherstadt.

Zu 8) Restaurierung

Durch eine Restaurierung wird der ursprüngliche, im Laufe der Zeit verloren gegangene Zustand eines Objekts wiederhergestellt: Dabei kann es sich um Gemälde handeln, um Filme, Bücher, Skulpturen, Oldtimer und vieles mehr. Ziel ist es, die Originalsubstanz zu erhalten und die Werkgeschichte – d. h. die einzelnen Bearbeitungsphasen – nachzuvollziehen.

Zu 9) A. Das angestrebte Erscheinungsbild eines Unternehmens

Als Corporate Identity („Firmenidentität", abgekürzt CI) bezeichnet man das angestrebte Gesamterscheinungsbild eines Unternehmens. Dahinter steht die Annahme, Unternehmen würden in der Öffentlichkeit wie Personen wahrgenommen und sollten deshalb nach außen hin eine einheitliche Identität vermitteln. Teilbereiche der CI sind das Corporate Behaviour (Auftreten in der Öffentlichkeit), die Corporate Culture (Arbeits- und Sozialkultur) und das Corporate Design (visuelle Identität, vermittelt z. B. durch Firmenlogo, Webauftritte, Briefbögen).

Zu 10) stimmt nicht

Claude Monet war ein wichtiger Vertreter des Impressionismus, einer Stilrichtung der Malerei, die sich im späten 19. Jahrhundert von Frankreich aus weltweit verbreitete. Im Zentrum stand hier nicht mehr die gegenständliche Abbildung, sondern die Wiedergabe von stimmungsvollen Augenblicken und atmosphärischen Eindrücken.

Zu 11) C. Times New Roman

Serifen sind die kleinen Endstriche eines Buchstabens, umgangssprachlich auch „Füßchen" genannt. Sie liegen quer zur Grundrichtung des jeweiligen Buchstabenstrichs, sodass sich das Auge des Lesers gut an ihnen orientieren kann. Serifen-Schriften wie Times New Roman werden gerne für Fließtexte in Büchern oder Zeitungen verwendet. Calibri, Myriad und Arial stammen aus der Familie der serifenlosen Grotesk-Schriften: Diese lassen sich gut auf Monitoren darstellen und sind daher besonders im Online-Bereich verbreitet.

Zu 12) D. Vincent van Gogh

Vincent van Gogh (1853–1890) konnte zu Lebzeiten nur wenige Bilder verkaufen und beging in großer Armut Selbstmord. Heute erzielen seine Werke bei Auktionen Rekordpreise. Van Gogh hinterließ etwa 864 Gemälde und über 1.000 Zeichnungen. Sein Hauptwerk wird dem Postimpressionismus zugeordnet und übte starken Einfluss auf nachfolgende Künstler aus, vor allem auf die Fauves und Expressionisten.

Zu 13) B. Fensterrosen

Verzierte, kreisförmige Fenster wie auf dem Foto nennt man Fensterrosen oder Rosetten. Man findet sie meist an gotischen Kirchen, häufig tragen sie farbiges Glas. Die runde Form gilt u. a. als Symbol für die allseitige Verbreitung des Göttlichen.

Zu 14) Funktion.

Die Devise „Form folgt Funktion" erinnert insbesondere Architekten und Produktdesigner daran, die äußere Gestalt ihrer Entwürfe stets aus deren Aufgabe herzuleiten: Die Ästhetik soll den Nutzen unterstützen und nicht etwa stören. Im Umkehrschluss lässt sich die Funktion eines Gegenstands dann oft bereits an seinem Aussehen erkennen.

Zu 15) A. Die Eröffnung einer Ausstellung

Eine Vernissage (franz. „vernis" = „Lack", „Firnis") ist die Eröffnung einer Kunstausstellung. Oft wird eine Vernissage durch ein Rahmenprogramm mit Vorträgen und Catering flankiert, gelegentlich stellen die beteiligten Künstler ihre Werke sogar persönlich vor.

Zu 16) ja

„CMYK" ist ein Farbmodell für den Vierfarbdruck. Das Kürzel steht für die Grundfarben Cyan, Magenta, Yellow (Gelb) und Key (Schwarz). Der Begriff „Key" stammt von der schwarzdruckenden Schlüsselplatte („key plate"); er wurde anstelle von „Black" für Schwarz gewählt, da der Buchstabe „B" mit „Blue" (Blau) fehlgedeutet werden könnte.

Zu 17) C. Grün, Violett und Orange

Sekundärfarben sind Mischungen aus zwei Primärfarben. Mischt man Gelb und Blau, erhält man Grün. Violett setzt sich aus Rot und Blau zusammen, Orange aus Gelb und Rot.

Zu 18) D. Fotografin.

Die US-Amerikanerin Annie Leibovitz ist berühmt für ihre aufwändig inszenierten, großformatigen Fotografien. Meist porträtiert sie internationale Stars aus Politik, Wirtschaft und Kultur, typischerweise spielfilmartig, häufig ins Surreale abgleitend. Ihre Bilder finden sich auf den Covern großer Zeitungen und Magazine. Zu ihren bekanntesten Werken zählen Aufnahmen von John Lennon mit Yoko Ono sowie von der schwangeren Schauspielerin Demi Moore.

Zu 19) A. einen Architekturstil.

Der Brutalismus, vom französischen „béton brut" („roher Beton"), ist ein Architekturstil der 1950er- bis 1970er-Jahre. Kennzeichnend für brutalistische Bauten ist die offene Zurschaustellung des verwendeten Baumaterials – meist rauer, unverputzter Beton, aber auch Ziegel, Metall oder Stein.

Zu 20) C. Vignettierung.

Eine Vignettierung ist eine Abschattung zum Bildrand einer Fotografie hin. Die optische Vignettierung entsteht bei geöffneter Kamerablende durch den unscharfen Schatten der Austrittsöffnung des Kameraobjektivs. Oft wird die Vignettierung künstlich hinzugefügt, als künstlerischer Effekt, um die Bildmitte zu betonen.

Zu 21) D. Die Erzeugung eines Bildes aus Rohdaten

Beim Rendern (engl. „to render" = „machen", „leisten") wird aus Rohdaten ein Bild erzeugt. Im Designbereich rendert man, um aus einer Skizze oder einem Modell eine fertige Grafik zu erstellen. Der Begriff „Vollschnitt" steht für eine Objektansicht, bei der die vordere Hälfte des Objektes vollständig „abgeschnitten" wurde. Die Ausgabe des aktuellen grafischen Bildschirminhalts nennt man „Screenshot".

Zu 22) Pop-Art

Roy Lichtenstein (1923–1997) und Andy Warhol (1928–1987) waren die bedeutendsten Vertreter der Kunstrichtung Pop-Art. Diese wandte sich im Gegensatz zur „klassischen" bildenden Kunst den Gegenständen der populären Konsumkultur zu. Alle abgebildeten Elemente sollen einfach dargestellt und klar erkennbar sein. Verwendet werden meist nur die Primärfarben und Schwarz-Weiß-Grau.

Zu 23) C. Gotik

Der Kölner Dom, die nach dem Ulmer Münster zweithöchste Kirche Europas, zählt zum UNESCO-Weltkulturerbe. Der gotische Bau wurde im 13. Jahrhundert begonnen, erst 1880 fertiggestellt und im Zweiten Weltkrieg durch Bombentreffer stark beschädigt. Die Gotik entstand im 12. Jahrhundert und war geprägt von dem Bemühen, die christliche Ideenwelt darzustellen. In der Kunst spielten Symbol und Allegorie eine wichtige Rolle, das zentrale Element gotischer Baukunst ist der Spitzbogen.

Zu 24) A. Banksy

Das abgebildete Schablonen-Graffito einer kehrenden Frau gehört zu den berühmtesten Werken des Straßenkünstlers Banksy. Wer sich hinter diesem Pseudonym verbirgt, ist unbekannt. Banksys ambivalente, oft kapitalismuskritische Bilder wurden zum Teil zu popkulturellen Ikonen. Sein ironischer Dokumentarfilm „Exit Through the Gift Shop" über den US-amerikanischen Kunstbetrieb wurde 2011 für den „Oscar" nominiert.

Zu 25) nein

Das fragliche Bild stammt von Rembrandt (1606–1669), einem niederländischen Maler, Radierer und Zeichner des Barock. Neben Porträts und Landschaften malte der zu Lebzeiten gefeierte Künstler auch biblische und mythologische Motive. Ein besonderes Merkmal seiner Werke sind starke Hell-Dunkel-Kontraste, die auch die 1642 fertig gestellte „Nachtwache" prägen. Das Bild wurde ursprünglich für den Festsaal der Amsterdamer Schützengilde gemalt und 1715 ins Rathaus überführt. Heute hängt es im Amsterdamer Rijksmuseum.

Zu 26) A. Sixtinische Kapelle

Die Sixtinische Kapelle im Vatikan, Schauplatz der Papstwahl (Konklave), wurde zwischen 1475 und 1483 unter Papst Sixtus IV. erbaut und nach ihm benannt. Sie beherbergt mehrere weltberühmte Gemälde. Michelangelos „Das Jüngste Gericht" entstand unter Papst Clemens VII. zwischen 1535 und 1541, ist über 200 m² groß und enthält rund 390 teils überlebensgroße Figuren. Michelangelo, Maler und Bildhauer der Renaissance, lebte von 1475–1564.

Zu 27) A. Ein Textilmuster, das beim Weben entsteht

Ein Fischgrätmuster ist ein gewebtes Textilmuster, das an mehrere aneinandergelegte Fischgräten erinnert. Man kennt den Begriff nicht nur im Textilgewerbe: Auch Parkettstäbe und Ziegel lassen sich im Fischgrätmuster legen.

Zu 28) D. Klassische Moderne

Zur Klassischen Moderne zählt man mehrere avantgardistische Stilrichtungen, die Ende des 19. Jahrhunderts entstanden. Prominente Vertreter waren u. a. die Architekten Walter Gropius und Ludwig Mies van der Rohe sowie die Maler Wassily Kandinsky und Lyonel Feininger. Gropius gründete 1919 das Bauhaus in Dessau, eine Kunstschule, die Kunst und Handwerk verband. Die sachliche, funktionelle, modulare, meist kubische Bauhaus-Formensprache hatte großen Einfluss auf Kunst und Design im 20. Jahrhundert.

Zu 29) A. Das Verhältnis des Ganzen zum größeren Teil entspricht dem Verhältnis des größeren Teils zum kleineren Teil.

Beim Goldenen Schnitt entspricht das Verhältnis des Ganzen zum größeren Teil (Major) dem Verhältnis des größeren Teils zum kleineren Teil (Minor). Mit a als Major und b als Minor mathematisch ausgedrückt:

$$\frac{a+b}{a} = \frac{a}{b} \left(\approx \frac{1,618}{1} \right)$$

Der Goldene Schnitt ist seit der griechischen Antike bekannt. Im 19. Jahrhundert verbreitete der Gelehrte Adolf Zeising die Formel als ästhetisch ideales Proportionsverhältnis in Architektur und Kunst. Die Formate 16:9 und 4:3 stammen aus der Videotechnik; sie beschreiben das Verhältnis zwischen Bildhöhe und -breite.

Zu 30) A.

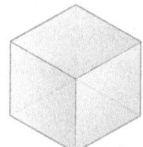

Würfel A ist in isometrischer Perspektive abgebildet. Das bedeutet: Die originalen Längenverhältnisse bleiben erhalten. Zwei Punkte auf der Abbildung sind also genauso weit entfernt wie auf dem dreidimensionalen Würfel. Die Militärperspektive (D) verzerrt weder die Grundfläche noch die Kantenlängen, erscheint jedoch wegen der in steilerem Winkel aufgetragenen Tiefenkanten perspektivisch verzogen. Die Kabinettperspektive des Kubus (B) verkürzt die räumliche Tiefe, die Über-Eck-Perspektive mit zwei Fluchtpunkten (C) sowohl Höhe als auch Tiefe.

Computer und Internet *Bearbeitungszeit 15 Minuten*

Bearbeiten Sie bitte die folgenden Aufgaben, indem Sie die richtige Lösung markieren oder die Antwort in das Lösungsfeld schreiben.

1) Ein digitales Signal …?

A. wird als Zahlenwert übertragen und verarbeitet.

B. besteht aus Schwingungen.

C. verfügt über eine Amplitude.

D. ist stufenlos und unterbrechungsfrei.

E. Keine Antwort ist richtig.

2) Was bedeutet dieses Icon?

A. Datei öffnen

B. Akte anlegen

C. Bitte umblättern

D. Fenster schließen

E. Keine Antwort ist richtig.

3) Welches Programm bietet sich zur Tabellenkalkulation an?

A. PowerPoint

B. Excel

C. Word

D. Access

E. Keine Antwort ist richtig.

4) Welches Kürzel steht für einen Computergrafik-Standard – VGA, VGB oder BKB?

5) Welches Dokument ist nicht unbedingt standardisiert?

A. Tabelle

B. Serienbrief

C. Vordruck

D. Maske

E. Keine Antwort ist richtig.

6) Per Drag & Drop kann man …?

A. Computer auseinanderbauen und wieder zusammensetzen.

B. Objekte auf grafischen Benutzeroberflächen verschieben.

C. Peripheriegeräte anschließen.

D. Kabel- durch Funkverbindungen ersetzen.

E. Keine Antwort ist richtig.

7) Das Mainboard in einem Computer ...?

A. nennt man auch „Prozessor".

B. ist die Grafikkarte mit integrierter Soundkarte.

C. nennt man auch „Hauptspeicher".

D. ist die Hauptplatine eines Computers und enthält diverse Steckplätze.

E. Keine Antwort ist richtig.

8) Wie nennt man ein Programm, das das Surfen im Internet ermöglicht?

_____

9) Was ist ein LAN?

A. Ein Rechnernetz

B. Ein Internetprotokoll

C. Ein Glasfaserkabel

D. Ein Kupferkabel mit Texasstecker

E. Keine Antwort ist richtig.

10) Welche Schnittstelle bietet sich an, um einen Drucker anzuschließen?

A. PCI-Steckplatz

B. IDE-Anschluss

C. USB-Anschluss

D. RAM-Steckplatz

E. Keine Antwort ist richtig.

11) Das „Web 2.0" ...?

A. ist zentralistisch organisiert.

B. wird geprägt von Interaktivität und Kooperation.

C. steht für die die gewerbliche Nutzung des Internet.

D. ist der neueste Entwicklungsstand von Datenverbindungen.

E. Keine Antwort ist richtig.

12) Eine Datensicherung auf einem Laufwerk oder einer Festplatte bezeichnet man als ...?

_____.

13) Über eine IP-Adresse findet man ...?

A. Herstellerangaben von Hard- und Software.

B. Internet-Produktdienstleister, die sich im IP-Branchenverband zusammengeschlossen haben.

C. Geräte, die an ein Netzwerk angeschlossen sind.

D. die E-Mail-Kontaktdaten zu jeder Person mit E-Mail-Konto.

E. Keine Antwort ist richtig.

14) Welche ist eine funktionstüchtige E-Mail-Adresse?

A. info@ausbildungspark

B. info@ausbildungspark,com

C. info.ausbildungspark.@

D. info@ausbildungspark.com

E. Keine Antwort ist richtig.

15) Bitte sortieren Sie die folgenden Datenmengen aufsteigend nach ihrer Größe: Gigabyte, Kilobyte, Megabyte, Byte.

16) Wie können Sie in einem Microsoft-Office-Dokument einen markierten Abschnitt drucken?

A. Den Abschnitt markieren, das Drucksymbol anklicken und auf „OK" klicken

B. Den Abschnitt markieren, die Tastenkombination „Strg + P" drücken, den Punkt „Markierung" wählen und auf „OK" klicken

C. Den Abschnitt markieren und das Drucksymbol anklicken

D. Die Tastenkombination „Strg + S" wählen

E. Keine Antwort ist richtig.

17) Worauf bezieht sich die Angabe „3 GHz"?

A. Bildschirmauflösung der Grafikkarte

B. Kapazität der Festplatte

C. Geschwindigkeit des Prozessors

D. Kapazität des Arbeitsspeichers

E. Keine Antwort ist richtig.

18) „Tools" sind in der IT …?

A. spezielle Programme zur Systemverwaltung.

B. spezielle Werkzeuge zum Einbau von Hardware.

C. Adapter, um z. B. Mäuse und Drucker an unübliche Anschlüsse anzuschließen.

D. E-Mail-Anhänge.

E. Keine Antwort ist richtig.

19) Bedeutet dieses Icon „Daten ordnen"?

☐ ja   ☐ nein

20) .jpg, .exe, .com und .bat sind Dateinamenserweiterungen – welche fällt aus der Reihe?

21) Wofür steht das Kürzel „http" in Web-Adressen?

A. Teil des Browser-Quellcodes

B. Druckunterstützung der aufgerufenen Website

C. Verwendung eines bestimmten Protokolls zur Datenübertragung

D. Nichts, es ist ein mittlerweile überflüssiges Relikt aus den Anfangszeiten des Internets.

E. Keine Antwort ist richtig.

22) Was bedeutet dieses Icon?

A. Drucken

B. In den Vordergrund holen

C. Vergleichen

D. Kopieren

E. Keine Antwort ist richtig.

23) Was ist JavaScript?

A. Eine Skriptsprache zur Internetnutzung in Web-Browsern

B. Ein Präsentationsprogramm

C. Eine Textverarbeitungssoftware

D. Ein Script zur Automatisierung in Photoshop

E. Keine Antwort ist richtig.

24) Was sind Cookies?

A. Schadprogramme, die den Computer infizieren

B. Nützliche Programme, die im Lieferumfang des Betriebssystems kostenlos enthalten sind

C. Informationseinheiten zur Personalisierung von Websites

D. Code-Bausteine, mit denen man eigene kleine Programme entwickeln kann

E. Keine Antwort ist richtig.

25) Welches ist keine Programmiersprache?

A. Pascal

B. Basic

C. C++

D. Amiga

E. Keine Antwort ist richtig.

26) Mit einem Makro kann man ...?

A. die Organisationsstruktur eines Unternehmens abbilden.

B. Papierdokumente in einer Ablage sortieren.

C. Geräte in ein EDV-System einbinden.

D. mehrere Softwareanweisungen zusammenfassen.

E. Keine Antwort ist richtig.

27) Was bedeutet dieses Icon?

A. USB-Steckplatz
B. Mittlerer Anschluss aktiv
C. Vorfahrt im Datenverkehr
D. Verzeichnisstruktur anzeigen
E. Keine Antwort ist richtig.

28) Was ist ein Cache?

A. Ein Ort auf der Festplatte, wo alle Programme abgelegt sind
B. Eine andere Bezeichnung für „Arbeitsspeicher"
C. Eine kleine Datei, die den Zugang ins Internet ermöglicht
D. Ein Zwischenspeicher, durch den bereits aufgerufene Inhalte beim nächsten Aufruf schneller beschafft werden können
E. Keine Antwort ist richtig.

29) Mit einem CMS werden ...?

A. Geräte an einen PC angeschlossen.
B. E-Mail-Konten überwacht und unerwünschte Mails gefiltert.
C. Prozessorgeschwindigkeiten erhöht.
D. Inhalte erstellt und bearbeitet.
E. Keine Antwort ist richtig.

30) Wer auf Cloud Computing setzt, der ...?

A. sichert wichtige Daten in einer zentralen Speichereinheit.
B. interessiert sich für Designer-PCs.
C. greift über das Internet auf Daten und Anwendungen zu.
D. eröffnet einen Online-Shop.
E. Keine Antwort ist richtig.

Lösungen: Computer und Internet

1. A	11. B	21. C
2. A	12. Backup	22. D
3. B	13. C	23. A
4. VGA	14. D	24. C
5. A	15. Byte, Kilo-, Mega-, Gigabyte	25. D
6. B	16. B	26. D
7. D	17. C	27. A
8. Browser	18. A	28. D
9. A	19. nein	29. D
10. C	20. .jpg	30. C

Zu 1) A. wird als Zahlenwert übertragen und verarbeitet.

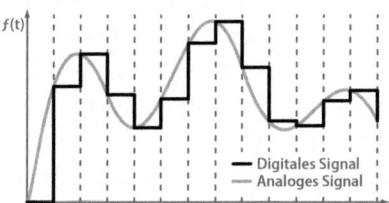

Ein Digitalsignal wird als Zahlenwert kodiert und verarbeitet, üblicherweise in Binärform, ausgedrückt durch die Ziffern 0 und 1. Digitaltechnik findet sich heutzutage in diversen Geräten – von Küchenwaagen bis zu Industriemaschinen. Digitale Daten lassen sich vielseitig am Computer bearbeiten und über lange Zeit speichern. Analoge Signale bestehen aus Schwingungen und verfügen über eine Amplitude; sie sind stufenlos und unterbrechungsfrei.

Zu 2) A. Datei öffnen

Icons (engl. „Bilder") repräsentieren auf einer grafischen Benutzeroberfläche Ordner, Dateien und Programme; bei ihrer Auswahl per Maus, Tastatur oder Touchscreen werden bestimmte Aktionen ausgeführt. Das abgebildete Icon findet sich in der Symbolleiste vieler Softwareanwendungen und steht für „Datei öffnen".

Zu 3) B. Excel

Alle genannten Softwareprodukte stammen aus der MS-Office-Familie, dem meistverbreiteten Bürosoftwarepaket. Zur Tabellenkalkulation – d. h. zur Eingabe und Bearbeitung tabellarischer Daten – eignet sich das Programm Excel.

Zu 4) VGA

VGA steht für „Video Graphics Array", einen von IBM entwickelten Computergrafik-Standard mit festen Vorgaben für Bildauflösung, Wiederholfrequenz und Farb-Bit-Tiefe. VGA-Grafikkarten unterstützen über 260.000 mögliche Farben.

Zu 5) A. Tabelle

Masken sind Standardvorlagen zur elektronischen Datenerfassung mit vorgegebenen Feldern zur Dateneingabe. Das Papier-Pendant zur Maske ist der Vordruck. Serienbriefe sind standardisierte Schreiben an mehrere Adressaten, wobei einzelne Elemente wie Adresse und Anrede personalisiert werden können. Eine Tabelle kann zwar den Überblick erleichtern – standardisiert ist sie jedoch nur dann, wenn sie sich nach einer Formatvorlage richtet.

Zu 6) B. Objekte auf grafischen Benutzeroberflächen verschieben.

Drag & Drop (engl. für „ziehen und fallenlassen") steht für eine Methode, auf grafischen Benutzeroberflächen Objekte mit der Maus zu bewegen. Auf diese Weise lassen sich z. B. Dateien leicht von einem Ordner in einen anderen kopieren oder Textpassagen innerhalb von Dokumenten verschieben.

Zu 7) D. ist die Hauptplatine eines Computers und enthält diverse Steckplätze.

„Mainboard", „Systemplatine" oder „Motherboard" nennt man die Hauptplatine eines Computers, auf der sich in der Regel folgende Systemkomponenten befinden: die CPU, der PCI-Bus mit den Slots für die Erweiterungskarten, die Steckplätze für den Arbeitsspeicher, verschiedene Schnittstellen, der Cache, die Echtzeituhr, BIOS-ROM und CMOS-RAM, die verschiedenen Controller und der Tastatur-Prozessor. Die Konzeption des Mainboards beeinflusst systemrelevante Parameter wie die Systemleistung, die Zukunftssicherheit und die Kompatibilität zu Systemkomponenten (Anschlüsse, Erweiterbarkeit).

Zu 8) Browser

Ein Webbrowser oder einfach „Browser" ist ein Programm, um Seiten im World Wide Web zu betrachten und zu durchsuchen (engl. „to browse" = „stöbern"). Man spricht auch von „Surfen", wenn man das Internet per Browser erkundet und beispielsweise über Hyperlinks (kurz „Links") von Seite zu Seite springt. Browser können diverse Inhalte anzeigen oder ausführen – außer HTML-Seiten auch Bilder und Filme sowie JavaScript-, PHP-, und Flash-Formate. Gebräuchliche Webbrowser sind Google Chrome, Firefox, der Internet Explorer, Microsoft Edge, Safari und Opera.

Zu 9) A. Ein Rechnernetz

Das „Local Area Network" (LAN) ist ein lokales Rechnernetz, das größer ist als ein „Personal Area Network" (PAN) und kleiner als ein „Metropolitan Area Network" (MAN). LANs erstrecken sich in der Regel über mehrere Räume, aber selten über ein Grundstück hinaus. Zum Aufbau lokaler Netzwerke gibt es verschiedene Technologien. Am verbreitetsten ist der Ethernet-Standard, der bestimmte Kabeltypen, Stecker, Signalisierungen und Protokolle festlegt.

Zu 10) C. USB-Anschluss

Der „Universal Serial Bus" (USB) ist eine Schnittstelle, über die Geräte auch im laufenden Betrieb miteinander verbunden werden können. Über USB-Anschlüsse verfügen heute zahlreiche Geräte: darunter Drucker, Scanner, Webcams, Mäuse, Tastaturen, Festplatten und DVD-Laufwerke. Andere Möglichkeiten zum Anschluss eines Druckers bieten der Parallelport, der Netzwerkanschluss (Ether-

net) sowie die drahtlosen Schnittstellen Bluetooth, IrDA und WLAN.

Zu 11) B. wird geprägt von Interaktivität und Kooperation.

Unter dem Schlagwort „Web 2.0" – angelehnt an die Zählung von Software-Versionen – wurde ab 2003 eine neue dezentrale Internet-Architektur postuliert. Anstatt vorgegebene Inhalte passiv zu konsumieren, produzieren die Nutzer im Web 2.0 selbst Inhalte und vernetzen sich untereinander. Beispiele dafür sind Blogs, Internet-Enzyklopädien oder Social Networks.

Zu 12) Backup.

Ein Backup ist eine Datensicherung auf Medien wie DVD-ROMs, externen Festplatten oder Servern. Verloren gegangene Daten lassen sich durch Aufspielen des Backups wiederherstellen. Vor allem wichtige Informationen sollten regelmäßig gesichert werden, möglichst an anderen Orten als die Originaldaten. In Unternehmen werden die Festplatteninhalte häufig automatisch gespiegelt.

Zu 13) C. Geräte, die an ein Netzwerk angeschlossen sind.

Eine IP-Adresse ist eine Kennziffer, die es ermöglicht, jedes Gerät in einem auf Basis des Internetprotokolls

(IP) eingerichteten Netzwerk zu iden-tifizieren. Der lange Jahre vorherr-schende IPv4-Standard definiert eine IP-Adresse als 32 Bit langes Daten-wort. Es besteht in der bekanntesten Notation aus vier Zahlen zwischen 1 und 255, die durch einen Punkt ge-trennt sind. Rechnerisch lassen sich so knapp 4,3 Milliarden Adressen dar-stellen. Da dieser Vorrat in absehba-rer Zeit erschöpft sein wird, hat man mittlerweile das IPv6-Verfahren ein-geführt: Es erlaubt 128 Bit lange Ad-ressen aus Zahlen und Buchstaben.

Zu 14) D. info@ausbildungspark.com

Eine E-Mail-Adresse zum Datenver-sand per SMTP besteht aus zwei Tei-len: einem lokalen Teil vor dem @-Zeichen und einem globalen Teil (der Domain) dahinter. Bei „info@ ausbildungspark.com" ist „ausbil-dungspark.com" die Domain und „in-fo" der lokale Teil. Der lokale Teil darf aus Buchstaben, Zahlen und einigen weiteren Zeichen bestehen. Der glo-bale Teil enthält die Top-Level-Domain (in Deutschland „.de") und davor weitere Zeichen, für die je nach Top-Level-Domain verschiedene Re-geln gelten – in Deutschland müssen es 1 bis 63 Zeichen sein. Jede E-Mail-Adresse darf weltweit nur ein einzi-ges Mal vergeben werden.

Zu 15) Byte, Kilobyte, Megabyte, Gi-gabyte

Acht Bit ergeben ein Byte, 1.000 Byte ein Kilobyte, 1.000 Kilobyte ein Me-gabyte und 1.000 Megabyte ein Gi-gabyte; es folgen Terabyte, Petabyte und Exabyte. Die Einheiten sind aber (noch) nicht endgültig standardisiert; parallel zur genannten gibt es auch die binäre Zählweise: Hier entspricht ein Kilobyte $2^{10} = 1.024$ Byte, ein Gi-gabyte 1.024 Kilobyte usw. An der abgefragten Reihenfolge ändert sich dadurch nichts.

Zu 16) B. Den Abschnitt markieren, die Tastenkombination „Strg + P" drücken, den Punkt „Markierung" wählen und auf „OK" klicken

Der gewünschte Abschnitt ist per Maus oder Tastatur zu markieren. Dann öffnet man das Druckmenü, entweder über die Tastenkombinati-on „Strg + P" oder die Menüsteue-rung „Datei/Drucken", wählt den Punkt „Markierung" und bestätigt den Druckauftrag.

Zu 17) C. Geschwindigkeit des Pro-zessors

Das Kürzel GHz steht für „Gigahertz" und bezieht sich auf die Geschwin-digkeit eines Mikroprozessors, be-messen an der Taktfrequenz: Darun-ter versteht man den Rhythmus, in dem Daten im Computer verarbeitet werden – im vorliegenden Fall sind das drei Milliarden Schwingungen pro Sekunde. Die Taktfrequenzen gängiger Mikroprozessoren haben sich seit Mitte der 1980er-Jahre von einigen Megahertz (MHz) in den Gigahertz-Bereich vervielfacht.

Zu 18) A. spezielle Programme zur Systemverwaltung.

Tools sind in der IT nützliche Dienstprogramme u. a. zur Konfiguration von Hardware, zur Wartung des Systems und zur Analyse der Systemauslastung. Einige Tools gehören in der Regel zum Lieferumfang des Betriebssystems, außerdem bieten verschiedene Anbieter im Internet diverse Tools zum Herunterladen an.

Zu 19) nein

Das abgebildete Icon findet sich in der Symbolleiste vieler Softwareanwendungen und steht für „Tabelle einfügen".

Zu 20) .jpg

Dateien mit den Endungen „.exe", „.com" und „.bat" sind ausführbar: Sie können nach ihrem Aufruf als Programm starten. Eine „.jpg"-Datei ist eine Bilddatei. Oft enthalten schädliche Mails virenverseuchte Anhänge, die sich z. B. als harmlose Bilddatei

tarnen, aber anhand ihrer Namenserweiterung als ausführbare Programmdatei zu erkennen sind.

Zu 21) C. Verwendung eines bestimmten Protokolls zur Datenübertragung

Das Kürzel „http" zeigt an, dass die aufgerufene Website das „Hypertext Transfer Protocol" verwendet, einen bestimmten technischen Standard der Datenübertragung. Je nach Protokoll gelten bestimmte Normen für das Format, den Inhalt, die Bedeutung und die Reihenfolge der weiterzuleitenden Informationen.

Zu 22) D. Kopieren

Das abgebildete Icon findet sich in der Symbolleiste vieler Softwareanwendungen und steht für „kopieren".

Zu 23) A. Eine Skriptsprache zur Internetnutzung in Web-Browsern

JavaScript ist eine von Sun Microsystems und Netscape entwickelte Programmiersprache, die man besonders zur dynamischen Programmierung in Web-Browsern verwendet. Hauptsächlich wird sie clientseitig eingesetzt, d. h. um Dienstleistungen eines Servers zu nutzen. Typische Anwendungsgebiete sind Banner und Laufschriften, die Plausibilitätsprüfung von Formulareingaben, der gleichzeitige Wechsel mehrerer Frames, die dynamische Manipulation von Webseiten, das Senden und Empfangen von Daten, ohne dass der Browser die Seite neu laden muss, das sofortige Vorschlagen von Suchbegriffen und die Verschleierung von E-Mail-Adressen zur Spam-Abwehr.

Zu 24) C. Informationseinheiten zur Personalisierung von Websites

Cookies sind kleine Informationseinheiten. Sie werden von einem Server generiert und beim Besuch einer Website meist unbemerkt auf dem Computer des Benutzers abgelegt. Bei einem erneuten Aufruf kann der Server auf die gespeicherten Nutzerinformationen zurückgreifen und die Website personalisieren. Unter anderem verwenden viele E-Mail-Anbieter Cookies, um Anwendern ein schnelleres Einloggen zu ermöglichen. Ob Cookies akzeptiert werden sollen oder nicht, lässt sich üblicherweise im Browser einstellen.

Zu 25) D. Amiga

Der Commodore Amiga ist ein Heimcomputer, der in verschiedenen Modellen von Mitte der 1980er- bis in die 1990er-Jahre weit verbreitet war. C++ ist eine 1979 entwickelte Erweiterung der Programmiersprache C und unterstützt als Mehrzwecksprache mehrere Programmierparadigmen. BASIC ist eine imperative Programmiersprache, die mit Zeilennummern und Sprungbefehlen arbeitet. PASCAL ist eine als Lehrsprache entwickelte, streng strukturierte Programmiersprache, deren Nachfolgerin Turbo Pascal (Delphi) in der professionellen Programmierung sehr populär war.

Zu 26) D. mehrere Softwareanweisungen zusammenfassen.

Ein Makro bündelt mehrere Softwareanweisungen – so gehen wiederkehrende Arbeitsschritte am PC schneller von der Hand. Man kann Makros eine bestimmte Tastenkombination zuweisen.

Zu 27) A. USB-Steckplatz

Das Piktogramm kennzeichnet einen USB-Steckplatz, über den heute Computer, Digitalkameras, MP3-Player und viele andere Geräte verfügen. USB steht für „Universal Serial Bus", einen technischen Standard zur Verbindung von Geräten in der Digitaltechnik.

Zu 28) D. Ein Zwischenspeicher, durch den bereits aufgerufene Inhalte beim nächsten Aufruf schneller beschafft werden können.

Caches sind Puffer-Speicher, um bereits aufgerufene Inhalte schneller bereitzustellen. So arbeiten z. B. Internetbrowser unter Windows mit einem Cache: Besucht man eine Website erneut, bezieht der Browser die Daten nicht mehr aus dem Internet, sondern vom Cache auf der Festplatte.

Zu 29) D. Inhalte erstellt und bearbeitet.

„CMS" steht für „Content Management System", ein Programm zur Verwaltung von Text- und Multimedia-Inhalten. Es trennt zwischen Inhalt und Struktur und lässt sich daher auch ohne Programmierkenntnisse handhaben. Per CMS administriert man beispielsweise in Online-Redaktionen Texte, Bilder oder Werbebanner; so können neue Inhalte einfach in das vorhandene Layout eingepflegt werden.

Zu 30) C. greift über das Internet auf Daten und Anwendungen zu.

„Cloud Computing" (engl. „cloud" = „Wolke") steht für das Prinzip, Daten und Anwendungen in Netzstrukturen auszulagern, statt sie zentral vor Ort vorzuhalten (auf dem lokalen Rechner, im Rechenzentrum des Unternehmens). So können Nutzer ortsunabhängig via Internet auf die benötigten Dienste zugreifen. Ein weiterer Vorteil besteht in geringeren Kosten: Man zahlt nur für die tatsächliche Systemnutzung, lokale Ressourcen können eingespart werden. Kritiker bemängeln hauptsächlich die mangelnde Datensicherheit.

Medien und Popkultur *Bearbeitungszeit 15 Minuten*

Bearbeiten Sie bitte die folgenden Aufgaben, indem Sie die richtige Lösung markieren oder die Antwort in das Lösungsfeld schreiben.

1) Wie heißt dieser TV-Moderator?

_____

2) Welche der folgenden Figuren stammt nicht aus dem „Dschungelbuch"?

A. Balu
B. Mowgli
C. Dumbo
D. Kaa
E. Keine Antwort ist richtig.

3) Wann fand die erste Verleihung des Filmpreises „Oscar" statt – 1899, 1929 oder 1949?

_____

4) Welche Zeitung wird in Großbritannien herausgegeben?

A. Le Monde
B. The Times
C. The Wall Street Journal
D. De Telegraaf
E. Keine Antwort ist richtig.

5) Zur Zeichentrick-Familie „Die Simpsons" gehören Ned, Marge, Bart, Lisa und Maggie – stimmt diese Aussage?

☐ stimmt   ☐ stimmt nicht

6) Bundeskanzler Willy Brandt drückte auf der Deutschen Funk-Ausstellung 1967 auf einen kleinen roten Knopf und startete damit …?

A. das Farbfernsehen.
B. die Datenfernübertragung per Telefax.
C. den ersten deutschen TV-Satelliten.
D. den Vorläufer des Internets.
E. Keine Antwort ist richtig.

7) Wann startete der erste private TV-Sender in Deutschland den Betrieb?

A. 1950

B. 1969

C. 1984

D. 1991

E. Keine Antwort ist richtig.

8) Welches Festival gilt als ein Höhepunkt der US-amerikanischen Hippie-Bewegung?

A. Woodstock

B. Wacken Open Air

C. Love Parade

D. Hurricane Festival

E. Keine Antwort ist richtig.

9) Joanne K. Rowling wurde berühmt durch …?

A. ihre „Harry Potter"-Romane.

B. die britische Ausgabe von „Big Brother".

C. eine US-Krimiserie.

D. zahlreiche Musicalerfolge.

E. Keine Antwort ist richtig.

10) In welcher Stadt ermitteln Ivo Batic und Franz Leitmayr als Kommissare in der ARD-Krimireihe „Tatort" – in München, Münster oder Stuttgart?

11) Wie heißt diese Moderatorin?

A. Caren Miosga

B. Anne Will

C. Sandra Maischberger

D. Judith Rakers

E. Keine Antwort ist richtig.

12) In welcher fiktiven Stadt leben die Comic-Charaktere Donald und Dagobert Duck?

13) Norma Jeane Baker brachte John F. Kennedy mit „Happy Birthday, Mr. President" einst ein besonderes Ständchen zum Geburtstag. Wie lautete Bakers Künstlername?

A. Grace Kelly

B. Audrey Hepburn

C. Marilyn Monroe

D. Elizabeth Taylor

E. Keine Antwort ist richtig.

14) In welcher Stadt wird alljährlich der Deutsche Buchpreis verliehen?

_____

15) Welches Medium ist stark interaktiv?

A. Fernsehen
B. Hörfunk
C. Internet
D. Zeitung
E. Keine Antwort ist richtig.

16) Wer war kein Moderator der TV-Show „Wetten, dass …?"?

A. Thomas Gottschalk
B. Günther Jauch
C. Frank Elstner
D. Markus Lanz
E. Keine Antwort ist richtig.

17) Welcher Jamaikaner gilt als Pionier und populärster Vertreter der Reggae-Musik?

_____

18) Louis Armstrong gelangte zu Weltruhm als …?

A. erster Mensch auf dem Mond.
B. Filmstar.
C. Radrennfahrer.
D. Jazztrompeter.
E. Keine Antwort ist richtig.

19) Lennon, McCartney, Harrison und Starr waren …?

A. Mitglieder der „Beatles".
B. Torhüter des FC Liverpool.
C. britische Minister.
D. Angehörige der britischen Königsfamilie.
E. Keine Antwort ist richtig.

20) Wie heißt diese Schauspielerin?

A. Jennifer Hudson
B. Halle Berry
C. Whoopi Goldberg
D. Jada Pinkett Smith
E. Keine Antwort ist richtig.

21) Welcher Autor gilt nicht als Vertreter der „Popliteratur"?

A. Frank Schätzing
B. Rainald Goetz
C. Benjamin von Stuckrad-Barre
D. Christian Kracht
E. Keine Antwort ist richtig.

22) Wer wird nicht nur von einge-
fleischten Anhängern bis heute
als „King of Rock 'n' Roll" – oder
einfach nur „King" – verehrt?

_____

23) Eine international sehr erfolg-
reiche Buch- und Filmreihe
heißt …?

A. „Die Tribute von Panem".
B. „Ziemlich beste Freunde".
C. „Das ewige Leben".
D. „Drachenreiter".
E. Keine Antwort ist richtig.

24) Für welche Popgruppe wurde
„Waterloo" zum internationalen Durchbruch?

_____

25) Wie hieß Hape Kerkelings Best-
seller-Reisebericht von 2006?

A. Generation Golf
B. Nachtzug nach Lissabon
C. Die Vermessung der Welt
D. Ich bin dann mal weg
E. Keine Antwort ist richtig.

26) Wie heißt der berühmte Comic-
Kater mit einer Leidenschaft für
Lasagne?

_____

27) Wer schrieb den Jugendroman
„Tschick"?

A. Christine Nöstlinger
B. Gudrun Pausewang
C. Wolfgang Herrndorf
D. Max von der Grün
E. Keine Antwort ist richtig.

28) Sangen die „Bee Gees" den Ti-
telsong „Stayin' Alive" für den
Film „Saturday Night Fever"?

☐ ja   ☐ nein

29) Eine Konzertagentur arrangiert
ein „meet and greet" mit einem
Popstar. Was bedeutet das?

A. Der Popstar gibt eine Presse-
konferenz.
B. Ausgewählte Fans treffen den
Popstar persönlich.
C. Der Popstar gibt eine Auto-
grammstunde.
D. Ausgewählte Fans erhalten
Freikarten für ein Konzert.
E. Keine Antwort ist richtig.

30) Wie heißt der Frontmann der
„Rolling Stones"?

A. Mick Jagger
B. John Lennon
C. Bruce Springsteen
D. Bob Dylan
E. Keine Antwort ist richtig.

Lösungen: Medien und Popkultur

1. Stefan Raab	11. B	21. A
2. C	12. Entenhausen	22. Elvis Presley
3. 1929	13. C	23. A
4. B	14. Frankfurt am Main	24. ABBA
5. stimmt nicht	15. C	25. D
6. A	16. B	26. Garfield
7. C	17. Bob Marley	27. C
8. A	18. D	28. ja
9. A	19. A	29. B
10. München	20. B	30. A

Zu 1) Stefan Raab

Stefan Raab, geboren 1966 in Köln, ist ein deutscher TV-Moderator und -Produzent, Entertainer und Musiker. Von 1999 bis 2015 moderierte der gelernte Metzger das Late-Night-Format „TV total" auf ProSieben. Parallel dazu erfand, produzierte und moderierte er Shows wie die „Wok WM" und „Schlag den Raab". Unter Raabs Mithilfe gewann Lena Meyer-Landrut 2010 den Eurovision Song Contest. Mit Songs wie „Maschendrahtzaun" und „Wadde hadde dudde da?" feierte Raab auch eigene Hits. 2015 zog er sich aus dem TV-Geschäft zurück.

Zu 2) C. Dumbo

Dumbo, das Elefantenkind mit den großen Ohren, ist der Titelheld des 1941 erschienenen Walt-Disney-Zeichentrickfilms „Dumbo, der fliegende Elefant". Die Handlung ist entfernt angelehnt an die Geschichte des Elefantenbullen Jumbo, der im 19. Jahrhundert als „König der Elefanten" eine Attraktion in Europa und den USA war. Sein Name gilt noch heute als Synonym für Größe.

Zu 3) 1929

Die „Oscars" oder auch „Academy Awards" werden alljährlich im Frühjahr von der amerikanischen „Academy of Motion Picture Arts and Sciences" vergeben. Ins Leben gerufen, um die kriselnde US-Filmindustrie wieder populärer zu machen, fand die erste „Oscar"-Verleihung 1929 statt. 1953 wurde die Zeremonie erstmals live im TV übertragen. Mittlerweile werden Auszeichnungen in mehr als 20 Kategorien vergeben. „Klassische" Ressorts sind u. a. bester Film, beste Regie und bester Hauptdarsteller/beste Hauptdarstellerin. Auch Kostümdesign und Make-up oder (seit 2002) der beste animierte Spielfilm sind oscarwürdig.

Zu 4) B. The Times

„The Times" ist eine Londoner Tageszeitung, die erstmals 1785 erschien. Die französische Zeitung „Le Monde" wird in Paris herausgegeben, die Redaktion der US-amerikanischen Zeitung „The Wall Street Journal" ist in New York City ansässig. „De Telegraaf" heißt die auflagenstärkste niederländische Tageszeitung mit Sitz in Amsterdam.

Zu 5) stimmt nicht

„Die Simpsons" ist eine Cartoon-Serie um die Familie Simpson – dazu gehören Vater Homer, Mutter Marge und die Kinder Bart, Lisa und Maggie. Ned ist der Vorname des gottesfürchtigen Nachbarn Flanders. Erfunden wurden die Figuren vom US-amerikanischen Illustrator und Autor Matt Groening.

„Die Simpsons" zählt zu den erfolgreichsten Zeichentrickserien überhaupt; als eigenständige Serie startete sie 1989 im US-Fernsehen.

Zu 6) A. das Farbfernsehen.

Mit einem demonstrativen Knopfdruck gab Willy Brandt auf der 25. Großen Deutschen Funk-Ausstellung 1967 das Signal zur Umstellung auf das Farbfernsehen. Seitdem werden in Deutschland Fernsehsendungen in Farbe ausgestrahlt.

Zu 7) C. 1984

Am 1. Januar 1984 startete das Kabelpilotprojekt Ludwigshafen, mit dem man das Kabelfernsehen und die dadurch mögliche Sendervielfalt erproben wollte. Beteiligt waren sowohl öffentlich-rechtliche als auch private Sender, darunter die Programmgesellschaft für Kabel- und Satellitenrundfunk, die sich 1985 in Sat.1 umbenannte. Am 2. Januar 1984 ging RTLplus auf Sendung.

Zu 8) A. Woodstock

Vom 15. bis zum 18. August 1969 (offizielles Veranstaltungsende am 17. August) fand im US-Bundesstaat New York das „Woodstock Music and Art Festival" statt. 32 Solokünstler und Bands verschiedener musikalischer Genres traten auf, darunter Joe

Cocker, Janis Joplin, Jimi Hendrix und Jefferson Airplane. Die Veranstalter hatten mit rund 60.000 Besuchern gerechnet und waren auf den tatsächlichen Andrang von mehr als 400.000 Gästen nicht vorbereitet. Entsprechend schlecht waren die hygienischen Verhältnisse und die Verpflegungslage, vieles musste improvisiert werden, starke Regengüsse taten das Übrige. Gerade diese chaotischen Umstände trugen wiederum dazu bei, dass der „Mythos Woodstock" in die Geschichte einging.

Zu 9) A. ihre „Harry Potter"-Romane.

Die britische Schriftstellerin Joanne K. Rowling wurde durch ihre „Harry Potter"-Romanreihe weltbekannt. Von 1997 bis 2007 erschienen sieben Bücher der Saga um den Schüler des Zauberinternats Hogwarts; sie wurden in 73 Sprachen übersetzt, insgesamt mehr als 450 Millionen Mal verkauft und auch verfilmt.

Zu 10) München

Ivo Batic (Miroslav Nemec) und Franz Leitmayr (Udo Wachtveitl) ermitteln seit 1991 als Kriminalhauptkommissare im Münchener „Tatort", der vom Bayerischen Rundfunk verantwortet wird. Mehrere der inzwischen über 80 Episoden wurden für den Adolf-Grimme-Preis nominiert.

Zu 11) B. Anne Will

Das Foto zeigt die deutsche Fernsehjournalistin Anne Will (geboren 1966). Bekanntheit erlangte sie vor allem als Moderatorin der 2007 gestarteten und nach ihr benannten ARD-Talkshow. Will moderierte 1999 als erste Frau die ARD-„Sportschau" und war von 2001 bis 2007 Nachrichtensprecherin der „Tagesthemen".

Zu 12) Entenhausen

Entenhausen ist eine Schöpfung der Disney-Comics und die Heimat berühmter Disney-Charaktere wie Dagobert Duck, Donald Duck und seiner Neffen Tick, Trick und Track. Die deutschen Ausgaben siedeln – anders als die meisten ausländischen Fassungen – auch Micky Maus und Goofy in Entenhausen an. Um die Comics hat sich mit dem „Donaldismus" eine eigene (pseudo-)wissenschaftliche Disziplin gebildet, deren Vertreter die realen Vorbilder des Städtchens meist in Kalifornien vermuten.

Zu 13) C. Marilyn Monroe

Unter dem Künstlernamen Marilyn Monroe war Norma Jeane Baker (1926–1962) als Schauspielerin, Sängerin, Fotomodell und Sexsymbol berühmt. Zu ihren erfolgreichsten Filmen zählen „Blondinen bevorzugt"

(1953) und „Manche mögen´s heiß" (1959). Legendär ist ihr Auftritt auf der Geburtstagsfeier des US-Präsidenten John F. Kennedy 1962 im New Yorker Madison Square Garden. Monroes Konterfei floss in die Arbeiten einiger Pop-Art-Künstler ein, darunter Andy Warhol.

Zu 14) Frankfurt am Main

Der Deutsche Buchpreis gilt als höchste Auszeichnung des deutschen Literaturbetriebs und prämiert den besten deutschsprachigen Roman des Jahres. Er wird vom Börsenverein des Deutschen Buchhandels ausgerichtet und seit 2005 im Rahmen der Buchmesse in Frankfurt am Main verliehen.

Zu 15) **C.** Internet

Das Internet ist stark interaktiv; es erlaubt einen direkten Austausch zwischen mehreren Akteuren. In Foren und Blogs, auf Social-Media-Seiten oder anderen Plattformen können Nutzer nahezu in Echtzeit kommunizieren und eigene Inhalte einbringen. In Presse, Funk und Fernsehen ist das nur eingeschränkt möglich.

Zu 16) **B.** Günther Jauch

„Wetten, dass …?", eine Samstagabend-Show mit spektakulären Wetten und prominenten Gästen, lief von 1981 bis 2014 im ZDF. Moderatoren waren Frank Elstner (1981–1987), Thomas Gottschalk (1987–1992, 1994–2011), Wolfgang Lippert (1992–1993) und Markus Lanz (2012–2014). Günther Jauch hatte zwar sechs Auftritte als Wettpate, aber keinen als Gastgeber.

Zu 17) Bob Marley

Bob Marley (1945–1981) begann seine Karriere als Sänger, Gitarrist und Songschreiber in der jamaikanischen Hauptstadt Kingston. Er spielte zunächst in einer Band, ehe er als Solokünstler durchstartete. Marleys spirituell geprägten Songs transportieren die Botschaft der Rastafari-Religion, zu der er 1967 konvertierte.

Zu 18) **D.** Jazztrompeter.

Louis Armstrong (1901–1971) war ein US-amerikanischer Jazztrompeter und -sänger. Von seinen Anfängen in den 1920er-Jahren als Bandmitglied auf einem Mississippi-Ausflugsschiff stieg der in ärmlichen Verhältnissen aufgewachsene Armstrong zu einem der bedeutendsten Instrumentalsolisten des Jazz auf. Sein Stil und seine Technik beeinflussten fast alle nach ihm folgenden Jazztrompeter. Gesundheitsbedingt verlagerte sich „Satchmo" – so Armstrongs Spitzname, abgeleitet von „satchel mouth" (Slangausdruck für „großer Mund") – in den 60er-Jahren vom Trompetenspiel auf den Gesang.

Zu 19) A. Mitglieder der „Beatles".

John Lennon (Gesang + Gitarre), Paul McCartney (Gesang + Bass), George Harrison (Gesang + Leadgitarre) und Ringo Starr (Gesang + Schlagzeug) bildeten die „Beatles". Nach wechselnden Besetzungen am Schlagzeug und am Bass schaffte die britische Rockband in dieser Formation Anfang der 1960er-Jahre den Durchbruch und wurde zu einer der weltweit kommerziell erfolgreichsten Bands. Allein in Deutschland landeten die „Beatles" elf Nummer-1-Hits in den Charts. Nach internen Querelen trennte sich die Band 1970.

Zu 20) B. Halle Berry

Halle Berry, geboren 1966, ist eine US-amerikanische Schauspielerin. Sie erhielt 2002 als erste Afroamerikanerin einen „Oscar" für ihre Hauptrolle im Drama „Monster's Ball". Weitere bekannte Filme mit Berry sind „James Bond – Stirb an einem anderen Tag", die „X-Men"-Reihe und „Cloud Atlas".

Zu 21) A. Frank Schätzing

„Popliteratur" ist ein unscharfer Sammelbegriff für Literatur, die sich vor allem um alltägliche Erlebnisse des Erzählers im Spiegel des Zeitgeistes dreht. Typisch sind ein legerer Tonfall und die Nähe zur Konsumwelt. Als Popliteraten gelten u. a. Benjamin von Stuckrad-Barre, Christian Kracht und Alexa Hennig von Lange, im weiteren Dunstkreis auch Judith Hermann, Sibylle Berg und Rainald Goetz. Mitunter gebraucht man den Begriff auch abwertend für junge, oberflächliche Autoren mit Hang zur Selbstinszenierung.

Zu 22) Elvis Presley

Elvis Presley (1935–1977) zählt zu den populärsten Vertretern der Rock- und Popmusik. Über eine Milliarde verkaufte Tonträger weltweit machen ihn zum erfolgreichsten Solokünstler überhaupt.

Zu 23) A. Die Tribute von Panem

„Die Tribute von Panem" (Original: „The Hunger Games") ist ein dreiteiliger Romanzyklus der US-amerikanischen Autorin Suzanne Collins. Die Handlung spielt in einer dystopischen Zukunft, in der sich Jugendliche bei den sogenannten „Hungerspielen" als Vertreter ihrer Distrikte bis auf den Tod bekämpfen müssen. Die Kinoverfilmungen spielten zwischen 2012 und 2015 knapp drei Milliarden Dollar ein.

Zu 24) ABBA

„ABBA" war eine schwedische Popgruppe, die von 1972 bis 1982 bestand und zu den erfolgreichsten Bands der Musikgeschichte zählt. Der Startschuss ihrer internationalen Karriere fiel 1974, als sie mit dem Song „Waterloo" den „Grand Prix d'Eurovision" gewannen. „ABBA" waren bekannt für ihre ausgefallenen bunten Kostüme, die sie bei Auftritten und in Musikvideos trugen.

Zu 25) **D.** Ich bin dann mal weg

Im Jahr 2001 pilgerte der TV-Moderator und Entertainer Hans-Peter („Hape") Kerkeling auf dem Jakobsweg nach Santiago de Compostela in Spanien. Seine Erlebnisse und Betrachtungen schilderte er in dem Reisebericht „Ich bin dann mal weg", der 2006 erschien und sich mehr als vier Millionen Mal verkaufte. Eine Verfilmung kam 2015 ins Kino.

Zu 26) Garfield

Garfield ist die Hauptfigur des gleichnamigen Comic-Strips des US-amerikanischen Cartoonisten Jim Davis. Typisch für den getigerten, fettleibigen Kater sind sarkastische Kommentare zum Alltagsleben und eine Vorliebe für Lasagne. Seinen ersten Auftritt hatte Garfield 1978.

Zu 27) **C.** Wolfgang Herrndorf

Der Jugendroman „Tschick", 2010 veröffentlicht, wurde hierzulande über eine Million Mal verkauft und in mehr als 20 Sprachen übersetzt. Die Geschichte um die Abenteuer der jugendlichen Ausreißer Maik Klingenberg und Andrej „Tschick" Tschichatschow stammt aus der Feder von Wolfgang Herrndorf (1965–2013).

Zu 28) ja

Die „Bee Gees", eine britisch-australische Popgruppe um die Brüder Barry, Maurice und Robin Gibb, starteten ihre Karriere 1958 als Kinderband. In den späten 60er-Jahren feierten sie als Teenie-Stars erste Erfolge, doch kurz darauf zerfiel die Gruppe im Streit. 1975 gelang den „Bee Gees" ein furioses Comeback im Rahmen der Disco-Welle; der 1977 veröffentlichte Soundtrack zum Tanzfilm „Saturday Night Fever" machte sie zu Weltstars. 2003 starb Maurice Gibb, 2006 löste sich die Band offiziell auf.

Zu 29) **B.** Ausgewählte Fans treffen den Popstar persönlich.

Bei einem „meet and greet" treffen ausgewählte Anhänger auf eine bekannte Person oder Gruppe. Die Auswahl geschieht oft öffentlichkeitswirksam durch Gewinnspiele in den Medien. Ziel solcher Aktionen ist es, Aufmerksamkeit für Künstler, ihre Produkte und/oder Veranstaltungen zu erzeugen.

Zu 30) A. Mick Jagger

Die „Rolling Stones" mit Frontmann Mick Jagger gehören zu den langlebigsten und erfolgreichsten Rockbands der Musikgeschichte. 1962 gegründet, produzieren sie bis heute immer wieder neue Alben und gehen auf Tournee. Mick Jagger – Musiker, Sänger, Komponist und Schauspieler – wurde 2003 für seine „Verdienste um die populäre Musik" zum Ritter geschlagen und darf seitdem den Titel „Sir" tragen.

Sport

Bearbeiten Sie bitte die folgenden Aufgaben, indem Sie die richtige Lösung markieren oder die Antwort in das Lösungsfeld schreiben.

1) Welches ist das Symbol für die Olympischen Spiele?

A. Fünf Sterne
B. Sechs bunte Ringe
C. Vier farbige Kreise
D. Fünf verschlungene Ringe
E. Keine Antwort ist richtig.

2) In welcher Sportart kennt man „Asse", „Volleys" und „Returns"?

_____

3) Wie heißt dieser Fußballer?

A. Manuel Neuer
B. Bastian Schweinsteiger
C. Lukas Podolski
D. Thomas Müller
E. Keine Antwort ist richtig.

4) Snooker ist …?

A. eine Billard-Variante.
B. eine Tauchdisziplin.
C. eine Hochsprung-Technik.
D. ein Extremsport.
E. Keine Antwort ist richtig.

5) In welcher Sportart spricht man vom „Knockout"?

A. Polo
B. Boxen
C. Eishockey
D. Baseball
E. Keine Antwort ist richtig.

6) Ist das Florett ist eine Figur im Eiskunstlauf?

☐ ja   ☐ nein

7) Welcher Radprofi errang sieben Tour-de-France-Siege, verlor die Titel aber wegen Dopings?

A. Chris Froome
B. Lance Armstrong
C. Miguel Indurain
D. Jan Ullrich
E. Keine Antwort ist richtig.

8) Was sind die Paralympics?

A. Wettbewerbe im Paragliding

B. Olympische Spiele für körperlich Behinderte

C. Organisatorische Verbindungen zwischen den Nationalen Olympischen Komitees

D. Parallelveranstaltungen zu den Olympischen Spielen mit dafür nicht zugelassenen Sportarten

E. Keine Antwort ist richtig.

9) Wie heißt der Strafstoß beim Eishockey?

_____

10) Die „All Blacks" aus Neuseeland dominieren die Sportart …?

A. Futsal.

B. Cricket.

C. Baseball.

D. Rugby.

E. Keine Antwort ist richtig.

11) Aus wie vielen Feldspielern (ohne Torwart) besteht ein Handballteam?

A. 5

B. 6

C. 7

D. 8

E. Keine Antwort ist richtig.

12) Den „Birdie" kennt man …?

A. beim Surfen.

B. beim Skaten.

C. beim Turmspringen.

D. beim Golf.

E. Keine Antwort ist richtig.

13) Wie heißt dieses Sportgerät?

_____

14) Birgit Prinz ist deutsche Rekord-Nationalspielerin im …?

A. Volleyball.

B. Handball.

C. Fußball.

D. Basketball.

E. Keine Antwort ist richtig.

15) Welcher karibische Staat schickt seit 1988 Bobmannschaften zu Olympischen Winterspielen – Haiti, Kuba oder Jamaika?

_____

16) Wie nennt man eine Wettfahrt im Segeln?

A. Regatta

B. Derby

C. Turnier

D. Rallye

E. Keine Antwort ist richtig.

17) Diese Tennisspielerin heißt ...?

A. Marija Scharapowa.

B. Martina Hingis.

C. Serena Williams.

D. Kim Clijsters.

E. Keine Antwort ist richtig.

18) Mit welchem Basketball-Verein feierte Michael „Air" Jordan seine größten Erfolge in der NBA?

A. Los Angeles Lakers

B. Chicago Bulls

C. Dallas Mavericks

D. New York Knicks

E. Keine Antwort ist richtig.

19) Was ist keine Teildisziplin des olympischen Zehnkampfs der Männer?

A. Stabhochsprung

B. Dreisprung

C. Kugelstoßen

D. 100-Meter-Lauf

E. Keine Antwort ist richtig.

20) Der Schlagmann spielt eine wichtige Rolle beim ...?

A. Rudern.

B. Volleyball.

C. Boxen.

D. Hockey.

E. Keine Antwort ist richtig.

21) Wie viele Kegel (Pins) werden beim Bowling aufgestellt – 9, 10 oder 11?

_____ Pins.

22) Wann und wo fanden die ersten Olympischen Spiele der Neuzeit statt?

A. 1896 in Athen

B. 1900 in Paris

C. 1912 in Stockholm

D. 1948 in London

E. Keine Antwort ist richtig.

23) Ein Basketballmatch teilt sich in Viertel – stimmt diese Aussage?

☐ stimmt   ☐ stimmt nicht

24) Welche Disziplin ist nicht Bestandteil eines Triathlons?

A. Schwimmen
B. Laufen
C. Rudern
D. Radfahren
E. Keine Antwort ist richtig.

25) Wie lang ist die Laufstrecke eines Marathons (gerundet auf ganze Kilometer)?

Rund _____ Kilometer.

26) Wie lautet der Geburtsname von Muhammad Ali?

A. Muhammad Ali
B. George Knockton
C. Cassius Clay
D. Louis Barcley
E. Keine Antwort ist richtig.

27) In welcher Sportart bewegt man sich im Schmetterlingsstil fort?

_____

28) Als „Hattrick" bezeichnet man es, wenn ein Fußballer …?

A. ein Tor per Fallrückzieher erzielt.
B. ein Tor mit der Hacke erzielt.
C. in einem Spiel ein Tor erzielt und eine Torvorlage gibt.
D. drei Tore in einer Halbzeit erzielt.
E. Keine Antwort ist richtig.

29) Wie heißt ein deutscher Formel-1-Rekordweltmeister?

_____

30) Biathlon ist eine Kombination aus …?

A. Skilanglauf und Abfahrtslauf.
B. Skilanglauf und Schießen.
C. Skilanglauf und Skispringen.
D. Eislauf und Schießen.
E. Keine Antwort ist richtig.

Lösungen: Sport

1. D	11. B	21. 10
2. Tennis	12. D	22. A
3. B	13. Rhönrad	23. stimmt
4. A	14. C	24. C
5. B	15. Jamaika	25. 42
6. nein	16. A	26. C
7. B	17. C	27. Schwimmen
8. B	18. B	28. D
9. Penalty	19. B	29. Michael Schumacher
10. D	20. A	30. B

Zu 1) D. Fünf verschlungene Ringe

Das Symbol der Olympischen Ringe wurde im Jahre 1913 von Pierre de Coubertin entworfen. Es besteht aus fünf verschlungenen Ringen in den Farben Blau, Gelb, Schwarz, Grün und Rot vor weißem Hintergrund. Entgegen einer häufigen Fehlinterpretation hat Coubertin keinem Kontinent eine bestimmte Farbe zugeordnet: Die Ringe stehen allgemein für die Verbundenheit der Kontinente untereinander.

Zu 2) Tennis

Erreicht der Gegenspieler den Ball beim Aufschlag nicht, spricht man im Tennis von einem „Ass". Den Schlag, mit dem ein Ball nach dem Aufschlag zurückgespielt wird, nennt man „Return". Beim „Volley" wird ein Ball direkt zurückgeschlagen, ohne dass er vorher auf dem Boden aufgesprungen ist.

Zu 3) B. Bastian Schweinsteiger

Bastian Schweinsteiger, geboren 1984, ist ein ehemaliger deutscher Fußball-Nationalspieler. Von 2002 bis 2015 stand er im Profi-Kader des FC Bayern München und gewann acht Deutsche Meisterschaften und einmal die UEFA Champions League. Beim WM-Sieg der deutschen Nationalmannschaft 2014 in Brasilien führte er das Team als Kapitän an.

Zu 4) A. eine Billard-Variante.

Beim Snooker versenkt man 15 rote und sechs andersfarbige Kugeln in die Taschen eines Snookertisches. Der Tisch ist größer als beim herkömmlichen Billard, die Queues sind etwas leichter, kürzer und dünner.

Zu 5) B. Boxen

Zum Knockout (K. o.) kommt es im Boxen dann, wenn ein Boxer nach einem Niederschlag nicht binnen zehn Sekunden wieder kampfbereit ist.

Zu 6) nein

Das Florett ist eine Stichwaffe im Fechtsport. Ihren Namen – vom französischen „fleuret" („Knospe") – verdankt sie dem knospenähnlichen Spitzenschutz am Ende der 90 Zentimeter langen Klinge. Außer dem Florett nutzt man zum Fechten auch Degen und Säbel.

Zu 7) B. Lance Armstrong

Der US-Amerikaner Lance Armstrong, geboren 1971, gewann von 1999 bis 2005 siebenmal in Folge die Tour de France. 2012 – ein Jahr nach dem Ende seiner Profikarriere – wurden ihm die Titel vom Internationalen Radsportverband UCI rückwirkend aberkannt. Grund war die Einnahme von Dopingmitteln, darunter Epo, Testosteron und Kortison.

Zu 8) B. Olympische Spiele für körperlich Behinderte

Die Paralympics (auch „Paralympische Spiele") sind Olympische Spiele für Sportler mit körperlicher Behinderung. Sie sind seit 1992 organisatorisch mit den Olympischen Spielen verknüpft und finden in der Regel drei Wochen nach deren Ende statt.

Zu 9) Penalty

Ein Eishockey-Team erhält einen Penalty zugesprochen, wenn ein eigener Spieler gefoult wird, der alleine auf den gegnerischen Tormann zufährt und keinen Verteidiger mehr umfahren muss. Der gefoulte Spieler fährt beim Penalty alleine von der Mittellinie auf den gegnerischen Tormann zu, um einen Treffer zu erzielen. Um Spiele zu entscheiden, bei denen nach Ablauf der regulären Spielzeit Gleichstand herrscht, werden Penalty-Schießen veranstaltet.

Zu 10) D. Rugby.

Wegen der vollständig schwarzen Spielkleidung nennt man das neuseeländische Nationalteam in der populärsten Rugby-Variante „Union Rugby" auch „All Blacks". Bekannt sind die „All Blacks" auch für ihren „Haka", einen Ritualtanz der Māori-Ureinwohner, den sie vor Spielbeginn aufführen.

Zu 11) B. 6

Beim Handball stehen jedem Team ein Torwart und sechs Feldspieler zur Verfügung. Die Positionen verteilen sich auf Rückraumspieler, Flügelspieler und Kreisläufer.

Zu 12) D. beim Golf.

Der „Birdie" bezeichnet im Golfsport das Einlochen des Balles mit einem Schlag „unter par", d. h. einem Schlag weniger, als ein sehr guter Spieler im Schnitt brauchen würde, um am betreffenden Loch einzulochen.

Zu 13) Rhönrad

Das Rhönrad besteht aus zwei stählernen Reifen und sechs Verbindungssprossen. Während das Rad über den Boden rollt, führen Turner darin verschiedene Übungen auf. Der Erfinder des Rhönrads, Otto Feick, ließ das Gerät 1926 in der bayerischen Rhön patentieren – daher der Name.

Zu 14) C. Fußball.

Birgit Prinz, geboren 1977, spielte 214-mal für die deutsche Frauen-Fußballnationalelf und erzielte 128 Tore. In ihrer Karriere sammelte sie zwei Weltmeistertitel, fünf Europameistertitel, neun deutsche Meisterschaften und zehn deutsche Pokalsiege. Sie wurde achtmal zu Deutschlands Fußballerin des Jahres gewählt und dreimal zur Weltfußballerin des Jahres.

Zu 15) Jamaika

Jamaika qualifizierte sich 1988 erstmals mit einem Viererbob für die Olympischen Winterspiele im kanadischen Calgary. Seither nahmen Jamaika-Bobs wiederholt an den Winterspielen teil.

Zu 16) A. Regatta

Eine Wettfahrt zu Wasser nennt man Regatta. Eine Rallye ist eine Wettfahrt im Automobilsport, ein Derby ist ein Wettkampf zwischen zwei rivalisierenden Vereinen einer Region.

Zu 17) C. Serena Williams.

Die US-Amerikanerin Serena Williams, geboren 1981, zählt zu den erfolgreichsten Tennisspielerinnen aller Zeiten. Neben Steffi Graf ist sie die einzige, der es zweimal gelang, alle vier Grand-Slam-Turniere in einem Jahr zu gewinnen. Insgesamt errang Williams über 20 Grand-Slam-Titel und 2012 olympisches Gold im Einzel. Im Doppel mit ihrer Schwester Venus holte sie 14 Grand-Slam-Titel und drei olympische Goldmedaillen.

Zu 18) B. Chicago Bulls

Der US-Basketballspieler Michael Jeffrey „Air" Jordan, geboren 1963, spielte von 1984 bis 1993 und 1995 bis 1998 für die Chicago Bulls und wurde mit ihnen sechsmal Meister der nordamerikanischen Profiliga NBA („National Basketball Association"). Ab 2001 lief er für die Washington Wizards auf, ehe er 2003 seine Karriere endgültig beendete.

Zu 19) B. Dreisprung

Seit 1912 umfasst der olympische Zehnkampf die Disziplinen 100-Meter-Lauf, Weitsprung, Kugelstoßen, Hochsprung, 400-Meter-Lauf, 110-Meter-Hürden-Lauf, Diskuswerfen, Stabhochsprung, Speerwerfen und 1.500-Meter-Lauf. Der Dreisprung kommt bei den Olympischen Spielen nur als Einzeldisziplin vor.

Zu 20) A. Rudern.

Der Schlagmann steuert beim Rudern die Geschwindigkeit und sorgt für ein gleichmäßiges Vorankommen: Er gibt vom Heck des Bootes aus die Schlagfrequenz vor – also den Takt, in dem die Ruderer ihre Ruderblätter ins Wasser setzen.

Zu 21) _10_ Pins.

Beim Bowling werden zehn „Pins" genannte Kegel aufgestellt. Beim Kegeln sind es neun.

Zu 22) A. 1896 in Athen

Die Olympischen Spiele der Antike hatte der christliche Kaiser Theodosius I. des Römischen Reiches im Jahre 393 wegen der Verehrung heidnischer Götter verboten. Die ersten Olympischen Sommerspiele der Neuzeit fanden 1896 in Athen statt. Sie brachten kaum sportliche Spitzenleistungen, selbst für damalige Verhältnisse. Dennoch galten sie als großer Erfolg, was maßgeblich zu ihrer dauerhaften Etablierung beitrug.

Zu 23) stimmt

Ein reguläres Basketballmatch geht über vier Viertel mit einer Spielzeit von jeweils zehn (europäische Profiregeln) bzw. zwölf Minuten (nordamerikanische Regeln).

Zu 24) C. Rudern

Ein Triathlon besteht aus Schwimmen, Radfahren und Laufen (in dieser Reihenfolge). Inzwischen gibt es mehrere Triathlon-Varianten mit unterschiedlichen Distanzen. Die ursprüngliche Form, die auch beim bekannten Ironman auf Hawaii gilt, sieht Folgendes vor: 3,86 km Schwimmen, 180 km Radfahren und 42,195 km (Marathondistanz) Laufen.

Zu 25) Rund _42_ Kilometer.

Eine Marathondistanz beträgt exakt 42,195 Kilometer. Diese Strecke wurde erstmals bei den Olympischen Spielen 1908 in London absolviert und 1921 vom Leichtathletik-Weltverband IAAF verbindlich festgelegt.

Zu 26) **C.** Cassius Clay

Muhammad Ali (1942–2016) wurde als Cassius Clay in Louisville (Kentucky) geboren. Er änderte seinen Namen 1964 nach seinem Beitritt zur Nation of Islam, einer religiös-politischen Organisation schwarzer US-Amerikaner. Sein politisches Engagement machte ihn zu einer Symbolfigur der afroamerikanischen Emanzipation. Ali kritisierte den Vietnamkrieg und verweigerte den Wehrdienst, woraufhin ihm 1967 der drei Jahre zuvor errungene Weltmeistertitel aberkannt wurde. Erst 1970 durfte er wieder in den Ring steigen; 1974 wurde er erneut Weltmeister.

Zu 27) Schwimmen

Beim Schmetterlingsstil führt ein Schwimmer beide Arme in einer S-förmigen Bewegung gleichzeitig unter Wasser nach hinten („Schlüssellochzug") und anschließend über den Kopf nach vorne. Während jedes Armzugs werden zwei Beinschläge ausgeführt.

Zu 28) **D.** drei Tore in einer Halbzeit erzielt.

Ein Spieler schafft einen Hattrick, wenn er in einer Halbzeit dreimal nacheinander trifft. Man spricht dabei oft von einem „lupenreinen Hattrick", da manche es auch dann als Hattrick werten, wenn sich die Tore auf beide Halbzeiten eines Spiels verteilen.

Zu 29) Michael Schumacher

Die erfolgreichsten Formel-1-Fahrer aller Zeiten sind mit jeweils sieben WM-Titeln Michael Schumacher (1994, 1995, 2000–2004) und Lewis Hamilton (2008, 2014, 2015, 2017–2020). Auf Platz 3 der ewigen Bestenliste liegt der fünffache Weltmeister Juan Manuel Fangio (1951, 1954–57).

Zu 30) **B.** Skilanglauf und Schießen.

Biathlon ist eine Kombination aus Skilanglauf und Schießen: Nach bestimmten Laufdistanzen müssen dabei an den Schießständen Treffer gelandet werden. Bei Fehlschüssen wird entweder nachgeladen und nochmals geschossen, oder es drohen gleich Strafrunden. Die „Nordische Kombination" aus Skilanglauf und Skispringen ist ebenfalls eine bekannte Wintersportart.

Piktogramme   *Bearbeitungszeit 15 Minuten*

Bearbeiten Sie bitte die folgenden Aufgaben, indem Sie die richtige Lösung markieren oder die Antwort in das Lösungsfeld schreiben.

1) Was bedeutet dieses Symbol?

A. Gerät anschließen
B. Installieren
C. Ein-/Ausschalten, Standby
D. Speichern
E. Keine Antwort ist richtig.

2) Was zeigt dieses Zeichen an?

Ein _____-Signal.

3) Wovor warnt dieses Zeichen?

A. Radioaktivität
B. Turbine in Betrieb
C. Keine Atemluft
D. Lärmquelle
E. Keine Antwort ist richtig.

4) Steht dieses Zeichen für Un-endlichkeit?

☐ ja   ☐ nein

5) Wofür steht dieses Zeichen?

A. Kippgefahr
B. Grüner Punkt
C. Rein pflanzliches Produkt
D. Bio-Lebensmittel
E. Keine Antwort ist richtig.

6) Was bedeutet dieses Piktogramm?

A. Gepäckwaage
B. Duty-free-Zone
C. Kofferwagen
D. Reisebüro
E. Keine Antwort ist richtig.

7) Was bedeutet dieses Piktogramm?

A. Verdünnungsverhältnis 40:60
B. 40 % Schrumpfung bei Warm-wäsche
C. Mit 60 Umdrehungen/Minute schleudern
D. Bei 60 Grad waschen
E. Keine Antwort ist richtig.

8) Was bedeutet dieses Piktogramm?

A. Smile
B. Vorigen Wert abziehen
C. Operation bestätigen
D. Absatz einfügen
E. Keine Antwort ist richtig.

9) Warnt dieses Zeichen vor einer grellen Lichtquelle?

☐ ja ☐ nein

10) Was bedeutet dieses Piktogramm?

A. Feuergefährlicher Stoff
B. Lagerfeuer gestattet
C. Offene Feuer verboten
D. Waldbrandgefahr
E. Keine Antwort ist richtig.

11) Gegenstände mit diesem Zei-chen sind …?

_____.

12) Wofür steht dieses Symbol?

A. Weiblichkeit
B. Starre Achse
C. Ladezone
D. Elektrische Beleuchtung
E. Keine Antwort ist richtig.

13) Dieses Piktogramm steht bei Kraftfahrzeugen für …?

A. das Fernlicht.
B. die Nebelscheinwerfer.
C. das Warnblinklicht.
D. das Standlicht.
E. Keine Antwort ist richtig.

14) Was bedeutet dieses Piktogramm?

A. Zutritt verboten
B. Faulgase
C. Giftiger Stoff
D. Hochspannung
E. Keine Antwort ist richtig.

15) Was bedeutet dieses Piktogramm?

A. Verkehrsberuhigte Zone
B. Sitzgelegenheit
C. Behindertengerecht
D. Wartebereich
E. Keine Antwort ist richtig.

16) Was bedeutet dieses Piktogramm?

A. Campingplatz
B. Lagerfeuer erlaubt
C. Bergwanderweg der Kategorie C
D. Grillgelände
E. Keine Antwort ist richtig.

17) Folgt man diesem Schild, gelangt man zu einem …?

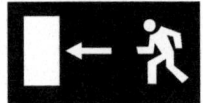

_____.

18) Ein Stoff mit diesem Zeichen ist …?

A. entzündlich.
B. radioaktiv.
C. magnetisch.
D. explosionsgefährlich.
E. Keine Antwort ist richtig.

19) Was bedeutet dieses Piktogramm?

A. Schwankender Untergrund
B. Ungesicherter Übergang
C. Rutschgefahr
D. Steiler Anstieg
E. Keine Antwort ist richtig.

20) Was bedeutet dieses Piktogramm?

A. Gehörschutz
B. Notruftelefon
C. Hilfe für Gehörlose
D. Lärmquelle
E. Keine Antwort ist richtig.

21) Was bedeutet dieses Piktogramm?

A. Unisex-Toilette
B. Toilette oben/unten
C. Personenaufzug
D. Lastenaufzug
E. Keine Antwort ist richtig.

22) Wovor warnt dieses Zeichen?

A. Starker Magnetismus
B. Implosionsgefahr
C. Lärmquelle
D. Biologische Gefährdung
E. Keine Antwort ist richtig.

23) Wofür steht dieses Symbol?

A. Medizinische Einrichtung
B. Flussdurchbruch
C. Umleitung
D. Hochgebirgspfad
E. Keine Antwort ist richtig.

24) Was bedeutet dieses Piktogramm?

A. Erste Hilfe
B. Christliche Seelsorge
C. Sammelplatz für Notfälle
D. Krankenhaus
E. Keine Antwort ist richtig.

25) Was bedeutet dieses Piktogramm?

A. Schutzerdung
B. Funkmast
C. Öffentlicher Brunnen
D. UV-Strahlung
E. Keine Antwort ist richtig.

26) Dieses Zeichen steht für einen ...?

_____ .

27) Was bedeutet dieses Piktogramm?

A. Starker Wellengang
B. Mikrowellenherd
C. Temperaturschwankungen
D. Nebelgefahr
E. Keine Antwort ist richtig.

28) Was bedeutet dieses Piktogramm?

A. Allergiegefahr
B. Giftige Dämpfe
C. Steckdose
D. Kabelanschluss
E. Keine Antwort ist richtig.

29) Was bedeutet dieses Piktogramm?

A. Reizender Stoff
B. Erste Hilfe
C. Entzündlicher Stoff
D. Nicht öffnen
E. Keine Antwort ist richtig.

30) Bedeutet dieses Piktogramm „Durchgang für Unbefugte verboten"?

☐ ja   ☐ nein

Lösungen: Piktogramme

1. C	11. zerbrechlich	21. C
2. WLAN	12. A	22. D
3. A	13. B	23. A
4. ja	14. C	24. A
5. B	15. C	25. A
6. C	16. A	26. Feuerlöscher
7. D	17. Notausgang	27. B
8. A	18. D	28. C
9. nein	19. C	29. A
10. A	20. B	30. ja

Zu 1) C. Ein-/Ausschalten, Standby

Dieses Symbol findet sich auf vielen mechanischen Schaltern, Tasten oder grafischen Benutzeroberflächen. Durch Aktivierung wird das entsprechende Gerät ein- und ausgeschaltet bzw. in den Standby-Modus versetzt.

Zu 2) Ein _WLAN_-Signal.

Dieses Zeichen steht für ein WLAN-Signal, ein kabelloses lokales Netzwerk (engl. „Wireless Local Area Network").

Zu 3) A. Radioaktivität

Dieses Warnzeichen warnt vor radioaktiver Strahlung. Warnzeichen kennzeichnen Hindernisse und Gefahrstellen; ihr Aussehen und ihre Anbringung werden in Deutschland durch die Unfallverhütungsvorschrift der Berufsgenossenschaften geregelt.

Zu 4) ja

Die liegende Acht ist seit dem 17. Jahrhundert als mathematisches Symbol für Unendlichkeit bekannt.

Zu 5) B. Grüner Punkt

Der Grüne Punkt steht für das verbreitetste deutsche Mülltrennungssystem. Produkte mit diesem Zeichen – z. B. Verpackungen und Flaschen – werden nicht einfach entsorgt, sondern sollen speziell aufbereitet und danach wieder in den Handel gebracht werden.

Zu 6) C. Kofferwagen

Dieses Piktogramm symbolisiert einen beladenen Kofferwagen. An Flughäfen, Bahnhöfen und ähnlichen Einrichtungen zeigt es an, wo sich Kofferservices oder Wagen zum Gepäcktransport befinden.

Zu 7) D. Bei 60 Grad waschen

Dieses Piktogramm zeigt ein Waschbecken mit der Zahl 60. Es findet sich vor allem auf Waschhinweisen von Textilien und besagt, dass die optimale Waschtemperatur des Kleidungsstücks bei 60 Grad liegt.

Zu 8) A. Smile

Dieses Piktogramm ist ein sogenanntes „Emoticon". Das Kunstwort aus „Emotion" und „Icon" (engl. „Bild") steht für Symbole, die in der digitalen Kommunikation z. B. via E-Mail Gefühle ausdrücken. Im vorliegenden Fall handelt es sich um ein „Smiley", d. h. ein durch Zeichenfolgen nachgebildetes Gesicht, das mit einem Lächeln Freude ausdrückt.

Zu 9) nein

Dieses Warnzeichen warnt vor gefährlicher elektrischer Spannung.

Zu 10) A. Feuergefährlicher Stoff

Dieses Gefahrstoffsymbol bildet eine Flamme ab und kennzeichnet feuergefährliche, leicht- oder hochent-

zündliche Stoffe. Die Kennzeichnung von Gefahrstoffen wird in Deutschland durch die Gefahrstoffverordnung geregelt und ist mittlerweile europaweit standardisiert.

Zu 11) zerbrechlich.

Dieses Piktogramm symbolisiert ein zerbrochenes Glas. Es kennzeichnet Güter, die besonders zerbrechlich sind und daher vorsichtig gehandhabt werden sollten.

Zu 12) A. Weiblichkeit

Dieses Piktogramm symbolisiert den Handspiegel der römischen Göttin Venus und steht allgemein für Weiblichkeit.

Zu 13) B. die Nebelscheinwerfer.

Dieses Piktogramm kennzeichnet in Kraftfahrzeugen die Kontrollleuchte für die Nebelscheinwerfer.

Zu 14) C. Giftiger Stoff

Dieses Gefahrstoffsymbol mit einem Totenkopf weist auf giftige oder sehr giftige Stoffe hin, die nicht mit dem Körper in Kontakt kommen dürfen.

Zu 15) C. Behindertengerecht

Dieses Piktogramm zeigt einen Menschen im Rollstuhl und kennzeichnet behindertengerechte bzw. für Behinderte vorgesehene Einrichtungen (z. B. Behindertenparkplätze).

Zu 16) A. Campingplatz

Dieses Piktogramm symbolisiert ein Zelt in einem großen „C" und kennzeichnet einen Campingplatz.

Zu 17) Notausgang.

Dieses Schild ist ein Rettungszeichen mit einem symbolisierten Menschen, der sich in Pfeilrichtung auf eine Tür zubewegt. Es zeigt an, wo der nächste Notausgang liegt, durch den im Unglücksfall ein Fluchtweg verläuft. Rettungszeichen richten sich nach der Unfallverhütungsvorschrift der Berufsgenossenschaften.

Zu 18) D. explosionsgefährlich.

Dieses Gefahrstoffsymbol kennzeichnet explosionsgefährliche Stoffe, die besonders vorsichtig gehandhabt werden müssen.

Zu 19) C. Rutschgefahr

Dieses Warnzeichen warnt vor Rutschgefahr.

Zu 20) B. Notruftelefon

Dieses Rettungszeichen markiert den Standort eines Notruftelefons.

Zu 21) C. Personenaufzug

Dieses Piktogramm weist auf einen Personenaufzug hin.

Zu 22) D. Biologische Gefährdung

Dieses Warnzeichen warnt vor einer Gefährdung durch biologische Stoffe.

Zu 23) A. Medizinische Einrichtung

Die Abbildung zeigt einen Äskulapstab, benannt nach Äskulap, dem griechischen Gott der Heilkunst. Der schlangenumwundene Stab ist ein Erkennungssymbol medizinischer und pharmazeutischer Berufe.

Zu 24) A. Erste Hilfe

Dieses Rettungszeichen markiert den Standort eines Erste-Hilfe-Kastens bzw. einer anderen Station zur Versorgung im Rahmen der Ersten Hilfe.

Zu 25) A. Schutzerdung

Dieses Symbol kennzeichnet eine Schutzerdung, eine leitfähige Verbindung mit dem elektrischen Potenzial des Erdbodens, die unerwünschte Ströme ableitet und dadurch Menschen, Geräte und Gebäude schützt.

Zu 26) Feuerlöscher.

Dieses Brandschutzzeichen markiert den Standort eines Feuerlöschers. Brandschutzzeichen richten sich in Deutschland nach der Verordnung für Brandschutz und Gefahrenzeichen.

Zu 27) B. Mikrowellenherd

Dieses Piktogramm ist ein elektrisches Schaltzeichen und steht für einen Mikrowellenherd.

Zu 28) C. Steckdose

Dieses Piktogramm symbolisiert die Anschlüsse einer Steckdose und weist auf einen Stromanschluss hin.

Zu 29) A. Reizender Stoff

Dieses Gefahrstoffsymbol kennzeichnet gesundheitsschädliche reizende Stoffe, mit denen ein Kontakt vermieden werden sollte.

Zu 30) ja

Dieses Verbotszeichen verbietet Unbefugten den Zutritt auf das gekennzeichnete Areal. Verbotszeichen richten sich in Deutschland nach der Unfallverhütungsvorschrift der Berufsgenossenschaften.

Mathematik *Bearbeitungszeit 15 Minuten*

Bearbeiten Sie bitte die folgenden Aufgaben, indem Sie die richtige Lösung markieren oder die Antwort in das Lösungsfeld schreiben.

1) Natürliche Zahlen größer 1, die nur durch sich selbst und die Zahl 1 ohne Rest teilbar sind, nennt man …?

_____ .

2) Bei der Multiplikation gilt: Faktor mal Faktor gleich …?

A. Term.

B. Produkt.

C. Summe.

D. Quotient.

E. Keine Antwort ist richtig.

3) Wie schreibt man den Bruch ¾ als Prozentzahl?

_____

4) Welches Gesetz beschreibt keine elementare Grundregel der Mathematik?

A. Assoziativgesetz

B. Abstraktivgesetz

C. Kommutativgesetz

D. Distributivgesetz

E. Keine Antwort ist richtig.

5) Im abgebildeten Kreis steht M für den Mittelpunkt und r für …?

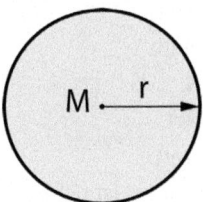

_____ .

6) Welches mathematische Ressort beschäftigt sich mit Zufallsereignissen?

A. Die Algebra

B. Die Geometrie

C. Die Analysis

D. Die Stochastik

E. Keine Antwort ist richtig.

7) Welcher geometrischen Form entspricht eine handelsübliche Konservendose?

A. Prisma

B. Pyramide

C. Zylinder

D. Kegel

E. Keine Antwort ist richtig.

8) Die Zahl −0,5 ist eine …?

A. rationale Zahl.

B. irrationale Zahl.

C. ganze Zahl.

D. natürliche Zahl.

E. Keine Antwort ist richtig.

9) Der Median ist ein …?

A. Höchstwert.

B. Nullwert.

C. Mittelwert.

D. Wurzelwert.

E. Keine Antwort ist richtig.

10) Wie lautet der Satz des Pythagoras?

_____

11) Wie lautet die 2. binomische Formel? Bitte ergänzen Sie die Rechenzeichen:

$(a \_\_ b)^2 = a^2 \_\_ 2ab \_\_ b^2$

12) Den abgebildeten Typ eines Vierecks nennt man …?

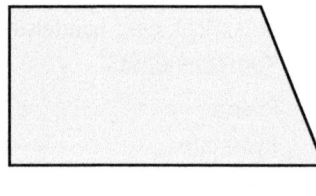

_____

13) Wie teilt man zwei Brüche?

A. Indem man Nenner durch Nenner und Zähler durch Zähler teilt

B. Indem man Nenner mit Nenner multipliziert und Zähler durch Zähler teilt

C. Indem man Nenner durch Nenner teilt und Zähler mit Zähler multipliziert

D. Indem man mit dem Kehrwert multipliziert

E. Keine Antwort ist richtig.

14) Welche Punkte kennt die Mathematik nicht?

A. Nullstellen

B. Tiefpunkte

C. Angelpunkte

D. Scheitelpunkte

E. Keine Antwort ist richtig.

15) Die Fibonacci-Folge, eine bekannte Zahlenreihe, ist nach einem bestimmten Prinzip aufgebaut und beginnt mit: 0, 1, 1, 2, 3, 5, …?

A. 7, 11, 13, …

B. 8, 13, 21, …

C. 3, 2, 1, …

D. 5, 7, 11, …

E. Keine Antwort ist richtig.

16) Eine natürliche Zahl ist durch 3 teilbar, …?

A. wenn sie mit einer geraden Ziffer endet.

B. wenn sie mit der Ziffer 3 endet.

C. wenn sie mit einer ungeraden Zahl endet.

D. wenn ihre Quersumme durch 3 teilbar ist.

E. Keine Antwort ist richtig.

17) Welches Element ist kein Bestandteil einer Division?

A. Quotient

B. Dividend

C. Subtrahend

D. Divisor

E. Keine Antwort ist richtig.

18) Die Kreiszahl π beginnt mit 2,141 – stimmt diese Aussage?

☐ stimmt   ☐ stimmt nicht

19) Welche mathematische Spezialdisziplin beschäftigt sich mit dem „Gefangenendilemma"?

A. Die Stochastik

B. Die Analysis

C. Die Trigonometrie

D. Die Spieltheorie

E. Keine Antwort ist richtig.

20) Wer einen Logarithmus berechnet, der bestimmt …?

A. die Basis zu einer Potenz.

B. die Basis zu einem Exponenten.

C. den Exponenten zu einer Basis.

D. die Potenz zu einem Exponenten.

E. Keine Antwort ist richtig.

21) Die eingezeichneten Geraden EC und HF sind …?

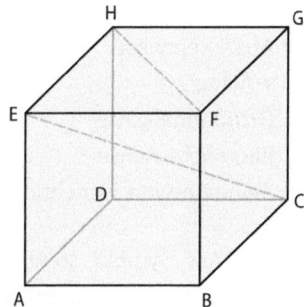

A. Sekanten.

B. Passanten.

C. Katheten.

D. Diagonalen.

E. Keine Antwort ist richtig.

22) Eine Gerade, die einen Kreis in einem einzigen Punkt berührt, nennt man …?

_____ .

23) Was kann man mithilfe der p-q-Formel machen?

A. Wurzeln negativer Zahlen ziehen

B. Das Würfelvolumen berechnen

C. Quadratische Gleichungen lösen

D. Kreisumfänge bestimmen

E. Keine Antwort ist richtig.

24) Welche Achse gibt es in einem Koordinatensystem nicht?

A. Abszissenachse

B. y-Achse

C. Orthogonalachse

D. Räumliche Achse

E. Keine Antwort ist richtig.

25) Welches Symbol steht in der Wahrscheinlichkeitsrechnung für den Ergebnisraum – Δ (Delta), Ω (Omega) oder β (Beta)?

_____

26) Flächeninhalte unter kurvigen Funktionsgraphen bestimmt man mit …?

A. der Integralrechnung.

B. dem Goldenen Schnitt.

C. der Laplace-Formel.

D. einem Polygonzug.

E. Keine Antwort ist richtig.

27) Was ist kein Element einer Wurzelgleichung?

A. Radikand

B. Wurzelbasis

C. Wurzelexponent

D. Wurzelnenner

E. Keine Antwort ist richtig.

28) Wie lautet das römische Zahlzeichen für die Zahl 4?

_____

29) Gibt es bei einem Zufallsereignis genau zwei mögliche Ausgänge, spricht man in der Wahrscheinlichkeitsrechnung von einer …?

A. Bernoulli-Verteilung.

B. Amalfi-Lösung.

C. Baresi-Dualität.

D. Pavese-Aufteilung.

E. Keine Antwort ist richtig.

30) Welches Objekt des linearen Raums wird als Pfeil dargestellt?

A. Vektor

B. Skalar

C. Intervall

D. Integral

E. Keine Antwort ist richtig.

Lösungen: Mathematik

1. Primzahlen	11. $(a-b)^2 = a^2 - 2ab + b^2$	21. D
2. B	12. Trapez	22. Tangente
3. 75 %	13. D	23. C
4. B	14. C	24. C
5. den Radius	15. B	25. Ω (Omega)
6. D	16. D	26. A
7. C	17. C	27. D
8. A	18. stimmt nicht	28. IV
9. C	19. D	29. A
10. $a^2 + b^2 = c^2$	20. C	30. A

Zu 1) Primzahlen.

Primzahlen sind natürliche Zahlen größer 1, die nur durch sich selbst und die Zahl 1 geteilt werden können, um eine ganze Zahl ohne Rest zu erhalten.

Zu 2) B. Produkt.

Das Ergebnis einer Multiplikation heißt Produkt, das Ergebnis einer Addition Summe, das Ergebnis einer Division Quotient. Als „Terme" bezeichnet man alle möglichen mathematischen Ausdrücke.

Zu 3) 75 %

Prozentangaben drücken Mengenverhältnisse aus: ½ ist gleich 50 %, ¼ gleich 25 % und ¾ gleich 75 %.

Zu 4) B. Abstraktivgesetz

Das Assoziativgesetz besagt, dass in einem Summen- oder Produktterm die einzelnen Faktoren bzw. Summanden beliebig in Klammern gefasst werden können. Es gilt:

$(a + b) + c = a + (b + c)$

$(a \times b) \times c = a \times (b \times c)$

Laut dem Distributivgesetz kann man eine Summe mit einem Faktor multiplizieren, indem man jeden Summanden einzeln mit dem Faktor multipliziert und die Produkte addiert:

$(a + b) \times c = a \times c + b \times c$

Nach dem Kommutativgesetz kann man die Elemente eines Summen- oder Produktterms vertauschen, ohne das Ergebnis zu ändern:

$a + b = b + a$

$a \times b = b \times a$

Zu 5) den Radius.

Den Abstand zwischen dem Kreismittelpunkt und der Kreislinie bezeichnet man als Radius. Er entspricht der Hälfte des Durchmessers. Einen Radius haben im weiteren Sinne alle geometrischen Objekte mit kreisförmigem Querschnitt oder kreisförmiger Grundfläche.

Zu 6) D. Die Stochastik

Von Zufall spricht man, wenn ein Ereignis nicht kausal begründet oder hergeleitet werden kann. Die Stochastik – Oberkategorie der Statistik und Wahrscheinlichkeitsrechnung – untersucht u. a., wie sich Zufallsereignisse quantitativ erfassen oder auch künstlich erzeugen lassen.

Zu 7) C. Zylinder

Eine Konservendose besteht aus einem Mantel und zwei kreisförmigen, parallelen Flächen (Grund- und Deckfläche). In der Geometrie heißen solche Körper Zylinder. Ein Prisma besitzt zwei parallele Vielecke als Grund- und Deckfläche, ein Kegel verfügt über eine kreisförmige Grundfläche und eine Spitze, eine Pyramide hat eine mehreckige Grundfläche und eine Spitze.

Zu 8) A. rationale Zahl.

Die Zahl –0,5 gehört zur Menge der rationalen Zahlen, die sich als Bruch zweier ganzer Zahlen darstellen lassen. Zahlen, bei denen dies nicht funktioniert, sind irrational. Natürliche Zahlen sind alle positiven bzw. nichtnegativen ganzen Zahlen.

Zu 9) C. Mittelwert.

Der Median, eine statistische Kennzahl, ist derjenige Wert, der sich in einer größensortierten Zahlenliste exakt in der Mitte befindet: Es liegen also genauso viele Werte darüber wie darunter – nicht zu verwechseln mit dem Durchschnitt. Ein Beispiel: In der Reihe 1, 4, 10 ist der Median 4 und der Durchschnitt 5 $((1 + 4 + 10) \div 3)$.

Zu 10) $a^2 + b^2 = c^2$

Der Satz des Pythagoras ist ein Grundsatz der Geometrie. Demnach gilt: In einem rechtwinkligen Dreieck entspricht die Summe der Kathetenquadrate $(a^2 + b^2)$ dem Quadrat der Hypotenuse c, die dem rechten Winkel gegenüberliegt.

Zu 11) $(a - b)^2 = a^2 - 2ab + b^2$

Die binomischen Formeln:

1. $(a + b)^2 = a^2 + 2ab + b^2$

2. $(a - b)^2 = a^2 - 2ab + b^2$

3. $(a + b) \times (a - b) = a^2 - b^2$

Zu 12) Trapez.

Ein Trapez ist in ein Viereck mit zwei parallelen, unterschiedlich langen Grundseiten und zwei angrenzenden, nicht parallelen Schenkeln.

Zu 13) D. Indem man mit dem Kehrwert multipliziert

Man dividiert durch einen Bruch, indem man mit dem Kehrwert des Bruches multipliziert. Die Division gründet also auf einer Multiplikation.

Zu 14) C. Angelpunkte

Die Vorschläge A, B und D bezeichnen im mathematischen Teilgebiet der Analysis verschiedene Abschnitte eines Funktionsgraphen: nämlich seine niedrigsten Punkte (Tiefpunkte), seine Schnittpunkte mit der y-Achse (Nullstellen) sowie seine Hoch- und Tiefpunkte (Scheitelpunkte). Angelpunkte hingegen kennt man in der Mechanik: So heißen feststehende Punkte, um die sich ein Körper unter Krafteinwirkung drehen kann.

Zu 15) B. 8, 13, 21, …

Namensgeber der Fibonacci-Folge ist der italienische Mathematiker Leonardo Fibonnacci (1170–1240), der damit das Wachstum einer Kaninchenpopulation berechnete. Jedes Glied dieser unendlichen Reihe berechnet sich, indem man jeweils die beiden vorangegangenen Zahlen addiert: $0 + 1 = 1$, $1 + 1 = 2$, $1 + 2 = 3$, $2 + 3 = 5$, $3 + 5 = 8$ usw.

Zu 16) D. wenn ihre Quersumme durch 3 teilbar ist.

Ist die Quersumme einer Zahl durch 3 teilbar, so ist auch die Zahl selbst durch 3 teilbar. Die Quersumme wird üblicherweise aus der Summe der Ziffernwerte einer natürlichen Zahl gebildet. Die Quersumme aus 123 z. B. lautet: $1 + 2 + 3 = 6$.

Zu 17) C. Subtrahend

Bei einer Division teilt man einen Dividenden durch einen Divisor, das Ergebnis heißt Quotient: Dividend ÷ Divisor = Quotient. Ein Subtrahend ist Element einer Subtraktion: Minuend – Subtrahend = Differenz.

Zu 18) stimmt nicht

Die Kreiszahl π (Pi) bezeichnet das Verhältnis des Kreisumfangs zu seinem Durchmesser. Sie hat unendlich viele Dezimalstellen und beginnt mit 3,141.

Zu 19) D. Die Spieltheorie

Die Spieltheorie erforscht rationales Entscheidungsverhalten und modelliert dazu Entscheidungssituationen mit mehreren Beteiligten. Beim „Gefangenendilemma" werden zwei Gefangene einer gemeinsamen Tat beschuldigt und stehen getrennt voneinander vor der Wahl, zu schweigen oder auszusagen. Abhängig von den Entscheidungen beider fallen ihre Haftstrafen kürzer oder länger aus. Das Dilemma besteht in der unbekannten Reaktion des Komplizen: Gesteht er oder schweigt er?

Zu 20) C. den Exponenten zu einer Basis.

Das Logarithmieren ist eine Umkehr des Potenzierens: Man berechnet, welcher Exponent mit einer bekannten Basis zu einem bekannten Ergebnis führt. Bei der Gleichung $2^x = 8$ erhält man den Logarithmus $x = \log_2 8 = 3$, sprich: Der Logarithmus von 8 zur Basis 2 ist 3.

Zu 21) D. Diagonalen.

In der ebenen Geometrie ist eine Diagonale definiert als Gerade, die zwei nicht benachbarte Ecken eines Vielecks miteinander verbindet (z. B. H und F). In der Raumgeometrie sind Diagonalen Verbindungsstrecken zwischen zwei Ecken eines Körpers, die nicht in derselben Ebene liegen (z. B. E und C).

Zu 22) Tangente.

Eine Tangente ist eine Gerade, die eine Kurve oder einen Kreis in einem einzigen Punkt berührt. Durch-

schneidet die Gerade den Kreis, heißt sie Sekante, berührt sie ihn überhaupt nicht, nennt man sie Passante. Parallelen sind Geraden, die in derselben Ebene liegen und sich in keinem Punkt schneiden, Katheten sind die beiden kürzeren Seiten eines rechtwinkligen Dreiecks.

Zu 23) C. Quadratische Gleichungen lösen

Mit der p-q-Formel kann man quadratische Gleichungen lösen, die in der Normalform vorliegen ($x^2 + px + q = 0$).

Zu 24) C. Orthogonalachse

Zweidimensionale kartesische Koordinatensysteme haben standardmäßig zwei Achsen: die vertikale y-Achse (Hochachse, Ordinatenachse) und die horizontale x-Achse (Rechtsachse, Abszissenachse). Im dreidimensionalen Raum kommt die z-Achse (räumliche Achse, Applikate) hinzu. Eine Orthogonalachse gibt es nicht.

Zu 25) Ω (Omega)

Der Ergebnisraum – auch Ergebnismenge, Resultatenmenge, Omegamenge oder Stichprobenraum – ist die Menge aller möglichen Ergebnisse eines Zufallsexperiments, gekennzeichnet mit dem griechischen Buchstaben Ω (Omega). Ein Beispiel: Beim einmaligen Wurf eines Spielwürfels ist $\Omega = \{1,2,3,4,5,6\}$.

Zu 26) A. der Integralrechnung.

Die Integralrechnung nutzt man zum einen, um Stammfunktionen zu einer gegebenen Funktion zu ermitteln (unbestimmte Integrale). Zum anderen berechnet man damit Inhalte von Flächen, die in einem zweidimensionalen Koordinatensystem von einem (krummlinigen) Funktionsgraphen, der x-Achse und begrenzenden Parallelen zur y-Achse umrissen werden (bestimmte Integrale). Die Integralrechnung ist eng verwandt mit der Differentialrechnung, die sich mit der Ableitung von Funktionen beschäftigt. Beide zusammen bilden den Bereich der Infinitesimalrechnung.

Zu 27) D. Wurzelnenner

Die Begriffe „Radikand" und „Wurzelbasis" meinen dasselbe, nämlich den „in der Wurzel" stehenden Ausdruck. Der Wurzelexponent zeigt an, die wievielte Wurzel gezogen wurde – bei einer zweiten Wurzel (Quadratwurzel) ist sein Wert zwei. Einen Wurzelnenner gibt es nicht.

Zu 28) IV

Das Zahlensystem des antiken Römischen Reichs kennt die Zahlzeichen I (1), V (5), X (10), L (50), C (100) und M (1.000). Durch ihre addierende Aneinanderreihung kann man beliebige Zahlen bilden (z. B. MMI = 2.001). Im vorliegenden Fall ist allerdings die Subtraktionsregel anzuwenden: eine verkürzende Schreibweise, die verhindert, dass vier gleiche Zahlzeichen direkt aufeinanderfolgen. Indem man also dem nächsthöheren Zahlzeichen V (5) eine I (1) voranstellt, ergibt sich V – I = IV (5 – 1 = 4). Für die Null gibt es übrigens kein Zeichen.

Zu 29) A. Bernoulli-Verteilung.

Eine Bernoulli-Verteilung, nach dem Schweizer Mathematiker und Physiker Jakob Bernoulli (1655–1705), liegt dann vor, wenn ein zufälliges Ereignis genau zwei mögliche Ausgänge haben kann, wie bei einem Münzwurf. Die Ergebnisse sind in diesem Fall Bernoulli-verteilt.

Zu 30) A. Vektor

Lineare Räume (Vektorräume) stehen im Zentrum der linearen Algebra. Die pfeilförmig dargestellten Vektoren besitzen eine Länge und eine Richtung; sie können mit anderen Vektoren addiert und mit Zahlenwerten (Skalaren) multipliziert werden.

Physik und Astronomie

Bearbeitungszeit 15 Minuten

Bearbeiten Sie bitte die folgenden Aufgaben, indem Sie die richtige Lösung markieren oder die Antwort in das Lösungsfeld schreiben.

1) Ein Festkörper sinkt in einer Flüssigkeit, wenn …?

A. seine Gewichtskraft größer ist als jene der verdrängten Flüssigkeit.

B. seine Gewichtskraft kleiner ist als jene der verdrängten Flüssigkeit.

C. Flüssigkeit und Festkörper die gleiche Dichte haben.

D. die Gewichtskraft der Flüssigkeit höher ist als die Auftriebskraft des Festkörpers.

E. Keine Antwort ist richtig.

2) Das Produkt aus Kraft (F) und Weg (s) ergibt die physikalische Größe …?

_____ .

3) Bei welcher Temperatur liegt der absolute Nullpunkt?

A. Bei etwa 0 °C

B. Bei etwa −100 °C

C. Bei etwa −273 °C

D. Bei etwa −299 °C

E. Keine Antwort ist richtig.

4) Was ist ein Elektron?

A. Ein chemisches Element

B. Ein elektrisch geladenes Proton

C. Ein elektrisch geladenes Neutron

D. Ein negativ geladenes Elementarteilchen

E. Keine Antwort ist richtig.

5) Jeder der Würfel besteht aus einem anderen Material, doch alle haben die gleiche Masse. Welche Aussage über ihre Dichte ist richtig?

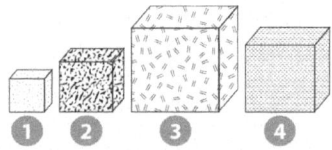

A. Würfel 3 hat die größte Dichte.

B. Alle Würfel haben die gleiche Dichte.

C. Würfel 1 hat die größte Dichte.

D. Ohne weitere Angaben lässt sich dazu nichts sagen.

E. Keine Antwort ist richtig.

6) Beim Hebelgesetz gilt: Kraft mal Kraftarm gleich …?

A. Kraftarm minus Lastarm.

B. Last minus Lastarm.

C. Last durch Lastarm.

D. Last mal Lastarm.

E. Keine Antwort ist richtig.

7) Der Schall pflanzt sich bei Zimmertemperatur mit rund 1.200 km/h fort – stimmt diese Aussage?

☐ stimmt ☐ stimmt nicht

8) Eine Kugel rollt einen gekrümmten Abhang hinunter. Wie verhalten sich ihre Beschleunigung und ihre Geschwindigkeit dabei?

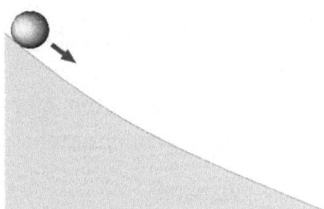

A. Die Geschwindigkeit nimmt ab, die Beschleunigung nimmt zu.

B. Die Geschwindigkeit nimmt zu, die Beschleunigung nimmt ab.

C. Geschwindigkeit und Beschleunigung nehmen zu.

D. Geschwindigkeit und Beschleunigung nehmen ab.

E. Keine Antwort ist richtig.

9) Wie heißt die Galaxie, in der sich unser Sonnensystem befindet?

A. Andromeda

B. Milchstraße

C. Magellansche Wolke

D. Orion-Nebel

E. Keine Antwort ist richtig.

10) Auf welche Formel bringt das Ohmsche Gesetz die Beziehung zwischen Spannung (U), Stromstärke (I) und Widerstand (R)?

$U = $ _____

11) 1 Newton ist die Kraft, die benötigt wird, um …?

A. einen ruhenden Körper der Masse 1 kg innerhalb 1 Sekunde auf 1 m Höhe anzuheben.

B. einen ruhenden Körper der Masse 10 kg auf eine Geschwindigkeit von 9,81 m/s zu beschleunigen.

C. einen ruhenden Körper der Masse 1 kg innerhalb 1 Sekunde auf 10 m Höhe anzuheben.

D. einen ruhenden Körper der Masse 1 kg innerhalb 1 Sekunde auf eine Geschwindigkeit von 1 m/s zu beschleunigen.

E. Keine Antwort ist richtig.

12) Das Licht einer Glühlampe fällt durch eine Sammellinse auf eine Leinwand. Welches Lichtbündel kommt zuerst an?

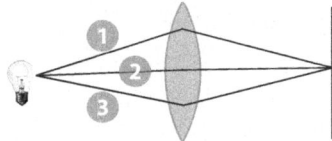

A. Lichtbündel 3 kommt zuerst an.
B. Die Lichtbündel 1 und 3 kommen zuerst an.
C. Lichtbündel 2 kommt zuerst an.
D. Alle Lichtbündel kommen gleichzeitig an.
E. Keine Antwort ist richtig.

13) Was misst man in Lichtjahren?

A. Zeiträume
B. Strahlungsintensitäten
C. Streckenlängen
D. Helligkeiten
E. Keine Antwort ist richtig.

14) Gravitation ist …?

A. die gegenseitige Abstoßung von Massen.
B. die Trägheit von Massen.
C. die gegenseitige Anziehung von Massen.
D. die Fallbeschleunigung von Massen.
E. Keine Antwort ist richtig.

15) Ein Schwarzes Loch ist …?

A. masselos.
B. unsichtbar.
C. strahlend hell.
D. transparent.
E. Keine Antwort ist richtig.

16) Wie nennt man eine Flüssigkeit, die Strom leitet – Elektrode, Elektrolyt oder Elektrolyse?

_____

17) Ein Atom, das mehr oder weniger Elektronen als Protonen besitzt, nennt man …?

A. Quark.
B. Ion.
C. Neutrino.
D. Quant.
E. Keine Antwort ist richtig.

18) Wie viele Planeten gibt es in unserem Sonnensystem?

___ Planeten.

19) Wozu verwendet man in der Optik Prismen?

A. Lichtfilterung
B. Umwandlung von Licht in Wärme
C. Verstärkung der Leuchtkraft
D. Lichtbrechung
E. Keine Antwort ist richtig.

20) Mit welchem Bauelement kann man elektrische Ladung gut speichern?

A. Mit einem Widerstand

B. Mit einem Isolator

C. Mit einer Spule

D. Mit einem Kondensator

E. Keine Antwort ist richtig.

21) Worauf beziehen sich die Kepler-Gesetze?

A. Fallverhalten von Festkörpern

B. Lichtbrechung in Flüssigkeiten

C. Erhitzung bodennaher Luftschichten

D. Bewegungen idealer Himmelskörper

E. Keine Antwort ist richtig.

22) Welche physikalische Größe gibt man in der Einheit Hertz an?

_____

23) Welche Angabe bezieht sich auf einen elektrischen Widerstand?

A. $3\,\Sigma$

B. 0,5 A

C. 13 V

D. 150 Ω

E. Keine Antwort ist richtig.

24) „Hale-Bopp" heißt …?

A. ein Mond des Jupiter.

B. eine Raumstation.

C. ein Komet.

D. ein Weltraumteleskop.

E. Keine Antwort ist richtig.

25) Wie heißt diese Figur am Sternenhimmel?

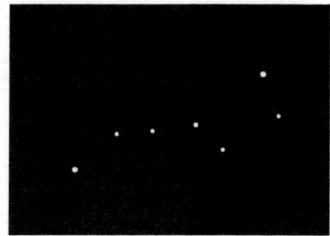

A. Kleiner Wagen

B. Großer Wagen

C. Löwe

D. Pegasus

E. Keine Antwort ist richtig.

26) Eine bereits rotglühende Eisenstange wird weiter erhitzt. Was geschieht?

A. Die Eisenstange glüht orange.

B. Die Eisenstange glüht grünlich.

C. Die Eisenstange bleibt rotglühend.

D. Die Eisenstange glüht unmittelbar danach blau.

E. Keine Antwort ist richtig.

27) An einem Schwingungsdiagramm lässt sich ablesen, wie hoch die Frequenz eines Tons ist, d. h. wie oft sich eine (Schall-)Schwingung pro Zeiteinheit wiederholt. Hohe Frequenzen bedeuten dabei hohe Töne. Welche der folgenden drei Töne sind gleich hoch?

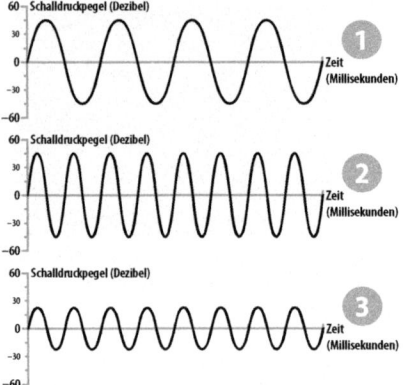

29) Welches grundlegende physikalische Postulat lässt sich aus dem ersten Hauptsatz der Thermodynamik ableiten?

A. Die Energie in geschlossenen Systemen wird immer weniger.

B. In einem geschlossenen System nimmt die Energie stetig zu.

C. Energie kann in einem geschlossenen System nicht vernichtet, sondern nur umgewandelt werden.

D. Die Gesamtenergie nimmt ab, je wärmer es im System ist.

E. Keine Antwort ist richtig.

30) Der astronomische Fachbegriff für „Umlaufbahn" lautet „Ekliptik". Stimmt diese Aussage?

☐ stimmt ☐ stimmt nicht

28) Die „Perseiden" sind …?

A. ein Sternbild des Südhimmels.

B. ein Meteorschauer.

C. ein Galaxienhaufen.

D. ein Gebirgszug auf dem Mars.

E. Keine Antwort ist richtig.

Lösungen: Physik und Astronomie

1. A	11. D	21. D
2. Arbeit (W)	12. D	22. Frequenz
3. C	13. C	23. D
4. D	14. C	24. C
5. C	15. B	25. B
6. D	16. Elektrolyt	26. A
7. stimmt	17. B	27. Ton 2 und Ton 3
8. B	18. 8	28. B
9. B	19. D	29. C
10. U = R × I	20. D	30. stimmt nicht

Zu 1) A. seine Gewichtskraft größer ist als jene der verdrängten Flüssigkeit.

Ein Festkörper sinkt dann in einer Flüssigkeit, wenn seine Gewichtskraft höher ist als die Gewichtskraft der von ihm verdrängten Flüssigkeit.

Zu 2) Arbeit (W).

In der Physik ist Arbeit definiert als das Produkt aus Kraft und Weg:

Arbeit (W) = Kraft (F) × Weg (s)

Die Einheit der Arbeit heißt Joule, nach dem britischen Physiker James Prescott Joule (1818–1889).

Zu 3) C. Bei etwa −273 °C

Der absolute Nullpunkt ist die theoretisch tiefste mögliche Temperatur, definiert als 0 Kelvin, das entspricht −273,15 Grad Celsius. Nach dem dritten Hauptsatz der Thermodynamik kann der absolute Nullpunkt niemals erreicht werden. Allerdings lassen sich Temperaturen erzeugen, die ihm beliebig nahe kommen. Wissenschaftler konnten kleine Proben bereits bis auf wenige milliardstel Kelvin über dem absoluten Nullpunkt abkühlen.

Zu 4) D. Ein negativ geladenes Elementarteilchen

Das Elektron ist ein negativ geladenes Elementarteilchen mit dem Symbol e⁻. In den bisher möglichen Experimenten zeigen Elektronen keine innere Struktur und können insofern als punktförmig angenommen werden. Die experimentelle Obergrenze für die Größe des Elektrons liegt derzeit bei etwa 10^{-19} m. In Atomen und Ionen bilden Elektronen die Elektronenhülle.

Zu 5) C. Würfel 1 hat die größte Dichte.

Um die Dichte ρ eines Körpers zu berechnen, teilt man seine Masse m durch sein Volumen V: $ρ = m/V$. Da alle skizzierten Würfel die gleiche Masse, aber offensichtlich unterschiedliche Rauminhalte haben, müssen sich ihre Dichten unterscheiden: je kleiner das Volumen bei gleichbleibender Masse, desto höher die Dichte. Die größte Dichte hat demnach der Körper mit dem kleinsten Volumen, also Würfel 1.

Zu 6) D. Last mal Lastarm.

„Kraft mal Kraftarm gleich Last mal Lastarm", so lautet die Merkformel für das Hebelgesetz. Das bedeutet: Wenn eine Kraft über den Kraftarm eines Hebels angreift, kann damit eine Last bewegt werden, die am Lastarm des Hebels mit einer bestimmten Gewichtskraft anliegt. Dabei werden nur die (Gewichts-)Kräfte berücksichtigt, die in einem 90-Grad-Winkel zum Hebel angreifen. Bei entsprechendem Verhältnis von Kraft- und Lastarm – langer Kraftarm, kurzer Lastarm – kann man mit geringem Kraftaufwand große Kraftwirkungen erzielen.

Zu 7) stimmt

Die Schallgeschwindigkeit beträgt bei 20 °C etwa 1.235 km/h (343 Meter pro Sekunde). Je wärmer die Luft, desto schneller der Schall: Bei –25 °C beispielsweise erreicht er rund 1.138 km/h, bei +35 °C über 1.267 km/h. In der Luftfahrt bezeichnet man dieses Tempo auch als „Mach 1"; wer diese Schallmauer durchbricht, bewegt sich mit Überschallgeschwindigkeit.

Zu 8) B. Die Geschwindigkeit nimmt zu, die Beschleunigung nimmt ab.

Die Geschwindigkeit der Kugel nimmt zu, solange sie abwärts rollt – also während des gesamten Zeitraums. Ihre Beschleunigung (die Veränderung der Geschwindigkeit in einem bestimmten Zeitraum) nimmt dagegen ab: Im steilsten Gefälle des Abhangs, unmittelbar nach dem Start, nimmt die Geschwindigkeit der Kugel am schnellsten zu, sie wird hier also am stärksten beschleunigt. Je flacher der Abhang, desto schwächer die Beschleunigung.

Zu 9) B. Milchstraße

Unser Sonnensystem liegt in der Milchstraße. Sie beheimatet etwa 100 bis 130 Milliarden Sterne und hat einen Durchmesser von 100.000 bis 120.000 Lichtjahren. Ihren Namen verdankt sie dem Umstand, dass sie sich wie ein weißes, milchiges Band über den Nachthimmel zieht. Strukturell zählt die Milchstraße zu den Balkenspiralgalaxien: Ihre Sterne bilden eine Balkenform, an deren Enden Spiralarme ansetzen.

Zu 10) U = $\underline{R \times I}$

Laut dem Ohmschen Gesetz ist die elektrische Spannung proportional zur Stromstärke (I) und zum Widerstand (R).

Zu 11) D. einen ruhenden Körper der Masse 1 kg innerhalb 1 Sekunde auf eine Geschwindigkeit von 1 m/s zu beschleunigen.

Ein Newton ist definiert als die Kraft, die benötigt wird, um einen Körper der Masse 1 kg innerhalb 1 Sekunde auf eine Geschwindigkeit von 1 m/s zu beschleunigen:

$$1N = 1\frac{kg \times m}{s^2}$$

Zu 12) D. Alle Lichtbündel kommen gleichzeitig an.

Alle Lichtbündel erreichen die Leinwand gleichzeitig. Zwar legen die Bündel 1 und 3 einen etwas längeren Weg zurück, aber dafür müssen sie die konvexe (nach außen gewölbte) Linse nicht in ihrer vollen Breite durchqueren. Da das Licht im Glas langsamer vorankommt als in der Luft, wird der Streckenunterschied wieder ausgeglichen.

Zu 13) C. Streckenlängen

Das Lichtjahr ist ein astronomisches Längenmaß: Es bezeichnet die Strecke, die das Licht innerhalb eines Jahres zurücklegt – das sind ungefähr 9,5 Billionen Kilometer.

Zu 14) C. die gegenseitige Anziehung von Massen.

Mit dem Gravitationsgesetz formulierte Isaac Newton (1643–1727) im Jahr 1687 einen grundlegenden Zusammenhang der klassischen Physik: Massen üben aufeinander eine Anziehung aus – bedingt durch die Gravitationskraft (Schwerkraft, Massenanziehung). Diese hat eine unbegrenzte Reichweite, nimmt aber mit steigender Entfernung ab.

Zu 15) B. unsichtbar.

Schwarze Löcher sind astronomische Objekte mit extrem starker Massenanziehung (Gravitation). Da sie Licht und Materie vollständig absorbieren, kann man sie nicht sehen. Nach der Allgemeinen Relativitätstheorie entstehen Schwarze Löcher durch extreme Verformungen der Raumzeit.

Zu 16) Elektrolyt

Elektroden sind elektrisch leitfähige Bauteile. Die Elektrolyse ist ein chemischer Prozess, bei dem es zu einer Redoxreaktion in einer leitenden Flüssigkeit kommt – diese wiederum bezeichnet man als Elektrolyt.

Zu 17) B. Ion.

Ionen sind Atome, die mehr oder weniger positiv geladene Elementarteilchen (Protonen) besitzen als negativ geladene (Elektronen). Je nachdem, ob mehr Protonen oder mehr Elektronen vorhanden sind, handelt es sich um positive oder negative Ionen.

Zu 18) __8__ Planeten.

Um das Zentralgestirn unseres Sonnensystems kreisen neben der Erde sieben weitere Planeten: Merkur, Venus, Mars, Jupiter, Saturn, Uranus und Neptun. Pluto zählte bis 2006 als neunter Planet dazu, verlor diesen Status jedoch nach einem Beschluss der Internationalen Astronomischen Union, u. a. wegen seiner geringen Größe und seiner stark elliptischen, geneigten Umlaufbahn. Heute gilt Pluto als Zwergplanet.

Zu 19) D. Lichtbrechung

In der Optik dient ein Prisma dazu, das Licht zu brechen. Weißes Licht (Sonnenlicht) wird dabei in sein Farbspektrum aufgespalten.

Zu 20) D. Mit einem Kondensator

Zur Speicherung elektrischer Ladung verwendet man Kondensatoren: Bauelemente aus zwei elektrisch leitenden Platten (Elektroden) mit einem Dielektrikum – einem isolierenden Stoff wie Luft oder Keramik – dazwischen.

Zu 21) D. Bewegungen idealer Himmelskörper

Johannes Kepler (1571–1639) entdeckte bei der Analyse der Marsbewegung Hinweise auf grundlegende Gesetzmäßigkeiten:

1. Keplersches Gesetz: Stehen zwei Körper durch Gravitation in Wechselwirkung, bewegen sie sich auf ellipsenförmigen Bahnen, in deren Brennpunkt der Schwerpunkt des Systems liegt.

2. Keplersches Gesetz: Der Fahrstrahl eines Körpers überstreicht in gleichen Zeiten gleiche Flächen.

3. Keplersches Gesetz: Die Quadrate der Umlaufzeiten der Körper verhalten sich wie die dritten Potenzen der

großen Halbachsen der Umlaufbahnen.

Zu 22) Die Frequenz

In Hertz – nach dem deutschen Physiker Heinrich Hertz (1857–1894) – gibt man die physikalische Größe Frequenz an. Ein Hertz entspricht einer Schwingung pro Sekunde. Die Kapazität wird in Coulomb (C), die Induktivität in Henry (I) beziffert. Die Relativität ist keine klassifizierte physikalische Größe.

Zu 23) D. 150 Ω

Die Einheit des elektrischen Widerstands ist das Ohm, abgekürzt durch den griechischen Buchstaben Ω (Omega). „A" steht für „Ampere", die Einheit der Stromstärke, und „V" für „Volt", die Einheit der Spannung. Das griechische Σ (Epsilon) ist das mathematische Summenzeichen.

Zu 24) C. ein Komet.

Im Juli 1995 entdeckten Alan Hale und Thomas Bopp unabhängig voneinander einen Kometen, der später ihren Namen erhielt. Hale-Bopp, auch bekannt als „Großer Komet von 1997", war seinerzeit rund 18 Monate lang mit bloßem Auge von der Erde aus sichtbar und einer der hellsten Kometen für Jahrzehnte.

Zu 25) B. Großer Wagen

Es handelt sich um die wahrscheinlich bekannteste Sternenformation des Nordhimmels: um den „Großen Wagen", Teil des Sternbilds „Großer Bär" (lat. „Ursa major"). Der Große Wagen besteht aus sieben hellen Sternen, die von Europa aus ganzjährig die Nacht hindurch sichtbar sind. Verlängert man seine hintere Kante um das Fünffache, erhält man die ungefähre Position des Polarsterns.

Zu 26) A. Die Eisenstange glüht orange.

Die Verteilung der Wärmestrahlung im Lichtspektrum hängt ab von der Temperatur des jeweiligen Körpers. Mit zunehmender Hitze verschiebt sich das Maximum der Spektralverteilung hin zu kurzwelligen Bereichen. Eisen ist ab einer Temperatur von etwa 850 Kelvin rotglühend, erhitzt man es weiter, glüht es erst orange, dann weiß, dann blau.

Zu 27) Ton 2 und Ton 3

Die Tonhöhe hängt von der Schwingungsfrequenz ab, die in Hertz gemessen wird: Bei einem Hertz findet eine vollkommene Schwingung in einer Sekunde statt, eine Zwei-Hertz-Schwingung schwingt pro Sekunde zweimal auf und ab usw. Das menschliche Gehör nimmt Töne von ungefähr 16 bis 20.000 Hertz wahr. Die Stärke des Ausschlags nach oben und unten nennt man „Amplitude" – sie gibt keinen Aufschluss über die Höhe des Tons, sondern nur über seine Lautstärke. Die Töne 1 und 2 sind also lediglich gleich laut, eine gleiche Tonhöhe beschreiben die Diagramme 2 und 3.

Zu 28) B. ein Meteorschauer.

Die Perseiden sind ein Meteorschauer, dessen Ursprung für irdische Beobachter im Sternbild Perseus zu liegen scheint. Man sieht sie jährlich um den 12. August herum, wenn die Erde die Bahn des Kometen Swift-Tuttle kreuzt. Die von ihm hinterlassenen Partikel treffen dann mit hoher Geschwindigkeit auf die Atmosphäre und verglühen. Pro Stunde wurden bereits über 200 solcher Perseiden-Sternschnuppen gezählt.

Zu 29) C. Energie kann in einem geschlossenen System nicht vernichtet, sondern nur umgewandelt werden.

Der erste Hauptsatz der Thermodynamik fußt auf dem Energieerhaltungssatz: Demnach kann Energie nicht vernichtet, sondern nur von einer Form in andere Formen umgewandelt werden.

Zu 30) stimmt nicht

„Ekliptik" nennt man die Ebene, in der die Umlaufbahn der Erde um die Sonne liegt. Der Fachausdruck für „Umlaufbahn" ist „Orbit".

Biologie und Chemie   *Bearbeitungszeit 15 Minuten*

Bearbeiten Sie bitte die folgenden Aufgaben, indem Sie die richtige Lösung markieren oder die Antwort in das Lösungsfeld schreiben.

1) Die Chemie kennt über 100 Elemente – stimmt diese Aussage?

☐ stimmt   ☐ stimmt nicht

2) Wie heißt das abgebildete Biomolekül – Insulin, Glutamat oder DNA?

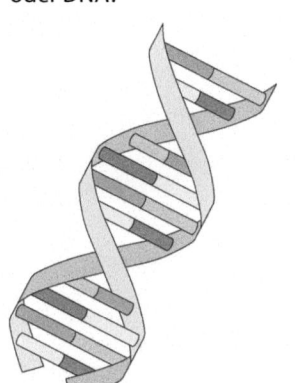

3) Welches Element steht im Zentrum der organischen Chemie?

A. Sauerstoff
B. Magnesium
C. Kalzium
D. Kohlenstoff
E. Keine Antwort ist richtig.

4) Bitte ordnen Sie folgende Tiere aufsteigend nach der Anzahl ihrer Beine: Hund, Spinne, Biene, Vogel.

5) Bei welchem Stoff handelt es sich um eine chemische Verbindung?

A. Wasserstoff
B. Kohlendioxid
C. Kohlenstoff
D. atomarer Sauerstoff
E. Keine Antwort ist richtig.

6) Die Atemorgane der Fische heißen …?

7) Die Vereinigung mehrerer Elemente nennt der Chemiker …?

A. Analyse.
B. Synthese.
C. Diffusion.
D. Oxidation.
E. Keine Antwort ist richtig.

8) In der klassischen biologischen Systematik folgt auf Reich, Abteilung, Stamm ...?

A. die Art.

B. die Gattung.

C. die Klasse.

D. die Einheit.

E. Keine Antwort ist richtig.

9) Welches chemische Element hat die Abkürzung „He"?

10) Als der härteste natürliche Stoff gilt ...?

A. Diamant.

B. Quarz.

C. Gold.

D. Titan.

E. Keine Antwort ist richtig.

11) Besitzt der Mensch genau 21 Chromosomenpaare?

☐ ja   ☐ nein

12) Wofür ist die Pupille zuständig?

A. Kontrolle der Bildschärfe

B. Anpassung an Lichtverhältnisse

C. Nährstoffversorgung des Auges

D. Übermittlung von Nervenreizen

E. Keine Antwort ist richtig.

13) Wie nennt man Stoffe, die das Nährstoffangebot einer Pflanze ergänzen?

A. Substrate

B. Dünger

C. Herbizide

D. Pestizide

E. Keine Antwort ist richtig.

14) Wie heißt das abgebildete Laborgefäß?

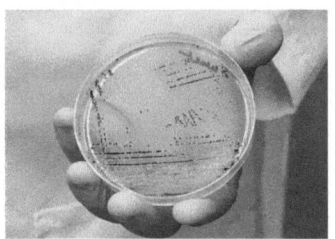

15) Ein Molekül ...?

A. besteht aus mindestens zwei Atomen.

B. ist der kleinste Baustein eines Elements.

C. besteht immer aus mehreren Elementen.

D. ist das gleiche wie ein Atom.

E. Keine Antwort ist richtig.

16) Aus Wasser und Kohlendioxid entsteht bei der Fotosynthese Glucose und …?

_____ .

17) Welche Affengattung ist in genetischer Hinsicht der nächste Verwandte des Menschen?

A. Gorilla
B. Pavian
C. Orang-Utan
D. Schimpanse
E. Keine Antwort ist richtig.

18) Welchen Rohstoff braucht man zur Herstellung eines Behälters wie auf dem Foto?

A. Steinsalz
B. Erz
C. Erdgas
D. Erdöl
E. Keine Antwort ist richtig.

19) Was ist eine Emulsion?

A. Eine besonders kratzfeste Beschichtung
B. Ein ätzendes Reinigungsmittel
C. Ein Gemisch zweier Flüssigkeiten
D. Eine explosive Lösung
E. Keine Antwort ist richtig.

20) Welches Element zählt nicht zur Gruppe der Edelgase – Neon, Brom oder Krypton?

_____

21) Welche Faktoren entscheiden über den Aggregatzustand, in dem ein Stoff vorliegt?

A. Druck und Bewegung
B. Bewegung und Magnetismus
C. Magnetismus und Temperatur
D. Temperatur und Druck
E. Keine Antwort ist richtig.

22) Welcher Teil der Zelle schützt sie vor ihrer Umgebung?

A. Mitochondrien
B. Zellmembran
C. Ribosomen
D. Zellkern
E. Keine Antwort ist richtig.

23) Welches Tier durchläuft keine Metamorphose – der Schmetterling, das Krokodil oder der Frosch?

24) Charles Darwin erkannte zwei wesentliche Triebkräfte der Evolution in den Mechanismen der Variation und …?

A. pathologischen Kollektion.
B. organischen Modulation.
C. natürlichen Selektion.
D. künstlichen Rezession.
E. Keine Antwort ist richtig.

25) Ist Ethanol ein weit verbreitetes Düngemittel?

☐ ja   ☐ nein

26) Wie orientieren sich Fledermäuse in der Dunkelheit?

A. Mit sehr lichtempfindlichen Augen
B. Mit einem Schallortungssystem
C. Über ihren Geruchssinn
D. Sie „speichern" die bei Tag erkundete Umgebung in ihrem fotografischen Gedächtnis.
E. Keine Antwort ist richtig.

27) Welcher Teil des menschlichen Gehirns heißt auch „Angstzentrum" oder „Mandelkern"?

A. Das Großhirn
B. Das Stammhirn
C. Die Amygdala
D. Der Hypothalamus
E. Keine Antwort ist richtig.

28) Sarin ist ein synthetischer Süßstoff – stimmt diese Aussage?

☐ stimmt   ☐ stimmt nicht

29) Die pharmazeutische Industrie nutzt Acetylsalicylsäure als Wirkstoff für …?

A. Schlafmittel.
B. Antibiotika.
C. Schmerzmittel.
D. Fungizide.
E. Keine Antwort ist richtig.

30) Der Begriff „Metabolismus" bezeichnet …?

A. erblichen Haarausfall.
B. einen wuchernden Tumor.
C. den Stoffwechsel.
D. den Blutdruck.
E. Keine Antwort ist richtig.

Lösungen: Biologie und Chemie

1. stimmt	11. nein	21. D
2. DNA	12. B	22. B
3. D	13. B	23. Krokodil
4. Vogel, Hund, Biene, Spinne	14. Petrischale	24. C
5. B	15. A	25. nein
6. Kiemen	16. Sauerstoff	26. B
7. B	17. D	27. C
8. C	18. D	28. stimmt nicht
9. Helium	19. C	29. C
10. A	20. Brom	30. C

Zu 1) stimmt

Nachgewiesen wurden bisher 118 chemische Elemente, die im Periodensystem nach steigender Kernladungszahl angeordnet sind. Sämtliche 80 stabilen Elemente kommen auf der Erde vor, nur 17 davon sind keine Metalle. Die Atome mancher Elemente verbinden sich miteinander zu Molekülen, so z. B. alle unter Normalbedingungen gasförmigen Elemente, die keine Edelgase sind: Wasserstoff (H_2), Stickstoff (N_2), Sauerstoff (O_2), Fluor (F_2) und Chlor (Cl_2). Edelgase reagieren nicht mit sich selbst; sie bestehen aus einzelnen Atomen.

Zu 2) DNA

Es handelt sich um die DNA („deoxyribonucleic acid", dt. „Desoxyribonukleinsäure" oder auch DNS). Die DNA ist die Trägerin der Erbinformationen in Lebewesen und manchen Virenarten. Im Normalzustand liegt sie in Form einer Doppelhelix vor, zu der sich zwei Makromolekül-Stränge schraubenartig umwinden.

Zu 3) D. Kohlenstoff

Die organische Chemie beschäftigt sich mit der Struktur, der Herstellung und der Umwandlung von Kohlenstoff und Kohlenstoffverbindungen. Diese sind die Grundlage des bislang bekannten Lebens.

Zu 4) Vogel, Hund, Biene, Spinne

Vögel haben zwei, Hunde vier, Bienen sechs und Spinnen acht Beine.

Zu 5) B. Kohlendioxid

Wasserstoff (H), Kohlenstoff (C) und atomarer Sauerstoff (O) sind Elemente. Chemische Verbindungen sind Stoffe aus mindestens zwei Elementen und mit einer eindeutigen chemischen Struktur. Kohlendioxid (CO_2) ist ein solcher Stoff: Seine Moleküle bestehen aus einem Kohlenstoffatom und zwei Sauerstoffatomen.

Zu 6) Kiemen.

Über die Kiemenspalten im Vorderdarm können Fische den im Wasser gelösten Sauerstoff aufnehmen (Kiemenatmung). Auch manche Landlebewesen haben Kiemen, beispielsweise Würmer, Krebse, Amphibienlarven, Muscheln oder Schnecken. Bei Würmern und Krebsen sitzen die Kiemen an ihren Extremitäten, bei manchen Muscheln und Wasserschnecken in einer „Mantelhöhle" genannten Hautfalte.

Zu 7) B. Synthese.

Synthese stammt vom griechischen „sýnthesis" („Zusammensetzung"). In der Chemie bezeichnet der Begriff die Vereinigung von mehreren Elementen zu einer Verbindung oder von mehreren Verbindungen zu einem neuen Stoff. Die Ausgangsstoffe nennt man auch „Reaktanden".

Zu 8) C. die Klasse.

Die klassische biologische Systematik gliedert einen Stamm in die Unterkategorien Klasse, Ordnung, Familie, Gattung und schließlich Art.

Zu 9) Helium

„He" ist die Abkürzung von Helium, einem Edelgas. Im Periodensystem der Elemente trägt es die Ordnungszahl 2.

Zu 10) A. Diamant.

Diamant gilt als härtester natürlich vorkommender Stoff. In der zehnstufigen Mohs-Härteskala – nach dem Geologen Friedrich Mohs (1773–1839) – erhält Diamant den Höchstwert 10, Quarz liegt bei 7, Titan bei 6 und Gold bei 2,5–3.

Zu 11) nein

Chromosomen sind aus DNA bestehende Strukturen, die Gene (Erbinformationen) enthalten. Der Mensch besitzt 23 Chromosomenpaare, also insgesamt 46 Chromosomen. Darunter findet sich nur bei Frauen ein XX-Chromosomenpaar, ausschließlich bei Männern ein XY-Paar.

Zu 12) B. Anpassung an Lichtverhältnisse

Die Pupille regelt die ins Auge einfallende Lichtmenge. Verengt sie sich, fällt weniger Licht ins Auge, bei schlechten Lichtverhältnissen erweitert sie sich und lässt mehr Licht hindurch. Am Fotoapparat übernimmt die Blende diese Funktion.

Zu 13) B. Dünger

Diese Stoffe nennt man Dünger. Man unterteilt sie in drei Hauptgruppen: organische Dünger (wie Mist, Gülle oder Jauche), mineralische Feststoffdünger (meist Salze wie Kalk oder Kalisalze) und gasförmige Dünger (beispielsweise Kohlenstoffdioxid). Herbizide dienen zur Unkrautbekämpfung, Pestizide zur chemischen Schädlingsbekämpfung.

Zu 14) Petrischale

Petrischalen werden aus Kunststoff oder Laborglas gefertigt, sind in der Regel rund, flach und durchsichtig und haben einen übergreifenden Deckel. Man nutzt sie hauptsächlich, um Zellen und Mikroorganismen unter kontrollierten Bedingungen zu kultivieren, etwa in biologischen, chemischen oder medizinischen Labors.

Zu 15) A. besteht aus mindestens zwei Atomen.

Ein Molekül ist eine Verbindung von mindestens zwei Atomen: egal, ob es sich dabei um Atome des gleichen Elements handelt – wie beim Sauerstoff (O_2) – oder nicht. Häufig sind Moleküle aus Atomen verschiedener Elemente aufgebaut, z. B. aus einem Nichtmetall und einem weiteren Nichtmetall, einem Halbmetall oder einem Metall.

Zu 16) Sauerstoff.

Die vereinfachte formale Gleichung der Fotosynthese lautet:

$6\ CO_2 + 6\ H_2O + \text{Lichtenergie} \rightarrow C_6H_{12}O_6 + 6\ O_2$

Aus Kohlen(stoff)dioxid und Wasser entsteht durch die Einwirkung von Lichtenergie Glucose und Sauerstoff.

Zu 17) D. Schimpanse

Schimpansen, Gorillas und Orang-Utans zählen wie der Mensch zur biologischen Familie der Menschenaffen in der Ordnung der Primaten. Genetisch am nächsten steht uns die Gattung der Schimpansen, die aus zwei Arten besteht: dem Gemeinen Schimpansen und dem Bonobo. Ihr Erbgut unterscheidet sich vom menschlichen Erbgut um etwa 1,3 Prozent. Paviane sind auch Primaten, gehören jedoch zur Familie der Meerkatzenverwandten.

Zu 18) D. Erdöl

Das Foto zeigt eine Flasche aus dem Kunststoff PET (Polyethylenterephthalat). Man nutzt ihn nicht nur für PET-Flaschen, sondern auch für Folien, Textilfasern und andere Produkte. Um Kunststoffe wie PET herzustellen, benötigt man Erdöl, einen nicht erneuerbaren und somit endlichen natürlichen Rohstoff.

Zu 19) C. Ein Gemisch zweier Flüssigkeiten

Eine Emulsion ist ein fein verteiltes Gemisch zweier verschiedener, normalerweise nicht mischbarer Flüssigkeiten ohne sichtbare Entmischung. Die eine Flüssigkeit ist dabei in kleinen Tröpfchen in der anderen verteilt. Typische Beispiele sind Öl-Wasser-Gemische wie in Mayonnaise oder zahlreichen Kosmetika.

Zu 20) Brom

Brom (Ordnungszahl 35) zählt wie auch Fluor, Chlor, Astat und Iod zur Elementgruppe der Halogene.

Zu 21) D. Temperatur und Druck

Die drei klassischen Aggregatzustände sind fest, flüssig und gasförmig. Verändert man den Umgebungsdruck und/oder die Temperatur, kann man die Aggregatzustände ineinander umwandeln. Erhitzt man beispielsweise Wasser, verdampft es in den gasförmigen Zustand, kühlt man es ab, wird es zu festem Eis.

Zu 22) B. Zellmembran

Die Zelle ist der Grundbaustein aller Lebewesen. Einzeller bestehen aus einer einzigen Zelle, bei Mehrzellern bilden mehrere Zellen eine funktionelle Einheit. Im menschlichen Körper gibt es rund 220 verschiedene Zell- und Gewebetypen und mehrere Milliarden Zellen. Jede Zelle ist von einer Zellmembran umschlossen, die sie abgrenzt und schützt. Diese besteht hauptsächlich aus einer Doppel-Lipidschicht, die den Austausch von Nährstoffen zwischen der Zelle und ihrer Umgebung ermöglicht.

Zu 23) Das Krokodil

Als „Metamorphose" bezeichnet man den Übergang vom Larven- ins Erwachsenenstadium, vorwiegend bei solchen Tieren, die währenddessen ihre Gestalt und Lebensweise stark verändern. Schmetterlinge und andere Insekten sind im Larvenstadium Raupen bzw. Maden. Frösche – die zur Klasse der Amphibien zählen – entwickeln sich aus Kaulquappen. Reptilien wie das Krokodil durchlaufen keine Metamorphose.

Zu 24) **C.** natürlichen Selektion.

Variation und natürliche Selektion waren für Charles Darwin (1809–1882) wichtige Faktoren der Evolution. Im Groben bezeichnet die Variation Prozesse, bei denen sich Lebewesen genetisch verändern und neue Arten entstehen; die natürliche Selektion umfasst Vorgänge, die den Fortpflanzungserfolg eines Lebewesens beeinflussen.

Zu 25) nein

Ethanol ist kein Düngemittel, sondern ein trinkbarer Alkohol. Er kommt u. a. in Lebensmitteln und Desinfektionsmitteln vor, man nutzt ihn als Kraftstoff oder zur Herstellung von Kunststoffen.

Zu 26) **B.** Mit einem Schallortungssystem

Fledermäuse stoßen Ultraschallimpulse aus, die von Objekten reflektiert werden. Anhand dieser Echos kann eine Fledermaus Lage und Geschwindigkeit z. B. eines Beute-Insekts präzise bestimmen.

Zu 27) **C.** Die Amygdala

Die Amygdala, Teil des Limbischen Systems, ist ein Kerngebiet des Gehirns und kommt paarig vor (d. h. in beiden Gehirnhälften). Aufgrund ihrer Mandelform nennt man sie auch „Mandelkern". Sie spielt eine wesentliche Rolle bei der Gefahrenbewertung und der Entstehung von Angst – daher der Beiname „Angstzentrum".

Zu 28) stimmt nicht

Sarin wurde 1938 entdeckt, gehört zur Gruppe der Phosphorsäureester und ist ein hochgiftiger Nervenkampfstoff. Seine Herstellung und sein Besitz sind verboten. Der Name des ältesten synthetischen Süßstoffes klingt ähnlich – er lautet „Saccharin".

Zu 29) **C.** Schmerzmittel.

Acetylsalicylsäure (ASS) wirkt schmerzstillend, entzündungshemmend, fiebersenkend und beugt Blutgerinnseln vor. Das wohl bekannteste ASS-Arzneimittel ist Aspirin.

Zu 30) **C.** den Stoffwechsel.

„Metabolismus" ist der Fachausdruck für den Stoffwechsel. Darunter versteht man alle chemischen Prozesse in einem Lebewesen. Der Stoffwechsel dient bei Menschen, Tieren und Pflanzen dazu, aus Licht oder Nahrung Energie für Aktivität und Wachstum zu erzeugen oder Giftstoffe auszuscheiden.

Handwerk und Technik *Bearbeitungszeit 15 Minuten*

Bearbeiten Sie bitte die folgenden Aufgaben, indem Sie die richtige Lösung markieren oder die Antwort in das Lösungsfeld schreiben.

1) Erzeugen photovoltaische Anlagen aus Strom Licht?

☐ ja　　☐ nein

2) Die drei Glühlampen A, B und C brennen gleich hell. Was geschieht, wenn Glühlampe A defekt ist, sodass sie erlischt?

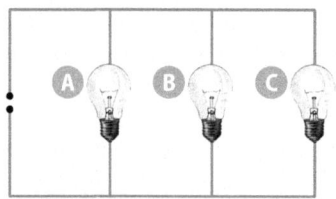

A. Die Glühlampen B und C erlöschen ebenfalls.
B. Die Glühlampen B und C leuchten heller als zuvor.
C. Die Glühlampen B und C leuchten unverändert weiter.
D. Die Glühlampe B leuchtet ein wenig heller als C.
E. Keine Antwort ist richtig.

3) Die „Walz" ist eine ...?
A. Gesellenwanderung.
B. Schneidertechnik.
C. Bergbauregion.
D. Handwerksmesse.
E. Keine Antwort ist richtig.

4) Die Kupplung eines Kraftwagens ...?
A. startet den Motor.
B. erhöht die Brennstoffzufuhr.
C. regelt den Kraftfluss zwischen Motor und Getriebe.
D. schützt den Motor vor Überlastungen.
E. Keine Antwort ist richtig.

5) Nur das Vorderrad eines Fahrrads besitzt eine Nabe – stimmt diese Aussage?

☐ stimmt　　☐ stimmt nicht

6) Wie lautet das Pixelverhältnis für den TV-Standard „Full HD"?
A. 768×576
B. 4.096×2.160
C. 1.920×1.080
D. 1.280×720
E. Keine Antwort ist richtig.

7) Sollte man zur Schmierung extrem enger Zwischenräume ein besonders dickflüssiges, dünnflüssiges oder schnell trocknendes Öl verwenden?

_____

8) Welche Aufgabe hat der Polier auf einer Baustelle?

A. Er reinigt alle Oberflächen.

B. Er installiert Wasseranschlüsse.

C. Er leitet die Baustelle.

D. Er schleift Holzelemente ab.

E. Keine Antwort ist richtig.

9) Die Normspannung des deutschen Stromnetzes beträgt …?

_____ Volt.

10) Ein Gewicht wird mithilfe eines einrolligen Flaschenzugs angehoben. Nun wird eine zusätzliche Rolle eingebaut. Verändert sich die erforderliche Zugkraft, um das Gewicht auf dieselbe Höhe zu ziehen?

A. Nein, die Zugkraft bleibt gleich.

B. Ja, die Zugkraft halbiert sich.

C. Ja, die Zugkraft ist um ein Viertel geringer.

D. Ja, die Zugkraft ist um ein Viertel höher.

E. Keine Antwort ist richtig.

11) Ein Böttcher ist ein …?

A. Fassbinder.

B. Kupferstecher.

C. Glasbläser.

D. Goldschmied.

E. Keine Antwort ist richtig.

12) Nennt man die Pole eines Magneten Kathode und Anode?

☐ ja   ☐ nein

13) Welche Kategorie ist für die Einteilung von Schrauben nach ihrer Kopfform nicht gebräuchlich?

A. Rundschrauben

B. Sechskantschrauben

C. Schlitzschrauben

D. Senkschrauben mit Kreuzschlitz

E. Keine Antwort ist richtig.

14) Welcher der beiden Heizkörper gibt mehr Wärme ab?

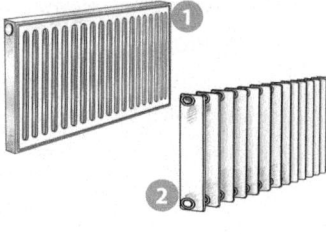

15) Welcher Werkstoff ist korrosionsbeständig, elektrisch isolierend und besonders leicht bearbeitbar?

A. Eisen

B. Kunststoff

C. Aluminium

D. Keramik

E. Keine Antwort ist richtig.

16) Eine Erdung ist …?

A. eine Isolationsschicht aus Sand.

B. eine elektrisch leitfähige Verbindung mit dem Erdboden.

C. ein unterirdisch angebrachter Stromanschluss.

D. ein plötzlicher Stromfluss zwischen unterschiedlich geladenen Bodenflächen.

E. Keine Antwort ist richtig.

17) Welche Aussage zum Stromfluss stimmt?

A. Wenn Strom fließt, entsteht ein Widerstand.

B. Wenn man den elektrischen Widerstand entfernt, dann fließt Strom.

C. Eine Spannung entsteht, indem Strom fließt.

D. Strom kann nur fließen, wenn eine Spannung anliegt.

E. Keine Antwort ist richtig.

18) Passivhäuser brauchen in der Regel kaum oder keine …?

A. Dämmung.

B. Heizung.

C. Lüftung.

D. Verkleidung.

E. Keine Antwort ist richtig.

19) Was geschieht beim Arbeitsverfahren „Spanen"?

A. Ein Werkstück wird poliert und versiegelt.

B. Überflüssiges Material wird von einem Werkstoff abgetragen.

C. Verschiedene Bauteile werden zu einer Baugruppe zusammengefügt.

D. Oberflächen werden geglättet und geschmiert.

E. Keine Antwort ist richtig.

20) In welche Richtung bewegt sich Rad B, wenn sich das Antriebsrad A in Pfeilrichtung dreht?

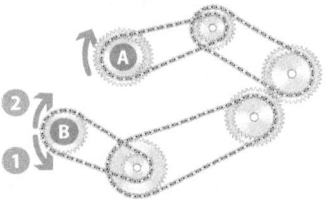

A. In Richtung 1

B. In Richtung 2

C. Hin und her

D. Gar nicht

E. Keine Antwort ist richtig.

21) Mit einem Barometer misst man den …?

_____ .

22) Welcher Baustoff eignet sich nicht nur zum Verbinden von Mauersteinen, sondern auch zum Verputzen von Wänden und Decken?

A. Bitumen
B. Gips
C. Kalk
D. Mörtel
E. Keine Antwort ist richtig.

23) Mit welcher Sandformation lässt sich die Schubkarre am leichtesten fahren?

Mit Sandformation ___.

24) Max will den Stromverbrauch einer Spülmaschine mit einem Strommessgerät überwachen. Dazu muss er das Gerät …?

A. parallel zum Verbraucher anschließen.
B. in Reihe zum Verbraucher schalten.
C. anstelle des Verbrauchers anschließen.
D. direkt an der Spannungsquelle anschließen.
E. Keine Antwort ist richtig.

25) Ist ein Fuchsschwanz eine bestimmte Art von Beil?

☐ ja   ☐ nein

26) Was ist eine klassische Verbindungsart für Holzelemente – Nut und Feder, Haken und Öse oder Klemme und Span?

_____

27) Beim Objektiv einer Fotokamera gilt: Je höher die Blendenzahl, desto größer die durchgelassene Lichtmenge. Stimmt diese Aussage?

☐ stimmt   ☐ stimmt nicht

28) Um die horizontale und vertikale Ausrichtung eines Objekts zu prüfen, verwendet man am besten …?

A. einen Messschieber.
B. eine Wasserwaage.
C. ein Maßband.
D. eine Balkenwaage.
E. Keine Antwort ist richtig.

29) Sind elektromagnetische Wellen mit Frequenzen zwischen 30 und 300 Megahertz Ultrakurzwellen (UKW), Mittelwellen (MW) oder Langwellen (LW)?

_____

30) Welche Aussage zur Funktionsweise der abgebildeten Pumpe ist falsch?

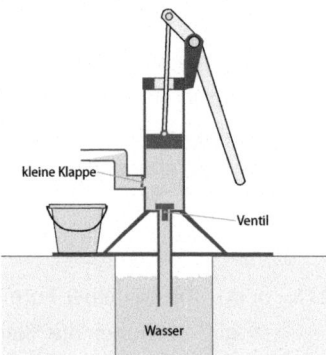

A. Zieht man den Hebel nach oben, bewegt sich das Ventil nicht.

B. Das Ventil lässt Wasser nach oben strömen, aber nicht nach unten.

C. Wenn sich das Ventil nach oben bewegt, ist die kleine Klappe geschlossen.

D. Wird der Hebel nach unten gedrückt, strömt das Wasser in den Eimer.

E. Keine Antwort ist richtig.

Lösungen: Handwerk und Technik

1. nein	11. A	21. Luftdruck
2. C	12. nein	22. D
3. A	13. A	23. Mit Sandformation 2
4. C	14. Heizkörper 2	24. B
5. stimmt nicht	15. B	25. nein
6. C	16. B	26. Nut und Feder
7. bes. dünnflüssiges Öl	17. D	27. stimmt nicht
8. C	18. B	28. B
9. 230 Volt	19. B	29. Ultrakurzwellen
10. B	20. A	30. D

Zu 1) nein

Photovoltaik ist das Prinzip, Lichtenergie mittels Solarzellen in elektrische Energie umzuwandeln. Den zugrundeliegenden photoelektrischen Effekt entdeckte 1839 der französische Physiker Alexandre Becquerel. Zusammen mit der Windkraft zählt die Photovoltaik heute zu den Stützen der Energiewende weg von fossilen Brennstoffen hin zu erneuerbaren Ressourcen.

Zu 2) C. Die Glühlampen B und C leuchten unverändert weiter.

Bei einer Parallelschaltung wie dem Stromkreis im Haushalt liegt an allen Verbrauchern die gleiche Spannung an, unabhängig davon, ob ein Verbraucher ausfällt oder hinzukommt. Ist die Glühlampe A defekt, ändert sich für die anderen Lampen nichts: Sie leuchten unverändert weiter, denn Stromstärke, Spannung und Leistung bleiben gleich.

Zu 3) A. Gesellenwanderung.

In zünftigen Handwerksberufen (u. a. Dachdecker, Zimmerer, Schuster) gehen manche Gesellen nach dem Abschluss ihrer Lehre traditionell auf die Walz, um Land und Leute und neue Arbeitstechniken kennen zu lernen. Vom Spätmittelalter bis zur Industrialisierung war die Walz verpflichtend, um für die Meisterprüfung zugelassen zu werden.

Zu 4) C. regelt den Kraftfluss zwischen Motor und Getriebe.

Die Kupplung eines Kraftfahrzeugs verbindet das Getriebe mit der Kurbelwelle, die vom Motor in Rotation versetzt wird. Diese Verbindung kann durch elektrische, hydraulische oder mechanische Bauteile nach Bedarf hergestellt oder unterbrochen werden. Die Kupplung wird in Kraftfahrzeugen zum Anfahren und Schalten gebraucht.

Zu 5) stimmt nicht

Sowohl das Vorder- als auch das Hinterrad eines Fahrrads hat im Zentrum eine Nabe. Sie besteht im Wesentlichen aus der Achse und dem Lager; am Nabengehäuse sind die Speichen befestigt. Je nach Bauart können an der Vorderradnabe zudem Dynamo und Bremse angebracht sein und an der Hinterradnabe Zahnkranz, Freilauf oder Rücktrittbremse.

Zu 6) C. 1.920×1.080

Der Fernsehstandard Full HD („Full High Definition") erfordert 1.920 horizontale und 1.080 vertikale Bildpunkte (Pixel). Das Verhältnis 1.280×720 fällt in den HD-Bereich (High Definition), 3.840×2.160 in den UHD-Bereich (Ultra High Definition) und 768×576 entspricht einer PAL-Auflösung (Phase Alternating Line).

Zu 7) Ein besonders dünnflüssiges Öl

Dickflüssiges (viskoses) Öl bildet zwar einen vergleichsweise stabileren Schmierfilm, gelangt aber kaum an schwer zugängliche, enge Stellen. Nur ein dünnflüssiges Öl ist fließfähig (fluid) genug, um auch dorthin vorzudringen. Schnell trocknende Öle sind als Schmiermittel grundsätzlich ungeeignet.

Zu 8) C. Er leitet die Baustelle.

Der Polier ist der Leiter einer Baustelle oder eines Baustellenbereichs. Als Bindeglied zwischen der Bauleitung – Architekt, Ingenieur, Baumeister – und den Facharbeitern verantwortet er die technische und organisatorische Umsetzung des Bauvorhabens. Polier ist ein zertifizierter Berufsabschluss per Fortbildung, der den Gesellenbrief eines einschlägigen Berufs und mehrjährige Berufserfahrung voraussetzt.

Zu 9) _230_ Volt.

In Europa und vielen afrikanischen und asiatischen Staaten beträgt die gesetzlich festgelegte Netzspannung 230 Volt; leichte Schwankungen von plus/minus zehn Prozent sind erlaubt. In Nord-, Mittel- und Teilen Südamerikas ist eine Netzspannung von 120 Volt üblich.

Zu 10) B. Ja, die Zugkraft halbiert sich.

Fügt man zur ersten noch eine zweite Rolle hinzu, halbiert sich der erforderliche Kraftbetrag, um das Gewicht auf dieselbe Höhe zu ziehen.

Zu 11) A. Fassbinder.

Böttcher sind Fassbinder; je nach Region nennt man sie u. a. auch Küfer, Bender, Schäffler oder Tonnenmacher. Sie reihen speziell geformte Holzstücke (Dauben) aneinander und fassen diese in Metallringe ein. Das Handwerk kannte man bereits im 1. Jahrhundert v. Chr. Heute verwendet man zur Fassbinderei vorwiegend Maschinen.

Zu 12) nein

Die Pole eines Magneten heißen Nord- und Südpol. In grafischen Darstellungen ist der Nordpol meist rot und der Südpol grün eingefärbt, wobei die Feldlinien – die die Richtung und Stärke des Magnetfelds veranschaulichen – am Nordpol aus- und am Südpol eintreten.

Zu 13) A. Rundschrauben

Je nach Kopfform unterscheidet man Sechskantschrauben, Senkschrauben mit Innensechskant, Zylinderschrauben mit Innensechskant, Schrauben mit Kreuzschlitz oder Schlitzschrauben. Die Kategorie „Rundschrauben" ist unüblich.

Zu 14) Heizkörper 2

Wie viel Wärme ein Heizkörper an die Umgebungsluft abgeben kann, hängt davon ab, wie groß seine Kontaktfläche mit der Luft ist – einfacher ausgedrückt: Es hängt von der Oberfläche des Heizkörpers ab. Diese ist bei Heizkörper 2 erkennbar größer, folglich gibt er mehr Wärme ab.

Zu 15) B. Kunststoff

Eisen und Aluminium kommen nicht infrage – als Metalle leiten sie Strom sehr gut. Keramik ist zwar isolierend und rostet auch nicht, reagiert aber äußerst empfindlich auf Schlag- und Zugbelastungen und lässt sich daher vergleichsweise schwer bearbeiten. Nur Kunststoffe verfügen über jede genannte Eigenschaft.

Zu 16) B. eine elektrisch leitfähige Verbindung mit dem Erdboden.

„Erdung" nennt man umgangssprachlich die leitfähige Verbindung mit dem elektrischen Potenzial des Erdbodens. Ein Anwendungsbeispiel ist der Blitzableiter: Er leitet unerwünschte Ströme ab und schützt dadurch Geräte und Gebäude.

Zu 17) D. Strom kann nur fließen, wenn eine Spannung anliegt.

Nur wenn eine Spannung anliegt, kann überhaupt Strom fließen. Der Stromfluss ist nichts anderes als eine Wanderung von Ladungsträgern aufgrund eines Ladungsgefälles (d. h. einer anliegenden Spannung). Spannung führt allerdings nur dann zum Stromfluss, wenn sich zwischen den unterschiedlich geladenen Polen ein Widerstand befindet, den der Strom überwinden kann.

Zu 18) B. Heizung.

Passivhäuser werden kaum oder gar nicht aktiv beheizt. Stattdessen nutzt man die Sonneneinstrahlung und die Abwärme von Bewohnern und Geräten, dämmt die Gebäudehülle und optimiert die Lüftung. Der Passivhausstandard setzt strenge Grenzwerte für den Primärenergiebedarf eines Hauses.

Zu 19) B. Überflüssiges Material wird von einem Werkstoff abgetragen.

„Spanen" heißt eine DIN-klassifizierte Kategorie von Arbeitsverfahren, bei denen überflüssiges Material in kleinen Stücken (Spänen) abgetragen wird: beispielsweise durch Hobeln, Feilen, Fräsen oder Meißeln. Spanverfahren taugen zur Bearbeitung aller möglichen festen Werkstoffe wie Metall, Holz und Kunststoff. Hat der Prozess trennenden Charakter, spricht man auch von „Zerspanen".

Zu 20) A. In Richtung 1

Sind zwei Zahnräder über eine Kette miteinander verbunden, drehen sie sich in die gleiche Richtung. Wenn aber ein Zahnrad in ein zweites greift, rotiert dieses im entgegengesetzten Drehsinn. Im skizzierten Mechanismus ändert sich die Drehrichtung einmal, nämlich durch den Kontakt der beiden rechten Zahnkränze. Rad B dreht sich demnach anders herum als Rad A – gegen den Uhrzeigersinn.

Zu 21) Luftdruck.

Mit Barometern misst man den Luftdruck. Man nutzt sie in diversen Formen und Typen vor allem in der Meteorologie; sie gehören zur Grundausstattung nahezu jeder Wetterstation. Da der Luftdruck mit steigender Höhe abnimmt, eignen sie sich auch zur Höhenmessung in Flugzeugen.

Zu 22) D. Mörtel

Die Rede ist vom Mörtel. Der breiige Baustoff enthält Bindemittel wie Kalk oder Zement, Gesteinskörner, Wasser und eventuell Zusatzstoffe. Je nach Verwendungszweck nutzt man spezielle Mörtelsorten: Mit Maurermörtel verbindet man Mauersteine, mit

Putzmörtel verputzt man Wände und Decken.

Zu 23) Mit Sandformation _2_.

Um die Schubkarre mit möglichst wenig Mühe zu bewegen, sollte die Hebelwirkung möglichst groß sein. Dafür gilt: Je weiter die zu bewegende Last nach vorne rückt, desto länger wird der Hebelarm, über den das Gewicht bewegt wird, und desto größer ist die entsprechende Hebelwirkung. In Schubkarre 2 ist der Sand daher am günstigsten aufgeladen.

Zu 24) **B.** in Reihe zum Verbraucher schalten.

Ein Strommessgerät misst den Strom an der Stelle des Stromkreises, an der es eingesetzt wird. Um den Stromverbrauch der Spülmaschine zu überwachen, muss Max das Instrument also in Reihe zu ihr schalten. Hätte es Max hingegen auf die Spannung abgesehen, müsste er das entsprechende Messgerät parallel schalten.

Zu 25) nein

Beim Fuchsschwanz handelt es sich um einen Sägetyp mit einem Griff. Der Name bezieht sich auf das relativ kurze, mehr oder weniger biegsame Sägeblatt, das breit am Griff ansetzt und sich zur Spitze hin verjüngt. Den Fuchsschwanz nutzt man größtenteils im Haushalt, etwa um Platten oder Bretter zu zersägen.

Zu 26) Nut und Feder

Ein klassischer Verbindungstyp für Holzelemente besteht aus Nut und Feder: Am Rand des einen Bauteils befindet sich eine „Nut" genannte Aussparung, in die das Verbindungsstück des anderen Bauteils – die „Feder" – eingesteckt wird.

Zu 27) stimmt nicht

Die Blende einer Fotokamera reguliert die Lichtmenge, die durch das Objektiv gelangt – vergleichbar der Pupille im menschlichen Auge. Je kleiner die Blendenzahl, desto größer ist die Öffnung der Blende und desto mehr Licht fällt hindurch.

Zu 28) **B.** eine Wasserwaage.

Die horizontale oder vertikale Ausrichtung eines Objekts kann man mit einer Wasserwaage (auch „Maurerwaage") bestimmen. Das Herzstück dieses Geräts sind die sogenannten „Libellen" – kleine, flüssigkeitsgefüllte Röhrchen, die eine Luftblase einschließen. Je nach der Ausrichtung des Objekts verlagert sich die Luftblase in der Libelle.

Zu 29) Ultrakurzwellen

Im Frequenzbereich zwischen 30 und 300 Megahertz liegen die Ultrakurzwellen (UKW) mit Wellenlängen zwischen einem und zehn Metern. Genutzt werden sie u. a. für die Funknavigation, den staatlichen Behördenfunk und den UKW-Rundfunk.

Zu 30) D. Wird der Hebel nach unten gedrückt, strömt das Wasser in den Eimer.

In der abgebildeten Stellung befindet sich der Pumphebel an seiner tiefsten Position. Zieht man ihn nach oben, drückt der Pumpkolben gegen das Wasser, das wiederum die Klappe aufdrückt und durch die Leitung in den Eimer fließt. Das Ventil bleibt dabei geschlossen (Antworten A und D sind korrekt). Hat der Hebel seine höchste Position erreicht, enthält der Pumpzylinder praktisch kein Wasser mehr. Drückt man den Pumphebel nun wieder nach unten, bewegt sich der Pumpkolben nach oben, und im Pumpzylinder entsteht ein Unterdruck. Dadurch wird die Klappe in ihre Verschlussposition gezogen und es fließt kein Wasser mehr in den Eimer (Antwort D ist falsch). Dafür öffnet sich das Ventil, sodass Wasser von unten in den Behälter nachströmen kann (Lösung C stimmt).

Maschinen, Anlagen, Fahrzeuge *Bearbeitungszeit 15 Minuten*

Bearbeiten Sie bitte die folgenden Aufgaben, indem Sie die richtige Lösung markieren oder die Antwort in das Lösungsfeld schreiben.

1) Was macht ein Kraftfahrzeug zum Nutzfahrzeug?

A. Gewicht über 18,5 Tonnen

B. Mehr als 2 lenkbare Achsen

C. TÜV-Gutachten

D. Bauliche Bestimmung zum gewerblichen Transport

E. Keine Antwort ist richtig.

2) Das Foto zeigt …?

A. einen Katamaran.

B. einen Trimaran.

C. eine Kogge.

D. ein Kajak.

E. Keine Antwort ist richtig.

3) Kraftmaschinen wandeln mechanische Energie in andere Energieformen um – stimmt diese Aussage?

☐ stimmt ☐ stimmt nicht

4) Ein Flaschenzug ist Bestandteil vieler …?

A. Hebebäume.

B. Kräne.

C. Glasschmelzöfen.

D. Pfandautomaten.

E. Keine Antwort ist richtig.

5) Zur Gefahrenabwehr verfügen Maschinen und Anlagen über Not-Aus-Schalter. Woran erkennt man sie?

A. An einem roten Betätigungselement auf gelbem Grund

B. An einem gelben Blinklicht

C. An dreieckigen Hinweistafeln mit einem schwarzen Blitzsymbol auf gelbem Grund

D. An grünen Hinweisschildern

E. Keine Antwort ist richtig.

6) Über eine D-Säule verfügen …?
A. Kombis.
B. Cabrios.
C. Coupés.
D. alle genannten Kraftfahrzeuge.
E. Keine Antwort ist richtig.

7) Worüber müssen Fahrräder laut Straßenverkehrszulassungsordnung (StVZO) nicht verfügen?
A. Zwei voneinander unabhängige Bremsen
B. Helltönende Glocke
C. Diebstahlsicherung
D. Weißer Schweinwerfer, rote Schlussleuchte
E. Keine Antwort ist richtig.

8) Was die Flüssigkeit für hydraulische Anlagen ist, ist die Druckluft für …?

_____ Anlagen.

9) Computergesteuerte Werkzeugmaschinen heißen auch …?
A. DIGI-Maschinen.
B. CWM-Maschinen.
C. PCT-Maschinen.
D. CNC-Maschinen.
E. Keine Antwort ist richtig.

10) Welchen Vorteil hat die Fließbandfertigung nicht?
A. Hohe Effizienz durch starke Arbeitsteilung
B. Kurze Transportwege
C. Geringe Störanfälligkeit
D. Niedrige Fertigungszeiten
E. Keine Antwort ist richtig.

11) Haben Kettenantriebe mehr Schlupf und einen generell höheren Platzverbrauch als Riemenantriebe?
☐ ja   ☐ nein

12) Welche Vorteile haben Allradkraftfahrzeuge gegenüber reinen Front- oder Hecktrieblern?
A. Höhere Fahrstabilität, niedrigeres Gewicht
B. Geringerer Verbrauch, niedrigeres Gewicht
C. Kürzere Bremswege, mehr Traktion
D. Mehr Traktion, höhere Fahrstabilität
E. Keine Antwort ist richtig.

13) Zugmaschine mit Auflieger – um welches Gespann handelt es sich?

A. Kleintransporter

B. Lastzug

C. Omnibus

D. Sattelzug

E. Keine Antwort ist richtig.

14) Wie heißt diese Maschine?

15) Definitionsgemäß ist eine Limousine ...?

A. ein Fahrzeug der Oberklasse mit einem Neupreis über 60.000 Euro.

B. ein Fahrzeug mit hohem Verbrauch, das in eine hohe Steuerklasse fällt.

C. ein viertüriges Fahrzeug mit langem Achsabstand.

D. ein geschlossenes Fahrzeug mit festem Dach und drei Fahrzeugsäulen.

E. Keine Antwort ist richtig.

16) Welchen Vorteil haben Kettenschaltungen am Fahrrad gegenüber Nabenschaltungen?

A. Geringerer Verschleiß

B. Kompaktere Bauweise

C. Leichtere Zugänglichkeit

D. Höherer Schutz vor Verschmutzung

E. Keine Antwort ist richtig.

17) Eine Werkzeugmaschine läuft bei 2.800 U/min. Demnach beträgt ...?

A. die Mindestspannung der Maschine 2.800 Volt.

B. die Drehzahl 2.800 Umdrehungen pro Minute.

C. die Mindestdrehzahl 2.800 Umdrehungen.

D. die Leistungsaufnahme 2.800 Volt ÷ 60 Sekunden = 47 Watt.

E. Keine Antwort ist richtig.

18) Im Gegensatz zu Motorrädern verfügen Motorroller wesentlich öfter über ...?

A. einen Frontantrieb.

B. einen Beifahrersitz.

C. einen Außenspiegel.

D. eine Karosserie.

E. Keine Antwort ist richtig.

19) Ein Relais ist ein …?

A. Schaltplan einer elektrischen Anlage.

B. Schaltpult einer computergesteuerten Anlage.

C. elektromagnetischer Schalter.

D. Verstärker elektrischer Signale.

E. Keine Antwort ist richtig.

20) Eine ebene, oben offene Ladefläche nennt man auch …?

_____ .

21) Welchen Typ von Elektromotoren gibt es nicht: Gleichstrommotoren, Reihenstrommotoren oder Drehstrommotoren?

_____

22) Wie alt muss ein Kraftfahrzeug mindestens sein, damit es hierzulande als Oldtimer gelten kann?

A. 25 Jahre

B. 30 Jahre

C. 35 Jahre

D. 40 Jahre

E. Keine Antwort ist richtig.

23) Welche allgemeine Höchstgeschwindigkeit gilt für Lkws auf deutschen Autobahnen?

_____ km/h.

24) Eine landwirtschaftliche Zugmaschine ist der …?

A. Bagger.

B. Traktor.

C. Pflüger.

D. Harvester.

E. Keine Antwort ist richtig.

25) Welche Art von Luftfahrzeug zeigt das Foto?

A. Einen Segler

B. Einen Lifter

C. Ein Luftschiff

D. Eine Drohne

E. Keine Antwort ist richtig.

26) Was ist ein Hebezeug zur senkrechten Warenbeförderung?

A. Hubwagen

B. Gabelstapler

C. Winde

D. Schubmaststapler

E. Keine Antwort ist richtig.

27) Wie lautet der Spitzname des Flugzeugtyps Boeing 747: „Dreamliner", „Jumbo-Jet" oder „Rosinenbomber"?

---

28) Welche Aussage über Mofas trifft nicht zu?

A. Mofas darf man schon ab 15 Jahren fahren.

B. Mofas haben in der Regel einen Zweitaktmotor.

C. Mofas haben meist Pedale.

D. Mofas sind bis zu 50 km/h schnell.

E. Keine Antwort ist richtig.

29) Zum Schutz der Fahrzeuginsassen verfügen Kraftfahrzeuge über diverse Sicherheitseinrichtungen. Welche Neuerung gelangte nicht im angegebenen Zeitraum zur Marktreife?

A. Der Airbag in den 70er-Jahren

B. Das ABS Ende der 60er-Jahre

C. Der 3-Punkt-Sicherheitsgurt Ende der 40er-Jahre

D. Das ESP in den 90er-Jahren

E. Keine Antwort ist richtig.

30) Welche Art von Turbine gibt es nicht?

A. Gasturbine

B. Wasserturbine

C. Dampfturbine

D. Sandturbine

E. Keine Antwort ist richtig.

Lösungen: Maschinen, Anlagen, Fahrzeuge

1. D	11. nein	21. Reihenstrommotoren
2. A	12. D	22. B
3. stimmt nicht	13. D	23. 80 km/h
4. B	14. Mähdrescher	24. B
5. A	15. D	25. D
6. A	16. C	26. C
7. C	17. B	27. „Jumbo-Jet"
8. pneumatische	18. D	28. D
9. D	19. C	29. C
10. C	20. Pritsche	30. D

Zu 1) D. Bauliche Bestimmung zum gewerblichen Transport

Ein Fahrzeug gilt dann als Nutzfahrzeug, wenn es bauartbedingt zum gewerblichen Personen- oder Warentransport bestimmt ist. Neben „großem Gerät" wie Sattelzügen und Omnibussen umfasst die Kategorie auch Kleinbusse, Kleintransporter, Rettungsfahrzeuge, Traktoren und sogar Gabelstapler.

Zu 2) A. Katamaran

Katamarane sind Boote oder Schiffe mit zwei fest verbundenen Rümpfen. Trimarane haben drei Rümpfe. Koggen waren Segelschiffe hanseatischer Händler im Mittelalter, Kajaks sind Paddelboote, die mithilfe eine Doppelpaddels angetrieben werden.

Zu 3) stimmt nicht

In Wahrheit ist es umgekehrt: Kraftmaschinen erzeugen aus thermischer oder elektrischer Energie mechanische Energie. Meist dienen sie als Motoren, um Arbeitsgeräte, Werkzeuge oder Fahrzeuge anzutreiben. Das Gegenstück zur Kraftmaschine ist die Arbeitsmaschine: Sie setzt mechanische Energie in (mechanische) Arbeit um.

Zu 4) B. Kräne.

Schon in der Antike erleichterte man sich das Heben schwerer Lasten durch Kräne mit Flaschenzügen. Bei dieser Vorrichtung wird ein Zugseil über eine oder mehrere Rollen (früher „Flaschen" genannt) geführt. So verringert sich die Zugkraft, die nötig ist, um ein Objekt anzuheben.

Zu 5) A. An einem roten Betätigungselement auf gelbem Grund

Not-Aus-Schalter sind unentbehrliche Instrumente der Arbeitssicherheit. Im Notfall kann man damit Produktionsabläufe sofort unterbrechen, um Personen- oder Materialschäden abzuwenden. Not-Aus-Schalter gibt es je nach Einsatzfeld in verschiedensten Ausführungen – vom Taster oder Knopf bis hin zum Drehschalter. Gemeinsames Erkennungsmerkmal ist ein rotes Bedienelement auf gelbem Grund.

Zu 6) A. Kombis.

Fahrzeugsäulen sind diejenigen Bauteile, die ein Pkw-Dach mit dem Karosserieunterbau stützend verbinden. Von vorne nach hinten kennzeichnet man sie alphabetisch aufsteigend mit den Buchstaben A bis D. Nur Kombis oder Vans verfügen über eine vierte Säule – die D-Säule – am Fahrzeugheck; sie trägt das langgezogene Dach.

Zu 7) C. Diebstahlsicherung

Die deutsche Straßenverkehrszulassungsordnung (StVZO) bestimmt:

Fahrräder brauchen zwei voneinander unabhängige Bremsen, mindestens eine helltönende Glocke, einen weißen Scheinwerfer und eine rote Schlussleuchte. Außerdem benötigt man zur Verkehrstauglichkeit noch einen roten Rückstrahler. Anders als z. B. in der Schweiz ist in Deutschland aber keine Diebstahlsicherung vorgeschrieben.

Zu 8) _pneumatische_ Anlagen.

Hydraulische Anlagen – z. B. Bagger, Krane, Werkzeugmaschinen – nutzen das Prinzip der Kraft- bzw. Energieübertragung mittels Flüssigkeiten. Verwendet man stattdessen Druckluft (oder andere Gase), handelt es sich um pneumatisches Gerät.

Zu 9) D. CNC-Maschinen.

Werkzeugmaschinen mit Computersteuerung nennt man auch CNC-Maschinen – „CNC" steht für „Computerized Numerical Control" („computergestützte numerische Steuerung"). CNC-Maschinen erledigen Arbeitsgänge wie Fräsen, Bohren oder Schleifen auf Knopfdruck, automatisiert und hochpräzise.

Zu 10) C. Geringe Störanfälligkeit

Die industrielle Fließband-Fertigung – perfektioniert von Henry Ford Anfang des 20. Jahrhunderts – ist äußerst effizient: Kurze Transportwege und der hohe Grad an Arbeitsteilung gewährleisten eine sehr ökonomische, schnelle Produktion. Allerdings ist die Fließbandfertigung sehr störanfällig: Hakt es bei einem Produktionsschritt, steht unter Umständen das ganze Band still.

Zu 11) nein

Da sich bei Riemenführungen der Treibriemen unter Belastung ausdehnt, kommt es zum Schlupf: Der Riemen rutscht leicht über die Riemenscheiben. Kettenführungen gewährleisten eine effektivere Kraftübertragung und sind darüber hinaus weniger empfindlich gegen äußere Einflüsse wie etwa hohe Temperaturen. Sie müssen jedoch nicht unbedingt platzsparender sein als Riemenführungen.

Zu 12) D. Mehr Traktion, höhere Fahrstabilität

Allradgetriebene Fahrzeuge bieten grundsätzlich etwas mehr Traktion und eine bessere Fahrstabilität, was sich besonders auf schlüpfrigen Untergründen wie Matsch, Geröll, Eis und Schnee auszahlt. Dafür schneidet der Allradantrieb in Bezug auf Gewicht und Verbrauch schlechter ab. Die Bremswege verkürzen sich nicht, denn auch bei front- oder heckgetriebenen Fahrzeugen wirken die Bremsen auf alle vier Räder.

Zu 13) D. Sattelzug

Zugmaschine und Auflieger bilden zusammen ein Sattelzug-Gespann. Lastzüge bestehen aus einer Zugmaschine mit Ladefläche und Anhänger; bei Sattelzügen liegt der Auflieger auf der Kupplung der Zugmaschine auf, die keine Ladefläche besitzt. Was genau einen Transporter ausmacht, ist gesetzlich nicht geregelt: Nach gängiger Auffassung meint man damit ein kleineres Lieferfahrzeug, das mit einem Klasse-B-Führerschein gefahren werden kann.

Zu 14) Mähdrescher

Mähdrescher übernehmen verschiedene Aufgaben bei der landwirtschaftlichen Ernte. Mit angekoppelten Schneidwerken oder Erntevorsätzen werden z. B. Getreidefelder gemäht oder geerntet. Außerdem dreschen die Maschinen Getreide- und Samenkörner aus, d. h. sie trennen Körner, Stroh und Spreu.

Zu 15) D. ein geschlossenes Fahrzeug mit festem Dach und drei Fahrzeugsäulen.

Entscheidend ist die Bauweise: Limousinen sind geschlossene Fahrzeuge mit festem Dach und drei Fahrzeugsäulen.

Zu 16) C. Leichtere Zugänglichkeit

Eine Nabenschaltung ist eine kompakte Gangschaltung, eingebaut im Zentrum des Hinterrads. Dank ihrer geschlossenen Bauweise verschmutzt sie kaum, und der Verschleiß gegenüber den verbreiteteren Kettenschaltungen ist geringer. Letztere sind dafür allerdings wesentlich besser zugänglich, was die Reparatur erleichtert.

Zu 17) B. die Drehzahl 2.800 Umdrehungen pro Minute.

Die Angabe „2.800 U/min" bezieht sich auf die Drehzahl: Läuft die Maschine bei 2.800 U/min, bedeutet das, dass die Motorwelle pro Minute 2.800-mal vollständig rotiert.

Zu 18) D. eine Karosserie.

Motorräder oder -roller mit Frontantrieb sind wahre Raritäten, und ein Beifahrersitz (Sozius) ist bei Motorrädern üblich. Außerdem schreibt der Gesetzgeber für alle motorisierten Zweiräder mindestens einen Außenspiegel vor – bei über 100 km/h Höchstgeschwindigkeit müssen es sogar zwei sein. Wesentlich öfter als Motorräder haben Motorroller eine Karosserie, mit der die Räder, der Mo-

tor und andere Komponenten umbaut sind.

Zu 19) C. elektromagnetischer Schalter.

Ein Relais ist ein strombetriebener, meist elektromagnetisch funktionierender Schalter. Er besteht aus zwei Stromkreisen: Schließt man den Steuerstromkreis, zieht ein Elektromagnet an einem Schalter, der wiederum den Laststromkreis schließt.

Zu 20) Pritsche.

Eine ebene, oben offene Ladefläche ist eine Pritsche. Einen Lastwagen oder Kleintransporter mit dieser Art von Aufbau nennt man daher auch Pritschenwagen.

Zu 21) Reihenstrommotoren

Elektromotoren, die mit Dreiphasen-Wechselstrom betrieben werden, nennt man Drehstrommotoren. Sie sind robust, vielseitig verwendbar und in der Regel relativ günstig. Gleichstrommotoren treiben u. a. Scheibenwischer und Gebläse in Pkws an oder industrielle Maschinen und Anlagen. „Reihenstrommotoren" gibt es nicht.

Zu 22) B. 30 Jahre

Ein Kraftfahrzeug kann in Deutschland als Oldtimer eingestuft werden, wenn seine Erstzulassung mindestens 30 Jahre zurückliegt – so verlangt es die Fahrzeug-Zulassungsverordnung. Ferner muss das Fahrzeug demnach „weitestgehend dem Originalzustand entsprechen, in einem guten Erhaltungszustand [sein] und zur Pflege des kraftfahrzeugtechnischen Kulturgutes dienen".

Zu 23) _80_ km/h.

In Deutschland liegt das Tempolimit für Lkws auf Autobahnen in der Regel bei 80 km/h. Unter bestimmten Voraussetzungen kann eine Sondergenehmigung erteilt werden, die Geschwindigkeiten bis zu 100 km/h erlaubt.

Zu 24) B. Traktor.

Der Traktor ist eine landwirtschaftliche Zugmaschine. Zugmaschinen dienen namensgemäß hauptsächlich dazu, landwirtschaftliche Großgeräte zu ziehen, z. B. Ackerwalzen oder Pflüge.

Zu 25) D. Eine Drohne

Das Foto zeigt eine „Reaper"-Drohne der US-Luftwaffe. „Drohnen" nennt man umgangssprachlich alle möglichen unbemannten Luftfahrzeuge, die autonom per Computer navigieren oder ferngesteuert werden, angefangen bei kleinen Spielzeug-Modellen bis hin zu großen Maschinen. Drohnen gibt es in unterschiedlichsten Bauweisen. Eingesetzt werden sie u. a. vom Militär, von der Polizei und in der Wissenschaft, etwa für Aufklärungs-, Überwachungs- und Erkundungszwecke. Auch Medienproduzenten nutzen Drohnen, um Filmaufnahmen zu machen.

Zu 26) C. Winde

Die Winde ist ein Hebezeug, ein Transportmittel zur senkrechten Warenbeförderung. Hubwagen, Gabelstapler und Schubmaststapler sind Flurfördergeräte (auch „Flurförderzeuge" oder „Flurfördermittel") – d. h. Transportmittel, die Güter in der Horizontalen befördern.

Zu 27) „Jumbo-Jet"

Die Boeing 747 nennt man wegen ihrer Größe auch „Jumbo-Jet", angelehnt an den Elefanten „Jumbo", der im 19. Jahrhundert ein Publikumsmagnet in europäischen und amerikanischen Zoos war. Die 747 wurde 1969 eingeführt und galt – mit bis zu 660 Passagierplätzen – jahrzehntelang als größtes Flugzeug der Welt. Erst 2005 verlor sie diesen Status an den Airbus A380 mit einer maximalen Kapazität von 960 Passagieren.

Zu 28) D. Mofas sind bis zu 50 km/h schnell.

Mofa ist ein Kürzel für „Motorisiertes Fahrrad" – folglich ist dieser Zweiradtyp nicht besonders leistungsstark. Seine gesetzlich vorgeschriebene, bauartbedingte Höchstgeschwindigkeit beträgt 25 km/h. Das Mindestalter für den Mofa-Führerschein liegt bei 15 Jahren, während man für die leistungsstärkeren Mopeds oder Mokicks mindestens 16 Jahre alt sein muss. Mofas haben meist einen Zweitakt-Verbrennungsmotor sowie Pedale zum Starten, Bremsen und Abstützen der Füße.

Zu 29) C. Der 3-Punkt-Sicherheitsgurt Ende der 40er-Jahre

Marktreif wurden die 3-Punkt-Gurte erst 1959, als Volvo mit dem serienmäßigen Einbau in alle Fahrzeuge begann; vorher sicherte man sich mit 2-Punkt-Riemen. Das – damals noch mechanisch geregelte – ABS („Antiblockiersystem") wurde Ende der 60er-Jahre eingeführt. Die ersten Pkw mit Airbag erschienen in den 70er-Jahren, seinen Durchbruch feierte der luftgefüllte Prallsack ein Jahrzehnt später. Die jüngste genannte Neuerung ist das ESP („Elektronisches Stabilitätsprogramm"), englisch ESC („Electronic Stability Control"), das 1995 auf den Markt kam.

Zu 30) D. Sandturbine

Turbinen sind Strömungsmaschinen, die mithilfe rotierender Schaufeln und Wellen die innere Energie von Fluiden (Gasen und Flüssigkeiten) in mechanische Energie umwandeln. Man nutzt sie in Flugzeugen, Schiffen und Kraftwerken. Sandturbinen gibt es nicht – Sand ist kein Fluid.

Natur und Umwelt — *Bearbeitungszeit 15 Minuten*

Bearbeiten Sie bitte die folgenden Aufgaben, indem Sie die richtige Lösung markieren oder die Antwort in das Lösungsfeld schreiben.

1) Welcher Vogel ist kein heimischer Singvogel?

A. Die Amsel
B. Der Buchfink
C. Die Nachtigall
D. Der Wellensittich
E. Keine Antwort ist richtig.

2) Wie heißt dieses Gemüse?

A. Fenchel
B. Lauchzwiebel
C. Kürbis
D. Brokkoli
E. Keine Antwort ist richtig.

3) Ein Passat ist …?

A. eine Hitzewelle.
B. ein Windsystem.
C. eine Vegetationszone.
D. eine Meeresströmung.
E. Keine Antwort ist richtig.

4) Ein Komposthaufen dient dazu, …?

A. organische Abfälle in Nährstoffe umzuwandeln.
B. umweltschädlichen Müll isoliert zu sammeln.
C. Wildtiere zur Winterzeit mit Nahrung zu versorgen.
D. bedrohten Kleintieren eine geschützte Nistmöglichkeit zu bieten.
E. Keine Antwort ist richtig.

5) Welchen Baum trifft man in deutschen Wäldern am häufigsten – die Eiche, die Fichte oder die Erle?

6) Wie groß ist die Waldfläche der Bundesrepublik Deutschland?

A. Ca. 10 % der Staatsfläche
B. Ca. 20 % der Staatsfläche
C. Ca. 30 % der Staatsfläche
D. Ca. 40 % der Staatsfläche
E. Keine Antwort ist richtig.

7) Wie nennt man die Niederung entlang eines Bach- oder Flusslaufs, die vom wechselnden Hoch- und Niedrigwasser geprägt wird?

A. Buhne
B. Delta
C. Mäander
D. Aue
E. Keine Antwort ist richtig.

8) Wie heißt der Farbstoff, der Pflanzenblätter grün färbt?

_____

9) Bananen wachsen an …?

A. Sträuchern.
B. Bäumen.
C. Sporen.
D. Stauden.
E. Keine Antwort ist richtig.

10) Sind Linsen ein Getreide?

☐ ja   ☐ nein

11) Welcher Schädling verursacht erheblichen Schaden an Kartoffeln?

A. Kartoffelameise
B. Kartoffelkäfer
C. Kartoffelwurm
D. Kartoffellaus
E. Keine Antwort ist richtig.

12) Wie heißt dieser Augentyp, der unter anderem bei Mücken und anderen Insekten vorkommt?

13) Nennt man Pflanzen „immergrün", wenn ihre Blätter und Blüten dieselbe Farbe haben?

☐ ja   ☐ nein

14) Ein Vogel in der Mauser …?

A. ist in der Paarungszeit.
B. erneuert sein Federkleid.
C. hält einen Winterschlaf.
D. stellt seine Ernährung um.
E. Keine Antwort ist richtig.

15) Welche Pflanze gibt es wirklich?

A. Freesie
B. Friisie
C. Fraasie
D. Froosie
E. Keine Antwort ist richtig.

16) Was ist ein Atoll?

A. Ein Bergsee

B. Ein ringförmiges Koralleneiland

C. Ein Gebirgszug

D. Ein Sumpfgebiet

E. Keine Antwort ist richtig.

17) Wie heißt das Jungtier des Hausschweins?

_____

18) Die linienförmige Vertiefung im Ackerboden, die von einem Pflug gezogen wird, heißt …?

A. Scholle.

B. Pflugschar.

C. Furche.

D. Krume.

E. Keine Antwort ist richtig.

19) Wasser, das vom Blatt abperlt – diese Selbstreinigungsfähigkeit mancher Pflanzen ist allgemein bekannt als …?

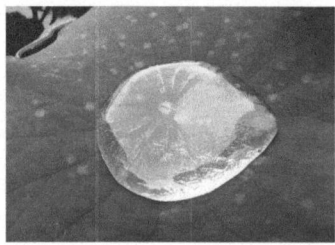

_____.

20) Welches Gewürz wird aus Orchideen gewonnen?

A. Senf

B. Wasabi

C. Zucker

D. Vanille

E. Keine Antwort ist richtig.

21) Wie heißt diese Rinderart?

A. Wisent

B. Gnu

C. Yak

D. Tapir

E. Keine Antwort ist richtig.

22) Wie viele Insektenarten wurden bislang entdeckt?

A. Ca. 200.000

B. Ca. 600.000

C. Ca. 1 Million

D. Ca. 2,5 Millionen

E. Keine Antwort ist richtig.

23) Welche zwei Arten der Bestäubung gibt es?

A. Selbst- und Fremdbestäubung
B. Nass- und Kaltbestäubung
C. Warm- und Trockenbestäubung
D. Hoch- und Tiefbestäubung
E. Keine Antwort ist richtig.

24) Welches Element ist der Grundstoff vieler Düngemittel?

A. Sauerstoff
B. Kohlenstoff
C. Stickstoff
D. Schwefel
E. Keine Antwort ist richtig.

25) Landwirtschaftliche Flächen, die nicht genutzt werden, liegen …?

_____ .

26) Welche vor allem in Asien verbreitete Pflanze aus der Familie der Süßgräser wird auch gerne in deutschen Gärten gepflanzt?

A. Bambus
B. Rose
C. Zypresse
D. Erle
E. Keine Antwort ist richtig.

27) Welches Gemüse wird zur Ernte nicht aus dem Boden gezogen?

A. Radieschen
B. Möhren
C. Rettich
D. Knollensellerie
E. Keine Antwort ist richtig.

28) Ist ein „Bonsai" eine eigenständige, winzige Baumart?

☐ ja   ☐ nein

29) Was sind Stecklinge?

A. Geschnittene Sprossteile von Pflanzen
B. Natürliche Triebe
C. Blütenknospen
D. Früchte
E. Keine Antwort ist richtig.

30) Welche baumartige Lebensform bildet in der Regel keine Äste aus?

A. Tannen
B. Palmen
C. Pappeln
D. Buchen
E. Keine Antwort ist richtig.

Lösungen: Natur und Umwelt

1. D	11. B	21. C
2. A	12. Facettenauge	22. C
3. B	13. nein	23. A
4. A	14. B	24. C
5. Fichte	15. A	25. brach
6. C	16. B	26. A
7. D	17. Ferkel	27. E
8. Chlorophyll	18. C	28. nein
9. D	19. Lotuseffekt	29. A
10. nein	20. D	30. B

Zu 1) D. Der Wellensittich

Die Amsel, der Buchfink und die Nachtigall sind allesamt heimische Singvögel. Wellensittiche gehören zur Ordnung der Papageien; sie stammen ursprünglich aus Australien und werden in Europa seit dem 19. Jahrhundert als Ziervögel gehalten.

Zu 2) A. Fenchel

Fenchel ist eine krautige Gemüse-, Gewürz- und Heilpflanze aus der Familie der Doldenblütler. Sie wird bis zu zwei Meter hoch und bildet knollenähnliche Zwiebeln; ihr würziger Geruch erinnert an Anis. In der Küche nutzt man die Fenchelsamen z. B. für Tee, die Knollen reicht man als Beilage oder verarbeitet sie zu Gemüsegerichten. Als Arzneipflanze dient der Fenchel u. a. zur Behandlung von Magen-Darm-Beschwerden und Nierenleiden.

Zu 3) B. ein Windsystem.

Passatwinde treten in den Tropen und teilweise Subtropen auf, bis zu etwa 30 Grad geografischer Breite. Verursacht durch die Erdrotation und die Luftzirkulation im Äquatorgebiet, sind sie nur mäßig stark, aber sehr beständig. Man unterscheidet zwei große Passatsysteme: Auf der Nordhalbkugel weht der Nordostpassat in südwestliche Richtung, auf der Südhalbkugel der Südostpassat in nordwestliche Richtung.

Zu 4) A. organische Abfälle in Nährstoffe umzuwandeln.

In einem Komposthaufen sammelt man Küchen- und Gartenabfälle und anderes organisches Material. Dieses wird im Laufe der Zeit mithilfe von Bodenlebewesen unter Sauerstoffeinfluss abgebaut. Dabei werden zahlreiche Mineralstoffe freigesetzt, die als Dünger nutzbar sind, z. B. Nitrate, Phosphate, Kalium- und Magnesiumverbindungen. Ein weiteres Abbauprodukt ist fruchtbarer Humus, ein Hauptbestandteil der Muttererde.

Zu 5) Die Fichte

Unter den genannten Baumarten trifft man die Fichte am häufigsten. Sie bedeckt zusammen mit der Kiefer und der Rotbuche den Großteil der deutschen Waldfläche. Ein Grund dafür liegt in der weiträumigen Nadelbaum-Aufforstung im 19. Jahrhundert: Das Holz der robusten Nadelbäume war in Bergbau und Bauindustrie stark gefragt, also pflanzte man vielerorts Fichten und Kiefern.

Zu 6) C. Ca. 30 % der Staatsfläche

Die deutsche Waldfläche betrug bei der letzten Bundeswaldinventur (2011–2012) gut 11,4 Millionen Hektar, das entspricht etwa 32 % des Staatsgebiets. Davon entfielen rund 48 % auf Privatwald, 33 % auf Staatswald (29 % Landeswald und 4 % Bundeswald) und 19 % auf Körperschaftswald. Der vergleichsweise hohe Waldanteil in Deutschland resultiert maßgeblich aus den Aufforstungsbemühungen des 19. Jahrhunderts.

Zu 7) D. Aue

Die Aue (auch „Au") ist eine Uferlandschaft, die von einem Fluss bzw. Bach geprägt wird und zahlreiche Lebewesen beheimatet. Ein Delta ist ein dreiecksförmig auffächerndes Mündungsgebiet eines Flusses, Mäander sind Schlingen eines kurvenreichen Flusslaufs und Buhnen kleine Dämme, die zum Ufer- bzw. Küstenschutz in Flüsse oder Meere hineingebaut werden.

Zu 8) Chlorophyll

Ihre grüne Farbe verdanken viele Pflanzen dem natürlichen Farbstoff Chlorophyll, auch „Blattgrün" genannt. Chlorophyll wird von Organismen durch Fotosynthese gebildet.

Zu 9) D. Stauden.

Bananenpflanzen sind meterhohe Stauden mit „Scheinstämmen" aus massiven Blattstielen und -scheiden, die nicht verholzen – anders als bei Bäumen und Sträuchern. Die bekannteste der über 70 Bananengewächsarten ist die Dessertbanane, deren Frucht rund um die Welt gern verzehrt wird.

Zu 10) nein

Wie Erbsen und Bohnen sind auch die Linsen Hülsenfrüchte; ihre Samen sind in Hülsen eingeschlossen. Weizen, Hafer und Gerste sind dagegen Getreidesorten, deren Körnerfrüchte an den Ähren hängen.

Zu 11) B. Kartoffelkäfer

Der Kartoffelkäfer stammt ursprünglich aus dem US-Bundesstaat Colorado. Durch den Schiffshandel gelangte er nach Europa, wo er 1877 erstmals in Liverpool und Rotterdam gesichtet wurde. Heute ist der Kartoffelkäfer in den USA, Europa und Asien verbreitet. Hierzulande hat er keine natürlichen Fressfeinde und zeigt sich zunehmend resistent gegen Schädlingsbekämpfungsmittel.

Zu 12) Facettenauge

Facettenaugen bestehen aus zahlreichen Einzelaugen und sind relativ starr. Ihre Bildauflösung ist im Vergleich zum menschlichen Auge nicht besonders hoch, dafür können sie Bildfrequenzen von über 300 Bildern pro Sekunde erreichen – das menschliche Auge bringt es auf etwa 60 Bilder pro Sekunde.

Zu 13) nein

Immergrüne Pflanzen ersetzen ihre Blätter bzw. Nadeln über längere Zeit verteilt und sind niemals „kahl". Sie leben vorranging in warmen bis tropischen Gebieten. Die häufigsten immergrünen Gewächse in kälteren Klimazonen sind Nadelgehölze.

Zu 14) B. erneuert sein Federkleid.

Einmal im Jahr erneuern Vögel ihr Federkleid, da sich ihre Federn abnutzen. Diesen Vorgang nennt man „Mauser".

Zu 15) A. Freesie

Freesien sind Schwertliliengewächse und kommen ursprünglich aus Afrika. Es gibt sie in etwa 15 Arten. Freesien sind in vielen Farben erhältlich und spielen im Blumenhandel eine große Rolle, denn ihre Blüten duften angenehm und erfrischend.

Zu 16) B. Ein ringförmiges Koralleneiland

Ein Atoll ist ein ringförmiges Korallenriff, das eine Lagune umschließt.

Zu 17) Ferkel

Das männliche Hausschwein heißt Eber, das weibliche Hausschwein ist die Sau, ihr Jungtier ist das Ferkel.

Zu 18) C. Furche.

Furchen werden von einem Pflug gezogen und grenzen gepflügte Ackerbereiche von ungepflügten ab. In hügeligen Ackerlagen dienen sie, quer zum Hang gezogen, auch als Rückhalterinnen für Regenwasser.

Zu 19) Lotuseffekt.

In den 70er-Jahren entdeckten Wissenschaftler die Selbstreinigungsfähigkeit der Lotospflanze: Ihre Blätter sind immer sauber. Grund dafür sind winzige noppenartige Nanostrukturen auf der Blattoberfläche, die auftreffendes Wasser abperlen lassen, wodurch Schmutzpartikel entfernt werden. Die Industrie übertrug dieses Prinzip selbstreinigender Oberflächen auf Produkte wie Fassadenfarben oder Gläser und vermarktete sie mit dem Begriff Lotuseffekt.

Zu 20) D. Vanille

Die Orchideengattung „Vanilla" umfasst über 100 Arten, wovon 15 die beliebten aromatischen Kapselfrüchte (Vanilleschoten) tragen. Ursprünglich stammen die meisten „Vanilla"-Arten aus Mittelamerika, heute baut man die Pflanzen in tropischen und subtropischen Regionen rund um die Welt an.

Zu 21) C. Yak

Der Yak, wegen seiner typischen Laute auch „Grunzochse" genannt, ist eine domestizierte zentralasiatische Rinderart. Der Mensch nutzt Yaks als Last- und Reittiere und als Lieferanten von Milch, Fleisch, Leder und Wolle. Ausgewachsene Yakbullen können mehr als eine Tonne wiegen und über drei Meter lang sein. Der freilebende Wildyak ist vom Aussterben bedroht.

Zu 22) C. Ca. 1 Million

Die Wissenschaft kennt bislang rund eine Million verschiedene Insektenarten, das entspricht etwa 60 Prozent aller überhaupt beschriebenen Tierarten. Vor allem im tropischen Regenwald werden allerdings noch Millionen weiterer Insektenarten vermutet.

Zu 23) A. Selbst- und Fremdbestäubung

Bei der Selbstbestäubung bestäubt sich die Pflanze mit ihrem eigenen Pollen. Bei der Fremdbestäubung wird der Pollen auf die Blüte einer anderen Pflanze übertragen, etwa durch Wind und Wasser oder durch Insekten, Vögel, Fledermäuse und andere Tiere.

Zu 24) C. Stickstoff

Stickstoff treibt die Pflanzenentwicklung an und gilt als wichtigste Düngerform.

Zu 25) brach.

Wenn eine landwirtschaftliche Fläche nicht genutzt wird, liegt sie brach. Oft richtet man Brachflächen gezielt ein, damit sich der Boden erholen kann. Sie können allerdings auch aus wirtschaftlichen Gründen entstehen.

Zu 26) A. Bambus

Allein in China gibt es rund 500 Bambusarten, manche werden bis zu 38 Meter hoch. Bambus blüht typischerweise sehr selten und wird vor allem in Asien vielseitig verwendet – ob als Lebensmittel (Bambussprossen), als Baumaterial oder als Rohstoff zur Möbelherstellung.

Zu 27) E. Keine Antwort ist richtig.

Radieschen, Möhre, Rettich und Knollensellerie sind Wurzelgemüse, deren Pflanzenwurzel man verzehrt. Alle genannten Gewächse müssen daher zur Ernte komplett aus dem Boden gezogen werden. Andere Nutzpflanzen – etwa Rosenkohl oder Bohnen – werden von den Ranken bzw. Stängeln abgeerntet.

Zu 28) nein

„Bonsai" ist eine japanische Gartenkunst: Sträucher und Bäume werden in sehr kleine Gefäße gepflanzt, sodass sich ihre Wurzeln nicht ausbreiten können und ihr Wuchs auf Miniaturgröße begrenzt wird. Mithilfe spezieller Schnitt- und Drahttechniken werden die Pflanzen dabei ästhetisch geformt. Grundsätzlich kommen dafür alle möglichen Strauch- und Baumarten infrage.

Zu 29) A. Geschnittene Sprossteile von Pflanzen

Stecklinge werden in einen Nährboden (Substrat) eingepflanzt, wo sie eigene Wurzeln schlagen und sich zu selbstständigen Pflanzen entwickeln. Ohne menschliche Hilfe vermehrt sich die Pflanze mittels ihrer natürlichen Triebe, der Ableger.

Zu 30) B. Palmen

Die meisten Palmen bilden an den Stämmen keine Äste aus; sie entwickeln Blätter im oberen Stammbereich. Die Palme zählt botanisch nicht zu den Bäumen, sondern zu den baumartigen Lebensformen. Während Bäume stetig in die Breite wachsen, ist das Wachstum der Palme ab einem bestimmten Punkt abgeschlossen, sodass der Stamm seine erreichte Breite beibehält.

Gesundheit und Ernährung   *Bearbeitungszeit 15 Minuten*

Bearbeiten Sie bitte die folgenden Aufgaben, indem Sie die richtige Lösung markieren oder die Antwort in das Lösungsfeld schreiben.

1) Bitte berechnen Sie den Body-Mass-Index.

A. Gewicht in Kilogramm geteilt durch das Quadrat der Körpergröße in Metern

B. Gewicht in Kilogramm zum Quadrat geteilt durch Körpergröße in Zentimetern

C. Körpergröße in Zentimetern zum Quadrat geteilt durch Gewicht in Kilogramm

D. Körpergröße in Metern geteilt durch das Quadrat des Gewichts in Kilogramm

E. Keine Antwort ist richtig.

2) Die Hauptbestandteile der menschlichen Nahrung sind Kohlenhydrate, Eiweiße und …?

_____

3) Ein Hypochonder fürchtet sich vor …?

A. großer Höhe.

B. Dunkelheit.

C. Spinnen.

D. schweren Erkrankungen.

E. Keine Antwort ist richtig.

4) Das Graubrot verdankt seine Farbe dem hohen Anteil an …?

A. Weizenmehl.

B. Roggenmehl.

C. Zucker.

D. Hefe.

E. Keine Antwort ist richtig.

5) Ein durchschnittlicher Erwachsener hat einen Ruhepuls von ca. 90 Schlägen pro Minute – stimmt diese Aussage?

☐ stimmt   ☐ stimmt nicht

6) Welcher Mineralstoff, der u. a. in Milchprodukten reichlich vorhanden ist, fördert den Zahn- und Knochenaufbau?

_____

7) Was ist kein Teilabschnitt der Wirbelsäule?

A. Halswirbelsäule

B. Brustwirbelsäule

C. Hüftwirbelsäule

D. Lendenwirbelsäule

E. Keine Antwort ist richtig.

8) Welche Lebensmittel sollten den größten Anteil der täglichen Ernährung ausmachen?

A. Kohlenhydratreiche Lebensmittel wie Getreideprodukte, Kartoffeln oder Teigwaren

B. Fettreiche Lebensmittel wie Gänseschmalz oder Frittiertes

C. Eiweißreiche Lebensmittel wie Milchprodukte oder Fleisch

D. Vitaminreiche Lebensmittel: Obst und Gemüse

E. Keine Antwort ist richtig.

9) Wer anstehende Aufgaben andauernd aufschiebt, leidet womöglich an …?

A. Dyskalkulie.

B. Prokrastination.

C. Amnesie.

D. Entscheidungsparalyse.

E. Keine Antwort ist richtig.

10) Welchen Tagesbedarf an Energie hat ein 20 Jahre alter, 1,80 Meter großer Mann, der ausschließlich im Sitzen tätig ist?

A. Ungefähr 1.500 Kilokalorien

B. Ungefähr 2.000 Kilokalorien

C. Ungefähr 2.300 Kilokalorien

D. Ungefähr 2.800 Kilokalorien

E. Keine Antwort ist richtig.

11) Wie heißt diese Heil- und Gewürzpflanze – Rosmarin, Pfefferminze oder Lorbeer?

12) Aus welchen Grundzutaten besteht eine Mayonnaise?

A. Eigelb und Öl

B. Eigelb und Butter

C. Mehl und Eiweiß

D. Sahne und Öl

E. Keine Antwort ist richtig.

13) Welche Bakterien, die in rohen Eiern und Geflügel häufig vorkommen, können gefährliche Magen-Darm-Entzündungen verursachen?

14) Wofür sind die weißen Blutkörperchen zuständig?

A. Sauerstofftransport im Blut

B. Abwehr von Krankheitserregern

C. Schnelle Blutgerinnung

D. Transport von Nährstoffen

E. Keine Antwort ist richtig.

15) Welches psychologische Phänomen beschreibt die Zuneigung von Geiselopfern zu ihren Geiselnehmern?

A. Jerusalem-Syndrom

B. Paris-Syndrom

C. Stockholm-Syndrom

D. Lima-Syndrom

E. Keine Antwort ist richtig.

16) Wie heißt eine bekannte Kartoffelsorte – Braeburn, Linda oder Conférence?

_____ .

17) Wodurch wird die Kariesentstehung begünstigt?

A. Knusprige Nahrungsmittel

B. Häufiger Käsekonsum

C. Kohlenhydratreiche Weichkost

D. Erhöhte Speichelproduktion

E. Keine Antwort ist richtig.

18) Welche Aufgabe haben Sehnen im menschlichen Körper?

A. Sie verbinden Knochen mit Bändern.

B. Sie verankern Muskeln an Knochen.

C. Sie federn Stöße auf die Gelenke ab.

D. Sie stabilisieren die Gelenke.

E. Keine Antwort ist richtig.

19) Welches ist das hochwertigste und teuerste Stück eines Tieres?

A. Der Schenkel

B. Der Bauch

C. Das Filet

D. Die Schulter

E. Keine Antwort ist richtig.

20) Wer ein Lebensmittel blanchiert, der …?

A. überbrüht es mit heißem Wasser.

B. gart es in heißem Fett.

C. backt es bei geringer Hitze im Ofen.

D. umhüllt es mit Ei und anderen Zutaten.

E. Keine Antwort ist richtig.

21) Bei welchem psychodiagnostischen Verfahren nutzt man solche Tintenklecksmuster?

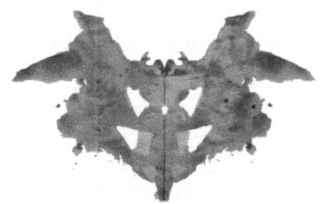

A. Medizinisch-Psychologische Untersuchung (MPU)

B. Rorschachtest

C. Graphologie

D. APGAR-Test

E. Keine Antwort ist richtig.

22) Je nach Qualität werden Obst und Gemüse in Handelsklassen eingeteilt. Was gilt für eine Kartoffel der Handelsklasse II?

A. Sie darf nur als Tierfutter verwendet werden.

B. Sie darf nur von der Lebensmittelindustrie verwendet werden.

C. Sie ist gesundheitlich unbedenklich.

D. Sie darf nicht als Nahrungsmittel verkauft werden.

E. Keine Antwort ist richtig.

23) Was bemisst sich in Broteinheiten?

A. Die Verpackungsgrößen im Großhandel

B. Der Tagesbedarf an Grundnahrungsmitteln

C. Das Normgewicht eines Brotlaibs

D. Der Kohlenhydratgehalt von Lebensmitteln

E. Keine Antwort ist richtig.

24) Fluoride in Zahnpasten …?

A. verbessern die Zahnfleischregeneration.

B. neutralisieren schädliche Säuren.

C. töten Bakterien ab.

D. härten den Zahnschmelz.

E. Keine Antwort ist richtig.

25) Wer unter Adipositas leidet, …?

A. hat starkes Übergewicht.

B. kann Arme und Beine nur unter Schmerzen bewegen.

C. hört keine hohen Töne mehr.

D. leidet unter Vitaminmangel.

E. Keine Antwort ist richtig.

26) Mit welcher Klientel beschäftigt sich die Gerontopsychiatrie – mit Senioren, Gewaltopfern oder Suchtkranken?

_____

27) Was verwendet man bei der Masernimpfung als Impfstoff?

A. Heilserum
B. Antikörper
C. Krankheitserreger
D. Gegengift
E. Keine Antwort ist richtig.

28) In welchem Temperaturbereich können sich Bakterien besonders gut vermehren?

A. 50–65 °C
B. 20–40 °C
C. 10–20 °C
D. 0–10 °C
E. Keine Antwort ist richtig.

29) Als „Sinusitis" bezeichnet man eine Entzündung …?

A. der Mandeln.
B. des Kniegelenks.
C. der Nasennebenhöhlen.
D. des Dünndarms.
E. Keine Antwort ist richtig.

30) Was löst den Muskelkater aus?

A. Sauerstoff-Unterversorgung der Muskeln
B. Überstreckung der Muskelfasern durch zu schnelle Bewegungen
C. In kleine Geweberisse eindringendes Wasser
D. Mangelnder Flüssigkeitsnachschub beim Sport
E. Keine Antwort ist richtig.

Lösungen: Gesundheit und Ernährung

1. A	11. Pfefferminze	21. B
2. Fette	12. A	22. C
3. D	13. Salmonellen	23. D
4. B	14. B	24. D
5. stimmt nicht	15. C	25. A
6. Kalzium	16. Linda	26. Senioren
7. C	17. C	27. C
8. A	18. B	28. B
9. B	19. C	29. C
10. C	20. A	30. C

Zu 1) A. Gewicht in Kilogramm geteilt durch das Quadrat der Körpergröße in Metern

Der Body-Mass-Index (BMI) berechnet sich durch das Körpergewicht in Kilogramm, geteilt durch das Quadrat der Körpergröße in Metern. Ein 1,80 Meter großer, 80 Kilogramm schwerer Mann hat demnach einen BMI von $80 \div (1,8 \times 1,8) = 24,7$. Bei Werten unterhalb von 18,5 vermutet man Untergewicht, Normalgewichtige haben einen BMI zwischen 18,5 und 25, darüber beginnt das Übergewicht.

Zu 2) Fette.

Der Nährstoff mit der höchsten Energiedichte ist Fett – er liefert pro Gramm geschlagene 9,3 Kilokalorien (kcal), umgerechnet 38 Kilojoule (kJ). Dahinter liegen Kohlenhydrate und Eiweiß mit jeweils 4,1 kcal (17 kJ) pro Gramm.

Zu 3) D. schweren Erkrankungen.

Die Hypochondrie, eine psychische Störung, lässt Betroffene ausgeprägte Ängste vor ernsten Erkrankungen entwickeln, für die es objektiv keine Hinweise gibt. Sie kann auch als Symptom bei anderen psychischen Störungen auftreten (z. B. Depressionen, Angststörungen, Schizophrenie).

Zu 4) B. Roggenmehl.

Graubrot ist ein Roggenmischbrot, das zu über der Hälfte aus Roggenmehl und einer geringeren Menge Weizenmehl besteht. Je höher der

Roggenanteil, desto dunkler die Farbe – liegt er über 90 Prozent, spricht man nicht mehr von einem Roggenmisch-, sondern von einem Roggenbrot. Gegenstück ist das helle Weizenmisch- bzw. Weizenbrot.

Zu 5) stimmt nicht

Einen Ruhepuls von 30 erreichen normalerweise höchstens professionelle Ausdauersportler. Das Herz eines durchschnittlichen Erwachsenen schlägt ungefähr 60- bis 80-mal pro Minute. Jugendliche und Senioren haben im Schnitt einen Ruhepuls von ca. 80–90 Schlägen, Kinder liegen noch etwas darüber.

Zu 6) Kalzium

Besonders ergiebige Kalziumquellen sind Milch und Milchprodukte wie Joghurt und Käse: Mit 100 Gramm Emmentaler nimmt man fast ein Gramm Kalzium zu sich. Auch manche Gemüsesorten – Brokkoli, Grünkohl, Blattspinat – enthalten viel von dem wichtigen Nährstoff. Der Kalziumanteil in Fleisch, Früchten und Fisch ist relativ gering.

Zu 7) C. Hüftwirbelsäule

Die ersten sieben Wirbel des menschlichen Rückgrats bilden die Halswirbelsäule, an die sich die Brustwirbelsäule mit zwölf Wirbeln anschließt.

Die unteren fünf Wirbel zählt man zur Lendenwirbelsäule, die auf Beckenhöhe ins wirbellose, keilförmige Kreuzbein übergeht, das wiederum ins Steißbein ausläuft. Eine „Hüftwirbelsäule" gibt es nicht.

Zu 8) A. Kohlenhydratreiche Lebensmittel wie Getreideprodukte, Kartoffeln oder Teigwaren

Den Hauptanteil der täglichen Ernährung sollten kohlenhydratreiche Lebensmittel stellen – sie liefern dem Körper die benötigte Energie. Für eine ausreichende Vitaminversorgung sind Obst und Gemüse wichtig, während von Fisch, Fleisch, Eiern und Milchprodukten vergleichsweise geringe Mengen genügen. Nur eine Randnotiz in den Ernährungsempfehlungen sind Süßigkeiten und fettreiche Lebensmittel.

Zu 9) B. Prokrastination.

Prokrastination ist eine Arbeitsstörung, gekennzeichnet durch das chronische Aufschieben anstehender Aufgaben. Meist geht damit ein hoher Leidensdruck einher, der zu körperlichen und psychischen Beschwerden führen kann. Dieses pathologische Verhalten ist nicht zu verwechseln mit dem Ausweichen vor ungeliebten Aufgaben im Alltag („Aufschieberitis").

Zu 10) C. Ungefähr 2.300 Kilokalorien

Ein 1,80 Meter großer 20-Jähriger, der ausschließlich sitzende Tätigkeiten ausübt, verbraucht pro Tag eine Energiemenge von rund 2.300 Kilokalorien (kcal), das entspricht ca. 9.600 Kilojoule (kJ).

Zu 11) Pfefferminze

Die Pfefferminze ist eine frostharte Staude mit 30 bis 90 Zentimetern Wuchshöhe. Ihre charakteristische frische Schärfe verdankt sie ihrem hohen Mentholgehalt. Öl, Blätter und Extrakt der Pflanze nutzt man z. B. für Tees, Kaugummis oder Cocktails. In der Medizin kommt die Pfefferminze u. a. bei Magen-Darm- und Erkältungsbeschwerden oder Kopf- und Nervenschmerzen zum Einsatz.

Zu 12) A. Eigelb und Öl

Die Grundzutaten der Mayonnaise sind Eigelb und Öl. Man vermengt das Eigelb mit etwas Wasser und rührt das Öl tröpfchenweise unter beständigem Schlagen hinein.

Zu 13) Salmonellen

Salmonellen sind stäbchenförmige Bakterien, die schwere Erkrankungen des Magen-Darm-Trakts verursachen können, etwa Typhus und Brechdurchfall. Lebensmittel mit hohem Infektionsrisiko sind nicht ausreichend durchgegartes Geflügel sowie Produkte mit rohem Ei, z. B. selbstgemachte Mayonnaise.

Zu 14) B. Abwehr von Krankheitserregern

Weiße Blutkörperchen (Leukozyten) sind Teil der Immunabwehr und finden sich im Blut, im Rücken- und Knochenmark und in anderen Gewebeteilen. Ihre Hauptaufgabe liegt in der Abwehr von Krankheitserregern.

Zu 15) C. Stockholm-Syndrom

Der Name „Stockholm-Syndrom" geht zurück auf ein Geiseldrama in der schwedischen Hauptstadt im August 1973. Während ihrer fünftägigen Gefangenschaft entwickelten die Geiseln zunehmend Angst vor den Einsatzkräften und begannen, mit den Tätern zu sympathisieren.

Zu 16) Linda

„Linda" heißt eine bekannte festkochende Kartoffelsorte aus der Lüneburger Heide. Als sie der Saatgutzüchter und Kartoffelsorten-Eigentümer „Europlant" 2005 vom Markt nahm, erregte dies einiges Aufsehen, da „Linda" wegen ihres nussigen Aromas und ihrer intensiven gelben Farbe beliebt war. Seit 2010 ist „Linda" als unlizenzierte Kartoffel wieder im Handel. „Braeburn" ist eine Apfelsorte, „Conférence" ist die in der EU am häufigsten angebaute Birnensorte.

Zu 17) C. Kohlenhydratreiche Weich- kost

Speichel wirkt karieshemmend, somit entfällt Vorschlag D. Käsekonsum unterstützt die Speichelbildung und liefert wichtige Mineralien, also ist auch B falsch. Und da knusprige, harte Nahrungsmittel meist schnell aus dem Mundraum verschwunden sind, stehen sie den Bakterien kaum als Nährstoffquelle zur Verfügung. Richtig ist C: Kohlenhydratreiche Kost stimuliert die Bakterien zur Produktion von Säuren, die den Zahnschmelz angreifen.

Zu 18) B. Sie verankern Muskeln an Knochen.

Sehnen verankern Muskeln an Knochen. Gelenke sind Verbindungselemente zwischen den Knochen; sie werden durch Bänder stabilisiert und verfügen über elastische Puffer aus Knorpel und Gelenkflüssigkeit, die Stöße abfedern.

Zu 19) C. Das Filet

Das Filet ist ein besonders wohlschmeckendes Fleischstück aus einem Muskelstrang im Lendenbereich.

Da die Tiere diesen Muskel kaum nutzen, bleibt das Fleisch saftig, mager und zart – und garantiert einen entsprechend hohen Verkaufspreis.

Zu 20) A. überbrüht es mit heißem Wasser.

„Blanchieren" bedeutet, ein Lebensmittel mit heißem Wasser zu überbrühen bzw. kurz in heißes Wasser zu tauchen. Dadurch werden Keime und unerwünschte Geschmacksstoffe entfernt; Blattgemüse sind danach bereits gar.

Zu 21) B. Rorschachtest

Der Rorschachtest, entwickelt vom Schweizer Psychoanalytiker Hermann Rorschach (1884–1922), wird seit den 1920er-Jahren in der Psychodiagnostik angewendet. Der Proband deutet dabei die Form von Tintenklecksmustern, woraus Rückschlüsse auf seine Persönlichkeit gezogen werden. Kritiker bemängeln, das Verfahren sei unzuverlässig und seine Gültigkeit nicht belegbar.

Zu 22) C. Sie ist gesundheitlich unbedenklich.

Die Einstufung in Handelsklassen ist gesetzlich vorgeschrieben und folgt genauen Vorgaben: Produkte der Handelsklasse Extra müssen in Form und Farbe fehlerlos sein, Handelsklasse I gestattet leichte Mängel, Handelsklasse II erlaubt auffälligere Quetschungen, Verwachsungen und Farbfehler. Produkte aller Handelsklassen müssen gesundheitlich unbedenklich, sauber und stabil verpackt sein.

Zu 23) D. Der Kohlenhydratgehalt von Lebensmitteln

Die Broteinheit (BE) ist eine Maßzahl für den Kohlenhydratgehalt von Lebensmitteln und entspricht zwölf Gramm Kohlenhydraten. Die Angabe von Broteinheiten ist vor allem für Diabetiker (Diabetes mellitus) wichtig, die zur Stabilisierung des Blutzuckerspiegels auf eine planvolle Kohlenhydratzufuhr angewiesen sind.

Zu 24) D. härten den Zahnschmelz.

Die heutzutage in vielen Zahnpasten enthaltenen Fluoride lagern sich im Zahnschmelz ein und härten ihn.

Zu 25) A. hat starkes Übergewicht.

Der Begriff „Adipositas" (lat. „adeps" = „Fett") bezeichnet starkes Übergewicht. Nach der Definition der Weltgesundheitsorganisation WHO beginnt Adipositas ab einem Body-Mass-Index (BMI) von 30.

Zu 26) Mit Senioren

Der Begriff „Gerontopsychiatrie" setzt sich zusammen aus den griechischen Wörtern „gérōn" („Greis") und „psychiatrike" („Seelenheilkunde"). Im Fokus dieses Fachgebiets stehen die psychischen Erkrankungen älterer Menschen ab dem 55. bis 60. Lebensjahr, u. a. verschiedene Formen der Demenz, Depression und Verwirrtheit. Wegen des demografischen Wandels wird die Gerontopsychiatrie gesellschaftlich und volkswirtschaftlich immer wichtiger.

Zu 27) C. Krankheitserreger

Die Masernimpfung ist eine Lebendimpfung mit abgeschwächten Krankheitserregern. Nach einmaliger Impfung sind 95 Prozent der Kinder ausreichend gegen Masern geschützt. Die Masernimpfung wird als kombinierte Masern-Mumps-Röteln-Impfung oder Masern-Mumps-Röteln-Windpocken-Impfung durchgeführt.

Zu 28) B. 20–40 °C

Bei Temperaturen zwischen 5 °C und 65 °C finden Bakterien gute Lebens- und Fortpflanzungsbedingungen, zwischen 20 °C und 40 °C fühlen sie sich in der Regel am wohlsten. Faustregel für den Umgang mit Lebensmitteln: Die gefährliche Temperaturzone reicht von 7 bis 70 Grad Celsius.

Zu 29) C. der Nasennebenhöhlen.

„Sinusitis" ist der Fachausdruck für eine Entzündung der Nasennebenhöhlen – also die mit der Nase verbundenen Ausbuchtungen der Kieferhöhle, Stirnhöhle, Keilbeinhöhle und der Siebbeinzellen. Erkrankungen der Nase wirken sich häufig auf die Nebenhöhlen aus, da die angeschwollenen Schleimhäute den Sekretabfluss behindern.

Zu 30) C. In kleine Geweberisse eindringendes Wasser

Früher nahm man an, der Muskelkater entstehe durch schlechte Sauerstoffversorgung und daraus resultierende Übersäuerung. Heute herrscht eine andere Ansicht vor: Bei Überbelastung können im Muskelgewebe kleine Risse auftreten, in die nach und nach Wasser einsickert, wodurch das Gewebe schmerzhaft gedehnt wird.

Fremdwörter

Bearbeitungszeit 5 Minuten

Ordnen Sie jedem Fremdwort die richtige Bedeutung zu, indem Sie den richtigen Lösungsbuchstaben in das Kästchen schreiben.

1)	Lamento		A.	Doppellaut
2)	Apologie		B.	Zusammenhang
3)	Diphthong		C.	Zähflüssigkeit
4)	Dilemma		D.	Totenmesse
5)	Zäsur		E.	Klage
6)	Viskosität		F.	Umfeld
7)	Souterrain		G.	Einschnitt
8)	Requiem		H.	Dreistigkeit
9)	Protegé		I.	Kellergeschoss
10)	Milieu		J.	Zwangslage
11)	Kotau		K.	Nachahmung
12)	Korrelation		L.	Rechtfertigung
13)	Fauxpas		M.	Schützling
14)	Chuzpe		N.	Taktlosigkeit
15)	Imitation		O.	Verbeugung

Lösungen: Fremdwörter

1. E	6. C	11. O
2. L	7. I	12. B
3. A	8. D	13. N
4. J	9. M	14. H
5. G	10. F	15. K

Sprichwörter

Bearbeitungszeit 15 Minuten

Bearbeiten Sie bitte die folgenden Aufgaben, indem Sie die richtige Lösung markieren oder das Sprichwort korrekt vervollständigen.

1) Viele Wege führen nach _____.

2) Was bedeutet das Sprichwort „Lügen haben kurze Beine"?

A. Mit Lügen kommt man nicht weit.

B. Kinder lügen meistens.

C. Großen Menschen glaubt man eher.

D. Lügner erkennt man an der Körperhaltung.

E. Keine Antwort ist richtig.

3) Wo _____ ist, ist auch Feuer.

4) Was bedeutet das Sprichwort „Hochmut kommt vor dem Fall"?

A. Selbstüberschätzung kommt vor dem Scheitern.

B. Risikobereitschaft lohnt sich nicht.

C. Risikobereitschaft lohnt sich.

D. Viele Leute scheitern aufgrund mangelnden Wissens.

E. Keine Antwort ist richtig.

5) Lieber den Spatz in der _____ als die Taube auf dem Dach.

6) Der Krug geht so lange zum Brunnen, bis er _____.

7) Was bedeutet das Sprichwort „Was du heute kannst besorgen, das verschiebe nicht auf morgen"?

A. Kaufe immer möglichst viel auf einmal.

B. Wer schnell ist, bekommt die besten Angebote.

C. Man soll Dinge möglichst gleich erledigen.

D. Man soll nicht so viel an die Zukunft denken.

E. Keine Antwort ist richtig.

8) Wer _____ sät, wird Sturm ernten.

9) Es ist alles Jacke wie _____.

10) Der _____ ist das Ziel.

11) Was bedeutet das Sprichwort „Hunde, die bellen, beißen nicht"?

A. Wer lautstark droht, ist ungefährlich.

B. Der will doch nur spielen.

C. Hunde, die nicht bellen, sind gefährlich.

D. Kleine Hunde sind gefährlicher als große.

E. Keine Antwort ist richtig.

12) Wenn zwei sich streiten, freut sich der _____ .

13) Was bedeutet das Sprichwort „Wie man sich bettet, so liegt man"?

A. Es ist wichtig, ein gutes Bett zu haben.

B. Auf weichen Kissen lässt es sich gut schlafen.

C. Betten sind wichtige Bestandteile unseres Lebens, da man viel Zeit im Schlaf verbringt.

D. Man ist selbst für sein Leben verantwortlich.

E. Keine Antwort ist richtig.

14) Die Kuh vom _____ holen.

15) Wer nichts wird, wird _____ .

16) Was bedeutet das Sprichwort „Zeit ist Geld"?

A. Wer Zeit hat, hat auch Geld.

B. Jede Minute ist kostbar.

C. Zeit kann man nicht kaufen.

D. Reiche Menschen haben keine Zeit.

E. Keine Antwort ist richtig.

17) Der Fisch stinkt vom _____ her.

18) _____ guten Dinge sind drei.

19) Was bedeutet das Sprichwort „Eine Schlange am Busen nähren"?

A. Viele Menschen sind falsch.

B. Falschen Freunden vertrauen

C. Es ist gut, jemandem zu vertrauen.

D. Ein krankes Tier aufziehen

E. Keine Antwort ist richtig.

20) Der Teufel ist ein _____ .

21) Was bedeutet das Sprichwort „Wie man in den Wald hinein-ruft, so schallt es heraus"?

A. Echo gibt es überall.

B. Irgendjemand gibt immer einen Kommentar ab.

C. Wie man andere behandelt, so wird man selbst behandelt.

D. Alles kommt irgendwann zurück.

E. Keine Antwort ist richtig.

22) Jede Münze hat zwei _____ .

23) Der _____ macht die Musik.

24) Was bedeutet das Sprichwort „Freunde in der Not gehen tausend auf ein Lot"?

A. Gute Freunde sind immer für einen da.

B. Es ist schwer, gute Freunde zu finden.

C. In schweren Zeiten stehen einem nur wenige Freunde wirklich bei.

D. Freunde sind etwas Wichtiges.

E. Keine Antwort ist richtig.

25) Wasser hat keine _____ .

26) Glück und _____ , wie leicht bricht das.

27) Was bedeutet das Sprichwort „Wasch mir den Pelz, aber mach mich nicht nass"?

A. Vorsicht ist bei bestimmten Dingen angeraten.

B. Lege dich nicht mit Stärkeren an.

C. Jemand gibt sich mit wenig zufrieden.

D. Jemand möchte nur die Vorteile einer Sache genießen.

E. Keine Antwort ist richtig.

28) Träume sind _____ .

29) _____ soll man nicht aufhalten.

30) Das letzte Hemd hat keine _____ .

Lösungen: Sprichwörter

1. Rom	11. A	21. C
2. A	12. Dritte	22. Seiten
3. Rauch	13. D	23. Ton
4. A	14. Eis	24. C
5. Hand	15. Wirt	25. Balken
6. bricht	16. B	26. Glas
7. C	17. Kopf	27. D
8. Wind	18. Aller	28. Schäume
9. Hose	19. B	29. Reisende
10. Weg	20. Eichhörnchen	30. Taschen

Zu 1) Rom

„Viele Wege führen nach Rom" drückt aus, dass es oft mehrere Lösungen für ein Problem gibt und verschiedene Wege zum Ziel führen.

Zu 2) A. Mit Lügen kommt man nicht weit.

Laut diesem Sprichwort lohnen sich Lügen nicht, da die Wahrheit meist doch relativ schnell ans Licht kommt.

Zu 3) Rauch

„Wo Rauch ist, ist auch Feuer" – demnach steckt in Gerüchten oft ein Funke Wahrheit.

Zu 4) A. Selbstüberschätzung kommt vor dem Scheitern.

„Hochmut kommt vor dem Fall" besagt, dass Überheblichkeit und Selbstüberschätzung oft zum Scheitern führen.

Zu 5) Hand

„Lieber den Spatz in der Hand als die Taube auf dem Dach": Es ist besser, einen kleinen Nutzen zu realisieren, als in der vagen Hoffnung auf einen größeren Nutzen am Ende leer auszugehen. Sicherheit vor Risiko also.

Zu 6) bricht

„Der Krug geht so lange zum Brunnen, bis er bricht." Dieses Sprichwort kann verschieden ausgelegt werden.

Allgemein bedeutet es, dass alles einmal zu Ende geht. Zugespitzt kann es bedeuten, dass etwas nicht auf Dauer gut geht oder jedes Unrecht irgendwann bestraft wird.

Zu 7) C. Man soll Dinge möglichst gleich erledigen.

Dieses Sprichwort empfiehlt, notwendige Arbeiten nicht aufzuschieben. Je eher man etwas erledigt hat, desto früher kann man sich wieder mit anderen, eventuell angenehmeren Dingen beschäftigen.

Zu 8) Wind

„Wer Wind sät, wird Sturm ernten" warnt vor schlechten Taten: Wer anderen übel mitspielt, muss damit rechnen, dass er selbst umso rücksichtsloser behandelt wird.

Zu 9) Hose

„Es ist alles Jacke wie Hose" bedeutet, dass etwas egal oder gleichgültig ist.

Zu 10) Weg

„Der Weg ist das Ziel" geht zurück auf den chinesischen Philosophen Konfuzius. Demnach geht es nicht darum, um jeden Preis Ziele zu erreichen; die Hauptsache ist, man macht sich auf den Weg – denn dabei macht man die wirklich wichtigen Erfahrungen.

Zu 11) A. Wer lautstark droht, ist ungefährlich.

Dieses Sprichwort hält Menschen, die gerne drohen, für in Wahrheit ungefährlich: Sie wollen sich mit ihren Drohungen Respekt verschaffen, diese aber nicht verwirklichen.

Zu 12) Dritte

„Wenn zwei sich streiten, freut sich der Dritte." Der Dritte ist in diesem Fall ein Unbeteiligter, der aus dem Konflikt der Streitenden in irgendeiner Weise Nutzen zieht.

Zu 13) D. Man ist selbst für sein Leben verantwortlich.

„Wie man sich bettet, so liegt man" besagt, dass jeder sein Schicksal in der eigenen Hand hat und selbst für die Folgen seines Handelns verantwortlich ist.

Zu 14) Eis

„Die Kuh vom Eis holen." Nachdem die Kuh vom Eis geholt wurde, kann sie darauf nicht mehr ausrutschen. Demgemäß weist die Redensart auf einen Vorgang hin, bei dem eine schwierige Lage entschärft, eine unangenehme Situation gelöst oder etwas in Sicherheit gebracht wird.

Zu 15) Wirt

„Wer nichts wird, wird Wirt" kann einerseits bedeuten, dass man immer eine Möglichkeit hat, etwas aus sich zu machen. Anders herum kann man das Sprichwort auch so auslegen, dass man unter seinen Möglichkeiten bleibt, wenn man sich nicht anstrengt.

Zu 16) B. Jede Minute ist kostbar.

Dieses Sprichwort handelt vom Wert der Zeit: Man soll jede Minute sinnvoll nutzen und die Tage nicht einfach so verstreichen lassen.

Zu 17) Kopf

„Der Fisch stinkt vom Kopf her" bedeutet, dass die Ursache eventueller Missstände letztlich am oberen Ende der Hierarchieleiter zu suchen ist. Mit „Kopf" kann z. B. der Manager eines kriselnden Unternehmens gemeint sein.

Zu 18) Aller

„Aller guten Dinge sind drei" geht wahrscheinlich auf die mittelalterliche Rechtsprechung zurück. Heute ermuntert die Devise dazu, sich einer Herausforderung nach anfänglichem Scheitern noch einmal zu stellen.

Zu 19) B. Falschen Freunden vertrauen

„Eine Schlange am Busen nähren" bedeutet, unaufrichtigen Personen zu vertrauen, die nur so tun, als ob sie Freunde wären.

Zu 20) Eichhörnchen

„Der Teufel ist ein Eichhörnchen" drückt aus, dass Probleme oft dort auftreten, wo man sie am wenigsten vermutet hätte. Es kann auch bedeuten, dass ein nahendes Unheil lange harmlos erscheint, dann aber schlimme Auswirkungen hat.

Zu 21) C. Wie man andere behandelt, so wird man selbst behandelt.

Laut diesem Sprichwort ist man selbst dafür verantwortlich, wie man von anderen behandelt wird. Nur wer sich korrekt verhält, kann das auch von seinen Mitmenschen erwarten.

Zu 22) Seiten

„Jede Münze hat zwei Seiten" bedeutet, dass alles seine Vor- und Nachteile hat.

Zu 23) Ton

„Der Ton macht die Musik" bedeutet, dass nicht nur der Inhalt darüber entscheidet, wie eine Aussage aufgenommen wird. Der Tonfall und die Ausdrucksweise beeinflussen das Urteil des „Publikums" maßgeblich mit.

Zu 24) C. In schweren Zeiten stehen einem nur wenige Freunde wirklich bei.

Das Lot ist eine alte Gewichtseinheit und entspricht 16,7 Gramm. In der Not ist der Beistand von tausend (vermeintlichen) Freunden demnach nicht gerade hoch zu bewerten. Anders gesagt: In schwierigen Situationen hat man nur wenige wirkliche Freunde.

Zu 25) Balken

„Wasser hat keine Balken" erinnert daran, dass Wasser ein gefährliches Element ist, da man darin versinken und ertrinken kann.

Zu 26) Glas

„Glück und Glas, wie leicht bricht das" zieht eine Parallele zwischen Glück und Glas und erinnert daran, wie leicht beides zerstört werden kann.

Zu 27) D. Jemand möchte nur die Vorteile einer Sache genießen.

Dieses Sprichwort wird als Motto Leuten in den Mund gelegt, die nur die Vorteile einer bestimmten Gegebenheit genießen wollen, aber nicht bereit sind, die damit verbundenen Nachteile in Kauf zu nehmen.

Zu 28) Schäume

„Träume sind Schäume" spielt darauf an, dass Träume ebenso wie Schäume flüchtig sind, leicht zerstört werden können und daher nicht allzu verlässlich sind.

Zu 29) Reisende

„Reisende soll man nicht aufhalten" wird oft resigniert gebraucht, wenn man erkannt hat, dass man jemanden nicht zum Bleiben überreden kann. Wer gehen will, soll es tun, wenn er es für richtig hält.

Zu 30) Taschen

„Das letzte Hemd hat keine Taschen" – es lässt sich also nichts darin verstauen. Man kann im Tod keine irdischen Güter mitnehmen, deshalb ist es sinnlos, zu Lebzeiten Reichtümer anzuhäufen.

Abkürzungen

Bearbeitungszeit 15 Minuten

Bearbeiten Sie bitte die folgenden Aufgaben, indem Sie die richtige Lösung markieren oder die Antwort in das Lösungsfeld schreiben.

1) Wofür steht die Abkürzung „DIN"?

A. Deutsches Institut für Normung
B. Deutsche Industrie für Normung
C. Deutsche Industrienorm
D. Deutscher Index für Normung
E. Keine Antwort ist richtig.

2) Was bedeutet die Abkürzung „GmbH"?

_____

_____

3) Was bedeutet die Abkürzung „i. e. S."?

A. im engeren Sinn
B. in ernster Stimmung
C. in eigener Sache
D. indirekt erhobene Steuer
E. Keine Antwort ist richtig.

4) Wofür steht die Abkürzung „MdB" – für „Mitglied des Bundestages" oder für „Ministerium der Bundesregierung"?

_____

5) Was bedeutet die Abkürzung „TÜV"?

A. Türkischer Volksbund
B. Technischer Überwachungs-Verein
C. Technischer Übermittlungs-Verband
D. Thüringer Verein
E. Keine Antwort ist richtig.

6) Steht die Abkürzung „MEZ" für „Mittlere Einheitszeit"?

☐ ja   ☐ nein

7) Wofür steht die Abkürzung „MFH" im Immobilienbereich?

A. Mit Fernwärmeheizung
B. Mehrfamilienhaus
C. Mietfläche höchstens
D. Maklerfrei vom Hauseigentümer
E. Keine Antwort ist richtig.

8) Wie lautet die Abkürzung der Schutzgemeinschaft für allgemeine Kreditsicherung?

_____

9) Was bedeutet die Abkürzung „IBAN"?

A. Integrated Business Administration Notation

B. International Bank Account Number

C. Initiative for Bureaus and Networks

D. Improved Booking Advice Norm

E. Keine Antwort ist richtig.

10) Wofür steht die Abkürzung „IHK"?

_____

_____

11) Was bedeutet die Abkürzung „StGB"?

A. Steuergerichtsbarkeit

B. Stille Gesellschaftsbeteiligung

C. Strikte Genussmittelbegrenzung

D. Strafgesetzbuch

E. Keine Antwort ist richtig.

12) Was bedeutet die Abkürzung „LOL"?

A. Living Online

B. Laughing Out Loud

C. Like or Leave

D. Lessons of Life

E. Keine Antwort ist richtig.

13) Was bedeutet die Abkürzung „p. a."?

A. Per annum

B. Und so weiter

C. Prozent

D. Pro Auftrag

E. Keine Antwort ist richtig.

14) Was bedeutet die Abkürzung „BND"?

_____

_____

15) „WLAN" steht für …?

A. ein mit Glasfaserkabeln verbundenes Netzwerk.

B. das Internet allgemein.

C. ein Mobiltelefon.

D. ein drahtloses lokales Netzwerk.

E. Keine Antwort ist richtig.

16) Welche Abkürzung hat der „Allgemeine Deutsche Automobil-Club"?

_____

17) Was bedeutet die Abkürzung „WWW"?

_____

_____

18) Welches Kürzel hat die Internationale Standardbuchnummer zur eindeutigen Kennzeichnung von Büchern?

_____

19) Was bedeutet die Abkürzung „WHO"?

A. Wissenschaftliche Hilfsorganisation
B. World Health Organization
C. Welthandelsordnung
D. Welthungeroffensive
E. Keine Antwort ist richtig.

20) Was bedeutet die Abkürzung „MwSt."?

_____

_____

21) Wofür steht die Abkürzung „KG"?

A. Kapitalgesellschaft
B. Kapitalgeber
C. Kapitalgesetz
D. Kommanditgesellschaft
E. Keine Antwort ist richtig.

22) Wie wird der „Allgemeine Studierendenausschuss" abgekürzt – „ASA", „AStA" oder „Allsta"?

_____

23) Wofür steht die Abkürzung „CPU"?

A. Critical Processing Unit
B. Central Processing Unity
C. Central Processing Unit
D. Control Process Unit
E. Keine Antwort ist richtig.

24) Wie lautet die Abkürzung für das Grundgesetz der Bundesrepublik Deutschland?

A. GruGes
B. GrGBRD
C. GG
D. DeuGG
E. Keine Antwort ist richtig.

25) Lautet die Abkürzung der elektronischen Steuererklärung „ELSTER"?

☐ ja   ☐ nein

26) Wofür steht die Abkürzung „Hrsg."?

A. Hörensagen
B. Herbstgemüse
C. Herausgeber
D. Herrschaftsgebiet
E. Keine Antwort ist richtig.

27) Was bedeutet die Abkürzung „asap"?

_____

_____

28) Was bedeutet die Abkürzung „et al."?

A. unter anderem
B. und alle übrigen
C. und andere
D. und andernorts
E. Keine Antwort ist richtig.

29) Die Abkürzung „ZKBB" in Wohnungsinseraten steht für „Zimmer, Küche, Bad, …"?

_____.

30) Was bedeutet die Abkürzung „PVC"?

A. Polyvalente Chemie
B. Propylenvitrocarbonat
C. Phosphorversetztes Chrom
D. Polyvinylchlorid
E. Keine Antwort ist richtig.

Lösungen: Abkürzungen

1. A	11. D	22. AStA
2. Gesellschaft mit be- schränkter Haftung	12. B 13. A	23. C 24. C
3. A	14. Bundesnachrichten-	25. ja
4. Mitglied d. Bundestages	dienst	26. C
5. B	15. D	27. as soon as
6. nein	16. ADAC	possible
7. B	17. World Wide Web	28. C
8. Schufa	18. ISBN	29. Balkon
9. B	19. B	30. D
10. Industrie- und Handelskammer	20. Mehrwertsteuer 21. D	

Zu 1) A. Deutsches Institut für Normung

Die Abkürzung DIN bedeutete früher „Deutsche Industrie-Norm", seit 1975 steht sie für das Deutsche Institut für Normung e. V.: eine Einrichtung, die verbindliche Standards für Güter und Arbeitsabläufe in Industrie, Handel, Handwerk und Wissenschaft erarbeitet – die sogenannten DIN-Normen. Die Bandbreite dieser Vorgaben reicht vom DIN-Papierformat über Gestaltungsregeln in der Textverarbeitung bis hin zu Qualitätsrichtlinien für Schrauben und Muttern in der Raumfahrt.

Zu 2) Gesellschaft mit beschränkter Haftung

Eine Gesellschaft mit beschränkter Haftung (GmbH) wird von juristischen oder natürlichen Personen durch einen notariell beurkundeten Gesellschaftsvertrag gegründet. Die Kapitaleinlagen der Gesellschafter bilden das Stammkapital der Gesellschaft, die eine eigene Rechtspersönlichkeit darstellt. Für die Verbindlichkeiten der Gesellschaft haften die Gesellschafter nur mit der geleisteten Kapitaleinlage, nicht mit ihrem Privatvermögen.

Zu 3) A. im engeren Sinn

Das Kürzel „i. e. S." bedeutet „im engeren Sinn" oder „im eigentlichen Sinn". Manche Aussagen oder Ausdrücke kann man auch auf allgemeinere, größere Zusammenhänge beziehen – die Angabe „i. e. S." macht deutlich, dass dies an der bezeichneten Stelle nicht beabsichtigt ist.

Zu 4) Mitglied des Bundestages

„MdB" ist die Abkürzung von „Mitglied des Bundestages" – so lautet die amtliche Bezeichnung für die Abgeordneten des bundesdeutschen Parlaments.

Zu 5) B. Technischer Überwachungs-Verein

Ein Technischer Überwachungs-Verein (TÜV) führt technische Kontrollen durch, um die Sicherheit u. a. von Kraftfahrzeugen und Maschinen zu prüfen. TÜVs sind privatwirtschaftliche Gesellschaften, die der Staat mit hoheitlichen Aufgaben betraut, beispielsweise der Hauptuntersuchung für Kraftfahrzeuge. Den Namen „TÜV" tragen in Deutschland mehrere eigenständige, konkurrierende Unternehmen: die Holdings TÜV Süd, TÜV Nord und TÜV Rheinland sowie die konzernunabhängigen TÜV Thüringen und TÜV Saarland.

Zu 6) nein

„MEZ" steht für die Mitteleuropäische Zeit (engl. „Central European Time"/ „CET"). Diese Zeitzone umfasst die meisten europäischen Länder und Teile Afrikas. Im Sommerhalbjahr wird die MEZ in vielen Ländern von der MESZ, der mitteleuropäischen Sommerzeit abgelöst.

Zu 7) B. Mehrfamilienhaus

Die Abkürzung „MFH" steht im Immobilienbereich für „Mehrfamilienhaus" – ein Wohngebäude, das für mehrere Nutzer konzipiert ist.

Zu 8) Schufa

„Schufa" steht für „Schutzgemeinschaft für allgemeine Kreditsicherung". Die Schufa Holding AG mit Sitz in Wiesbaden ist ein privatwirtschaftlich organisiertes Kreditbüro, das von der kreditgebenden Wirtschaft getragen wird. Ihr Geschäftszweck ist es, die Vertragspartner durch entsprechende Informationen vor Kreditausfällen zu schützen. Die Schufa verfügt über Daten von 68 Millionen natürlichen Personen und 6 Millionen Unternehmen, über deren Kreditwürdigkeit sie täglich rund 460.000 Auskünfte erteilt.

Zu 9) B. International Bank Account Number

„IBAN" ist die Abkürzung für „International Bank Account Number", eine standardisierte Notation von Bankkontonummern. Sie besteht aus einem zweistelligen Ländercode (z. B. DE für Deutschland), zwei Prüfziffern und einer Kontoidentifikation, die in Deutschland 18 Stellen hat und Bankleitzahl und Kontonummer enthält. Seit Februar 2016 ersetzt die IBAN EU-weit die bisherigen nationalen Kontonummern.

Zu 10) Industrie- und Handelskammer

Die Industrie- und Handelskammern (IHKs) sind Interessensgemeinschaften der deutschen Wirtschaft. Sie vertreten ihre Mitgliedsunternehmen gegenüber dem Staat und in der Öffentlichkeit. Bundesweit gibt es 79 regionale Kammern; ihre Dachorganisation ist der Deutsche Industrie- und Handelskammertag (DIHK). Alle Unternehmen sind zur Mitgliedschaft in der zuständigen regionalen IHK verpflichtet, ausgenommen reine Handwerksbetriebe, Landwirtschaften und Freiberufler.

Zu 11) D. Strafgesetzbuch

„StGB" ist die Abkürzung von „Strafgesetzbuch". Das Strafgesetzbuch gliedert sich in zwei Hauptabschnitte: Der allgemeine Teil regelt, was überhaupt eine Straftat ist und welche Handlungen mit Strafe bedroht sind. Der besondere Teil behandelt die verschiedenen Deliktformen (Mord, Betrug, Raub ...) und die dafür möglichen Sanktionen.

Zu 12) B. Laughing Out Loud

„LOL" kommt aus dem Internetjargon und hat sich längst in der Jugendsprache etabliert: Es bedeutet „laughing out loud", zu Deutsch „laut auflachen", und steht in Chats, E-Mails etc. als Hinweis oder Reaktion auf einen Witz. Im Jahr 2011 wurde „LOL" in das Oxford English Dictionary aufgenommen.

Zu 13) A. Per annum

Die Abkürzung „p. a." bedeutet „pro anno" bzw. „per annum" („pro Jahr", „auf das Jahr bezogen"). Die Angabe ist vor allem im Geschäftsleben gebräuchlich, insbesondere im Finanzbereich. Unter anderem werden Zinsen oft mit dem Zusatz „p. a." angegeben, um zu verdeutlichen, dass es sich um einen jährlichen Zinssatz handelt.

Zu 14) Bundesnachrichtendienst

„BND" ist das offizielle Kürzel für den Bundesnachrichtendienst, den Auslandsnachrichtendienst der Bundesrepublik Deutschland. Die Bundesbehörde mit Sitzen in Pullach bei München und Berlin beschäftigt rund 6.500 Mitarbeiter.

Zu 15) D. ein drahtloses lokales Netzwerk.

„WLAN" (auch „Wireless LAN" oder „W-LAN") steht für „Wireless Local Area Network", auf Deutsch „drahtloses lokales Netzwerk". Damit bezeichnet man ein Funknetz, das einen schnurlosen Internetzugang über Geräte wie PCs, Laptops und Smartphones ermöglicht. Im Allgemeinen ist dafür eine WLAN-Karte und -Schaltstelle erforderlich. Um WLANs gegen unbefugte Zugriffe abzusichern, verwendet man kryptografische Verschlüsselungen.

Zu 16) ADAC

Der Allgemeine Deutsche Automobil-Club, gegründet 1903 als „Deutsche Motorradfahrer-Vereinigung", ist der größte Verkehrsclub Europas. Seinen über 20 Millionen Mitgliedern bietet er einen Pannenhilfe-Service, Fahrsicherheitstrainings und weitere Dienstleistungen. Außerdem verkauft der ADAC Straßenkarten und betreibt die größte deutsche Flotte an Rettungshubschraubern.

Zu 17) World Wide Web

„WWW" steht für „World Wide Web" – einen über das Internet abrufbaren Dienst, der 1993 weltweit zur allgemeinen Nutzung freigegeben wurde. Das World Wide Web wird häufig mit dem Internet gleichgesetzt, obwohl es jünger ist und nur eine mögliche Nutzungsart des Internets darstellt.

Zu 18) ISBN

Die Internationale Standardbuchnummer heißt auf Englisch „International Standard Book Number" und hat die Abkürzung ISBN. Die ISBN ermöglicht es, Bücher sowie bestimmte Software und Multimedia-Produkte eindeutig zu identifizieren, beispielsweise im Buchhandel oder in Bibliotheken. Seit 2007 hat jede neu vergebene ISBN dreizehn Stellen und entspricht damit der internationalen Artikelnummer EAN („European Article Number").

Zu 19) B. World Health Organization

Das Kürzel „WHO" trägt die World Health Organization, die Weltgesundheitsorganisation. Als Sonderorganisation der Vereinten Nationen koordiniert die WHO das internationale öffentliche Gesundheitswesen.

Zu 20) Mehrwertsteuer

Hinter dem Kürzel „MwSt." verbirgt sich die Mehrwert- oder auch Umsatzsteuer, die für den Austausch von Waren und Dienstleistungen zu entrichten ist. Sie zählt zu den einträglichsten Einkommensquellen des deutschen Fiskus.

Zu 21) D. Kommanditgesellschaft

Eine Kommanditgesellschaft (KG) ist eine Personengesellschaft, in der sich natürliche oder juristische Personen zusammengeschlossen haben, um unter einer gemeinsamen Firma ein Handelsgewerbe zu betreiben.

Zu 22) AStA

Der Allgemeine Studierendenausschuss, kurz AStA, ist an deutschen Hochschulen die offizielle Vertretung der Studierendenschaft. Der AStA wird in der Regel von einem oder mehreren Vorsitzenden sowie mehreren Referenten geführt und vom Studierendenparlament gewählt. Er vertritt die Interessen der Studierenden gegenüber der Hochschulführung und der Bildungspolitik.

Zu 23) C. Central Processing Unit

„CPU" steht für „Central Processing Unit" („zentrale Verarbeitungseinheit"): Gemeint ist der Hauptprozessor des Computers, der den gesamten Rechner steuert und Berechnungen bzw. Programme ausführt. Der Prozessor befindet sich in einem Sockel oder, direkt auf die Leiterplatte gelötet, auf dem Motherboard.

Zu 24) C. GG

Das Kürzel „GG" steht für das Grundgesetz der Bundesrepublik Deutschland. Darin sind die Leitlinien des Staatsprinzips niedergelegt: Demokratie, Republik, Sozialstaatlichkeit, Föderalismus (Teilautonomie der Bundesländer), Gewaltenteilung und Gesetzmäßigkeit aller Staatsorgane. Das Grundgesetz wurde am 23. Mai 1949 verabschiedet und ist seitdem die verfassungsmäßige Grundlage der Bundesrepublik Deutschland.

Zu 25) ja

Die 1999 eingeführte elektronische Steuererklärung, ist ein System der deutschen Steuerbehörden, um Steueranmeldungen und -erklärungen online zu erledigen. Seit 2005 müssen Arbeitgeber und Selbstständige ihre Lohnsteueranmeldungen, Umsatzsteuer-Voranmeldungen und Lohnbescheinigungen ihrer Arbeitnehmer mit ELSTER abwickeln.

Zu 26) C. Herausgeber

Herausgeber sind Einzelpersonen oder Gruppen, die Druckwerke wie

Bücher, Zeitungen oder Zeitschriften veröffentlichen. Zu diesem Zweck werden wissenschaftliche, publizistische oder schriftstellerische Texte in Auftrag gegeben oder gesammelt und thematisch geordnet. Oft enthalten die Werke auch eigene Beiträge der Herausgeber.

Zu 27) as soon as possible

Die Abkürzung „asap" steht für „as soon as possible", übersetzt „so bald wie möglich". Der Ausdruck stammt ursprünglich aus dem US-Militär und ist seit langem auch in der Wirtschaft und in der digitalen Kommunikation gebräuchlich.

Zu 28) C. und andere

Die Abkürzung „et al." steht für das lateinische „et alii", übersetzt „und andere". Mit dieser Anmerkung werden Namenslisten zusammengefasst, wenn man z. B. Buchautoren aufzählt oder Kläger und Beklagte in juristischen Schriftstücken. In wissenschaftlichen Quellenangaben ist es gängig, bei mehr als drei oder vier Autoren nur den ersten Namen anzugeben und mit „et al." auf die übrigen Verfasser zu verweisen.

Zu 29) Balkon.

„ZKBB" steht für „Zimmer, Küche, Bad, Balkon". Solche Abkürzungen findet man in Wohnungsinseraten häufig, denn diese sind in der Regel kostenpflichtig und der Preis berechnet sich nach Textlänge.

Zu 30) D. Polyvinylchlorid

PVC ist die Abkürzung für „Polyvinylchlorid", einen harten, spröden Kunststoff, der durch Zugabe von Weichmachern und Stabilisatoren formbar wird. PVC wird in der Industrie vielfach verwendet, etwa für Fußbodenbeläge, Rohre und Isolierungen oder auch Schallplatten – daher die Bezeichnung „Vinyl".

Die Prüfungssimulation

Nun können Sie Ihren Bildungsstand unter Testbedingungen auf die Probe stellen: Simulieren Sie doch einmal einen Wissenstest in Echtzeit. Zur Auswahl stehen drei Prüfungen, ausgerichtet an unterschiedlichen Schwierigkeitsgraden. Beziehen Sie nach Möglichkeit alle Einzelprüfungen in Ihre Vorbereitung ein – so erzielen Sie den größten Trainingseffekt.

Viele vorkommende Themen haben Sie in den vorangegangenen Kapiteln bereits kennen gelernt. Andere sind neu oder erscheinen in neuer Perspektive, mit anderem Zuschnitt. Für jede Prüfung gilt eine feste Bearbeitungszeit. Legen Sie sich am besten eine Uhr zur Seite, damit Sie stets wissen, wie viel Zeit Ihnen noch bleibt. Beachten Sie: Innerhalb eines Tests sind die Aufgaben bunt gemischt, die ersten Fragen sind also nicht unbedingt die leichtesten.

Den Auswertungsteil mit allen Lösungen und Erklärungen finden Sie unmittelbar hinter dem jeweiligen Test. Dazu erhalten Sie einen Punkteschlüssel, mit dem Sie Ihr Abschneiden einschätzen können. Eventuelle Schwächen in einzelnen Testbereichen können Sie beheben, indem Sie sich die entsprechenden Abschnitte in diesem Buch noch einmal intensiv vorknöpfen.

Erlaubte Hilfsmittel: Stift und Schreibpapier

Prüfung 1
(Niveau: Hauptschulabschluss)

Bearbeitungszeit 25 Minuten

Bearbeiten Sie bitte die folgenden Aufgaben, indem Sie die richtige Lösung markieren oder die Antwort in das Lösungsfeld schreiben.

Politik und Geschichte

1) Welches politische System hat die Bundesrepublik Deutschland?

A. Parlamentarische Demokratie
B. Parlamentarische Monarchie
C. Diktatur
D. Sozialismus
E. Keine Antwort ist richtig.

2) Wer wählt in Deutschland den Bundeskanzler – das Volk, die Bundesminister oder der Bundestag?

_____

3) Welche Einrichtung des deutschen Staates gehört nicht zur Legislative?

A. Bundesrat
B. Bundesregierung
C. Bundestag
D. Landesparlament
E. Keine Antwort ist richtig.

4) Aus wie vielen Bundesländern besteht die Bundesrepublik Deutschland?

Aus _____ Bundesländern.

5) Wie heißt diese Person?

_____

6) Das Ziel des Ersten Kreuzzuges von 1096 bis 1099 war ...?

A. Konstantinopel.
B. Rom.
C. Jerusalem.
D. Athen.
E. Keine Antwort ist richtig.

7) War die Gletschermumie „Ötzi" ein Neandertaler?

☐ ja   ☐ nein

8) In welchem Jahr wurden die USA gegründet?

A. 1492
B. 1607
C. 1776
D. 1865
E. Keine Antwort ist richtig.

9) Wie heißt das antike Amphitheater, dessen Ruine ein Wahrzeichen Roms ist?

_____

10) Wer war der „Sonnenkönig"?

A. Philipp I.
B. Karl IV.
C. Ludwig XIV.
D. Heinrich III.
E. Keine Antwort ist richtig.

11) Wem galt das „Attentat vom 20. Juli"?

A. Benito Mussolini
B. Adolf Hitler
C. Josef Stalin
D. Francisco Franco
E. Keine Antwort ist richtig.

12) Wie heißt die dunkelgrau eingefärbte Halbinsel im Schwarzen Meer?

A. Krim
B. Istrien
C. Peloponnes
D. Jütland
E. Keine Antwort ist richtig.

13) Im Kreml residiert der Präsident des Staates …?

_____ .

14) In welchem Land stimmten die Bürger 2016 in einer Volksabstimmung für den EU-Austritt?

A. Vereintes Königreich
B. Ungarn
C. Polen
D. Griechenland
E. Keine Antwort ist richtig.

15) Heißt der US-amerikanische Auslandsgeheimdienst CIA, FBI oder DEA?

_____

Wirtschaft und Recht

16) In welchen Zeitraum fiel das „deutsche Wirtschaftswunder"?

A. 1890er/1900er-Jahre
B. 1920er/1930er-Jahre
C. 1950er/1960er-Jahre
D. 1970er/1980er-Jahre
E. Keine Antwort ist richtig.

17) Wie heißt dieser IT-Unternehmer?

18) Die „schwarze Null" meint umgangssprachlich …?

A. staatliche Schuldenfreiheit.
B. einen ausgeglichenen Staatshaushalt.
C. durch Steuerhinterziehung ausgefallene Steuereinnahmen.
D. einen Leitzins von 0 %.
E. Keine Antwort ist richtig.

19) Geht es beim „Fracking" um riskante Finanzinstrumente?

☐ ja   ☐ nein

20) In der Wirtschaft spricht man von einer „Blase", wenn Waren oder Vermögensgegenstände in großer Menge …?

A. über dem angemessenen Wert gehandelt werden.
B. unter dem angemessenen Wert gehandelt werden.
C. überhöht versteuert werden müssen.
D. im Ausland wesentlich günstiger gehandelt werden.
E. Keine Antwort ist richtig.

21) In Artikel 1 des Grundgesetzes heißt es: „Die Würde des Menschen ist …"?

_____.

22) Ein Einzelhandelsgeschäft mit einfacher Ausstattung und niedrigen Preisen ist ein …?

A. Kaufhaus.
B. Flagshipstore.
C. Discounter.
D. Second-Hand-Shop.
E. Keine Antwort ist richtig.

23) Die Abkürzung „StVO" bedeutet …?

_____ .

24) Welche Pflicht ergibt sich aus einem Kaufvertrag für den Verkäufer?

A. Bezahlung des Kaufpreises
B. Übergabe der Kaufsache
C. Abnahme der Kaufsache
D. Erstellung eines Kaufvertrages
E. Keine Antwort ist richtig.

25) Wer auf Bewährung verurteilt wird, …?

A. wird in Abwesenheit verurteilt, da er nicht ausfindig gemacht werden konnte.
B. kann die Strafe gegen Zahlung einer Kaution abwenden.
C. kann die Strafe abwenden, wenn er eine Zeit lang unbescholten bleibt.
D. hat noch etwas Zeit, seine Unschuld zu beweisen und die Strafe dadurch abzuwenden.
E. Keine Antwort ist richtig.

Kultur und Gesellschaft

26) Beginnt das Neue Testament der Bibel mit der „Genesis"?

☐ ja   ☐ nein

27) Wer prägte den tiefenpsychologischen Begriff des „Unbewussten"?

A. Immanuel Kant
B. Sigmund Freud
C. Aristoteles
D. Jean-Jacques Rousseau
E. Keine Antwort ist richtig.

28) Wie heißt diese Musikerin?

A. Shakira
B. Madonna
C. Anastacia
D. Lady Gaga
E. Keine Antwort ist richtig.

29) „Altruismus" bedeutet …?

A. Eigennutz.
B. Selbstlosigkeit.
C. Trägheit.
D. Dankbarkeit.
E. Keine Antwort ist richtig.

30) Knapp zwei Drittel der Erwachsenen in Deutschland rauchen – stimmt diese Behauptung?

☐ stimmt   ☐ stimmt nicht

31) In welchem Märchen kommt der Wind als „himmlisches Kind" vor?

A. Dornröschen
B. Hänsel und Gretel
C. Schneewittchen
D. Rotkäppchen
E. Keine Antwort ist richtig.

32) Bitte vervollständigen Sie folgendes Sprichwort:

Es wird nichts so heiß

_____, wie es gekocht wird.

33) Wer malte das Gemälde „Der Schrei"?

A. Albrecht Dürer
B. Wassily Kandinsky
C. Michelangelo
D. Edvard Munch
E. Keine Antwort ist richtig.

34) Ist Haruki Murakami ein japanischer Schriftsteller?

☐ ja   ☐ nein

35) In welchem Epos tötet Siegfried einen Drachen?

A. Rolandslied
B. Wilhelm Tell
C. Ilias
D. Nibelungenlied
E. Keine Antwort ist richtig.

Naturwissenschaften und Technik

36) Das längliche, von Schleimhaut überzogene Muskelorgan im Mund der meisten Wirbeltiere heißt …?

_____.

37) Der Exponent einer Zahl beziffert, wie oft diese …?

A. mit sich selbst addiert wird.
B. mit sich selbst multipliziert wird.
C. durch sich selbst geteilt wird.
D. mit einer dritten Zahl addiert wird.
E. Keine Antwort ist richtig.

38) Welche physikalische Größe trägt das Formelzeichen „U"?

_____

39) Welche Dateiendung steht für das Dateiformat einer Excel-Tabelle?

A. xlsx

B. pdfx

C. docx

D. pptx

E. Keine Antwort ist richtig.

40) Was bedeutet dieses Zeichen bei Computersoftware?

A. Eingabe bestätigen

B. Letzten Arbeitsschritt rückgängig machen

C. Grafik spiegeln

D. Spracherkennung aktiv

E. Keine Antwort ist richtig.

41) Die chemische Summenformel des Wassermoleküls lautet ...?

_____ .

42) Eine pH-Wert-Analyse des Leitungswassers zeigt, ob das Wasser ...?

A. sauer oder basisch/alkalisch ist.

B. süß oder salzig ist.

C. bitter oder mild ist.

D. frisch oder alt ist.

E. Keine Antwort ist richtig.

43) In welcher gesetzlichen Maßeinheit misst man u. a. Auspuffgeräusche?

A. bar (Bar)

B. PS (Pferdestärke)

C. W (Watt)

D. dB (Dezibel)

E. Keine Antwort ist richtig.

44) Bedeutet dieses Piktogramm „Rauchen verboten"?

☐ ja   ☐ nein

45) Ein Schluckauf ist ...?

A. ein Magenkrampf.

B. eine Lungenflügelklemmung.

C. eine Luftröhrenreizung.

D. eine Kontraktion des Zwerchfells.

E. Keine Antwort ist richtig.

46) Was ist eine Europoolpalette?

A. Ein Ladehilfsmittel

B. Eine Einwegpalette

C. In der Regel eine Metallpalette

D. Ein Transporthilfsmittel speziell für Obst und Gemüse

E. Keine Antwort ist richtig.

47) Wofür stehen die Begriffe „analog" und „digital"?

A. Für verschiedene Arten von Mikroprozessoren

B. Für Ein- und Ausgabegeräte

C. Für manuelle und automatische Prozesse

D. Für unterschiedliche Signalarten

E. Keine Antwort ist richtig.

48) Welche Bauteile sind häufig mit einem Schuko-System ausgestattet?

A. Stecker und Steckdosen

B. Akkus und Batterien

C. PCs und Monitore

D. Transformatoren und Kondensatoren

E. Keine Antwort ist richtig.

49) Welche Regalfläche kann das meiste Gewicht tragen?

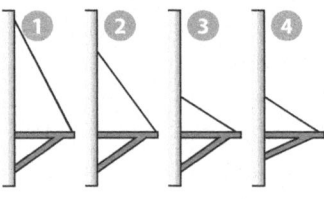

50) Bei welchem Verfahren überzieht man einen Gegenstand mit einer dünnen Metallschicht?

A. Galvanisieren

B. Pulverisieren

C. Isolieren

D. Imprägnieren

E. Keine Antwort ist richtig.

Die Auswertung: Prüfung 1

Für jede richtig gelöste Aufgabe dürfen Sie sich **1 Punkt** gutschreiben.

1. A	18. B	34. ja
2. Bundestag	19. nein	35. D
3. B	20. A	36. Zunge
4. 16	21. unantastbar	37. B
5. Mahatma Gandhi	22. C	38. Spannung
6. C	23. Straßenverkehrs-	39. A
7. nein	Ordnung	40. B
8. C	24. B	41. H_2O
9. Kolosseum	25. C	42. A
10. C	26. nein	43. D
11. B	27. B	44. nein
12. A	28. B	45. D
13. Russland	29. B	46. A
14. A	30. stimmt nicht	47. D
15. CIA	31. B	48. A
16. C	32. gegessen	49. Regalfläche 1
17. Mark Zuckerberg	33. D	50. A

Ihre Punktzahl: von 50

Bewertung:	43–50 Punkte	36–42 Punkte	31–35 Punkte	25–30 Punkte
	sehr gut	gut	befriedigend	ausreichend

Zu 1) A. Parlamentarische Demokratie

In einer parlamentarischen Demokratie werden die wichtigsten politischen Entscheidungen von einem Parlament getroffen, das aus einer freien Volkswahl hervorgegangen ist und daraus seine Legitimation ableitet. Die parlamentarische Demokratie ist eine repräsentative Demokratie: Die gewählten Abgeordneten sollen das Volk vertreten, von dem als Souverän die Staatsgewalt ausgeht.

Zu 2) Der Bundestag

Der Bundeskanzler wird bei der Erstwahl vom Bundespräsidenten vorgeschlagen, vom Bundestag gewählt und danach vom Bundespräsidenten zum Bundeskanzler ernannt.

Zu 3) B. Bundesregierung

Die Bundesregierung ist Teil der Exekutive, der ausführenden Gewalt. Zur Legislative (gesetzgebenden Gewalt) zählen der Bundestag, der Bundesrat und die Landesparlamente. Die Judikative (Rechtsprechung) umfasst die richterliche Gewalt an den Gerichten auf Bundes- und Länderebene.

Zu 4) Aus _16_ Bundesländern.

Die Bundesrepublik hat 16 Gliedstaaten, die sogenannten Bundesländer. In alphabetischer Reihenfolge: Ba-den-Württemberg, Bayern, Berlin, Brandenburg, Bremen, Hamburg, Hessen, Mecklenburg-Vorpommern, Niedersachsen, Nordrhein-Westfalen, Rheinland-Pfalz, Saarland, Sachsen, Sachsen-Anhalt, Schleswig-Holstein, Thüringen.

Zu 5) Mahatma Gandhi

Mohandas Karamchand Gandhi (1869–1948), genannt Mahatma, engagierte sich seit Beginn des 20. Jahrhunderts für die Unabhängigkeit Indiens von Großbritannien. 1930 initiierte er die Aufsehen erregende „Salzmarsch"-Kampagne gegen das britische Salzmonopol, die dem Prinzip des gewaltfreien Widerstands folgte. Gandhi fand für seine Ideen großen Rückhalt in der Bevölkerung und gilt als Wegbereiter der indischen Unabhängigkeit, die der britische Premierminister Clement Attlee 1947 verkündete.

Zu 6) C. Jerusalem.

Das Ziel der ersten Kreuzfahrer war Jerusalem. Papst Urban II. hatte 1095 auf der Synode von Clermont dazu aufgerufen, dem Byzantinischen Reich im Kampf gegen muslimische Seldschuken beizustehen, christliche Pilger zu schützen und die heiligen Stätten des Christentums zu befreien. Auf den Weg machten sich nicht nur straff organisierte, vorwiegend französische Ritterheere, sondern auch ungeordnete Scharen einfacher Menschen und Bauern. Als die Kreuzzügler 1099 die „Heilige Stadt" einnahmen, richteten sie unter der Bevölkerung ein Blutbad an.

Zu 7) nein

Die Mumie des „Ötzi" wurde 1991 gefunden, konserviert im Gletscher der Ötztaler Alpen in Südtirol. Untersuchungen zeigten, dass „Ötzi" etwa 45 Jahre alt geworden war und zwischen 3359 und 3105 v. Chr. gelebt haben muss, also in der Jungsteinzeit bzw. Kupfersteinzeit. Er gehörte zur Gattung des modernen Menschen (Homo sapiens). Der Neandertaler, ein Verwandter des Homo sapiens, entwickelte sich vor 130.000 bis 230.000 Jahren in Europa und starb vor 30.000 Jahren aus – die Gründe sind bislang ungeklärt.

Zu 8) C. 1776

Als Gründungstag der Vereinigten Staaten von Amerika gilt der 4. Juli 1776, als die 13 bis dahin britischen Kolonien in Nordamerika ihre Unabhängigkeit von Großbritannien erklärten. Daran anknüpfend begehen die USA alljährlich am 4. Juli ihren Nationalfeiertag („Independence Day"). 1492 entdeckte Christoph Kolumbus den amerikanischen Kontinent – allerdings im Glauben, die asiatische Ostküste erreicht zu haben. 1607 wurde die erste dauerhafte britische Kolonie gegründet: Jamestown in Virginia. 1865 endete der Amerikanische Bürgerkrieg zwischen den Nord- und Südstaaten.

Zu 9) Kolosseum

Das größte Amphitheater – so nennt man antike römische Rundtheater – ist das Kolosseum in Rom: Es ist 156 Meter breit, 188 Meter lang und 48 Meter hoch, wurde von 72 bis 80 n. Chr. erbaut und bot rund 50.000 Zuschauern Platz. Bis ins sechste Jahrhundert hinein fanden dort – meist grausame – Spiele statt: Gladiatoren und Tiere kämpften auf Leben und Tod; um Seeschlachten nachzustellen, ließ sich die Arena sogar fluten. Der Eintritt war oft kostenlos – so wollten sich die Machthaber die Gunst des Volkes sichern.

Zu 10) C. Ludwig XIV.

Ludwig XIV. (1638–1715), als Fünfjähriger zum König von Frankreich gekrönt, zählt zu den prägnantesten Vertretern des höfischen Absolutismus. Für ihn stand der Monarch im Zentrum des Staates wie die Sonne im Sonnensystem, die Ludwig XIV. zum Symbol seiner Herrschaft und

Strahlkraft machte. Von seinem ausschweifenden Lebensstil, von seinem Hang zu Prunk und Pracht zeugt u. a. die gigantische Schlossanlage von Versailles, die er sich als Regierungssitz bauen ließ.

Zu 11) B. Adolf Hitler

Am 20. Juli 1944 verübte der Wehrmachtsoffizier Claus Schenk Graf von Stauffenberg ein Bombenattentat auf Adolf Hitler im Führerhauptquartier „Wolfsschanze". Der Diktator kam leicht verletzt davon. Der Anschlag sollte der Auftakt des „Unternehmens Walküre" sein, mit dem ein Kreis von Verschwörern aus vielen gesellschaftlichen Schichten das NS-Regime beseitigen wollte. Nach dem Scheitern des Vorhabens wurden rund 200 Beteiligte hingerichtet oder in den Tod getrieben.

Zu 12) A. Krim

Die Krim ist die größte Halbinsel des Schwarzen Meeres und territorial umstritten. Nach dem Zerfall der Sowjetunion 1991 konnte die Ukraine ihren Herrschaftsanspruch über die Krim gegen Autonomieforderungen durchsetzen. Doch in der Krimkrise 2014 kam es zu einem Machtwechsel: Nachdem die ukrainische Regierung infolge der Euromaidan-Proteste abgelöst worden war, bildeten Separa-

tisten – gestützt durch russisches Militär – auf der Halbinsel eine Parallelregierung. Diese erklärte die Krim zunächst für unabhängig und verkündete später – nach einer international mehrheitlich nicht anerkannten Volksabstimmung – ihren Beitritt zur Russischen Föderation.

Zu 13) Russland.

Im Gebäudeensemble des Moskauer Kreml befindet sich seit 1992 der Amtssitz des russischen Staatspräsidenten. Zuvor residierte dort die Regierung der 1991 aufgelösten Sowjetunion. Der Kreml gehört zum ältesten Teil der historischen Altstadt von Moskau. Er wurde vermutlich im 11. oder 12. Jahrhundert als Burg erbaut und im 15. Jahrhundert als Zitadelle neu errichtet.

Zu 14) A. Vereintes Königreich

Die Bürger des Vereinten Königreichs (England, Wales, Schottland, Nordirland) stimmten 2016 in einem Referendum mit 51,9 % für den EU-Austritt („Brexit"), der im Januar 2020 vollzogen wurde. 1973 waren die Briten der Europäischen Wirtschaftsgemeinschaft beigetreten, einer Vorläuferin der Europäischen Union.

Zu 15) CIA

CIA steht für „Central Intelligence Agency", den US-amerikanischen Auslandsgeheimdienst. Das FBI („Federal Bureau of Investigation") ist die zentrale Sicherheitsbehörde der USA; sie bündelt den Inlandsgeheimdienst und die Strafverfolgung. Die DEA („Drug Enforcement Administration") ist eine Strafverfolgungsbehörde zur Bekämpfung von Drogenkriminalität.

Zu 16) C. 1950er/1960er-Jahre

Als „Wirtschaftswunder" bezeichnet man das anhaltende Wirtschaftswachstum in der Bundesrepublik Deutschland nach dem Zweiten Weltkrieg: Das Bruttoinlandsprodukt stieg, die Löhne und Gehälter ebenso, und die Bundesrepublik wurde zu einer führenden Wirtschaftsnation. Ausschlaggebende Faktoren waren die Währungsreform 1948, die Hilfskredite des Marshallplans, die Verfügbarkeit moderner Maschinen und Geräte, die Masse an motivierten Arbeitskräften, vergleichsweise niedrige Produktionskosten und nicht zuletzt die Etablierung der Sozialen Marktwirtschaft unter Ludwig Erhard (Wirtschaftsminister von 1949–1963, Bundeskanzler von 1963–1966).

Zu 17) Mark Zuckerberg

Das Foto zeigt den Gründer und Vorstandsvorsitzenden von Facebook, Mark Zuckerberg. Zusammen mit drei Kommilitonen der Harvard-Universität rief er die Social-Media-Plattform 2004 ins Leben. Heute zählt das weltweit größte soziale Netzwerk über eine Milliarde Nutzer; der Börsenwert des Konzerns übersprang 2018 die 600-Milliarden-Dollar-Schwelle. Zuckerberg und Facebook stehen wegen Datenschutzfragen immer wieder in der Kritik.

Zu 18) B. einen ausgeglichenen Staatshaushalt.

Die umgangssprachliche „schwarze Null" steht für einen ausgeglichenen öffentlichen Haushalt: Der Staat kann sämtliche Ausgaben durch seine Einnahmen decken, ohne sich weiter zu verschulden. Über das haushaltspolitische Ziel der „schwarzen Null" gibt es häufig engagierte Debatten – denn um es zu erreichen, sind meist Sparmaßnahmen nötig.

Zu 19) nein

„Fracking" ist die Kurzform von „hydraulic fracturing" („hydraulisches Aufbrechen"), einer Technik zur Förderung von Bodenschätzen wie Erdöl und Erdgas. Dabei pumpt man unter hohem Druck Flüssigkeitsgemische mit z. B. Säuren und Lösungsmitteln in tiefere Bodenschichten. Dadurch wird das Gestein rissig und porös, sodass das vorhandene Öl oder Gas leichter zur Bohrung gelangen kann.

Zu 20) A. über dem angemessenen Wert gehandelt werden.

Eine Spekulationsblase entsteht, wenn Güter in großer Menge über ihrem angemessenen Wert gehandelt werden. Die Preise bilden dann kein realistisches Verhältnis von Angebot und Nachfrage ab, sondern drücken die übertriebene Erwartung weiterer Preissteigerungen aus. Dass ein Preis unangemessen oder eine Erwartung übertrieben war, erkennt man jedoch meist erst, wenn es zu spät ist – wenn die Blase platzt, die Nachfrage schlagartig sinkt und die Preise abrupt in den Keller fallen.

Zu 21) unantastbar.

Der erste Absatz von Artikel 1 des Grundgesetzes lautet: „Die Würde des Menschen ist unantastbar. Sie zu achten und zu schützen ist Verpflichtung aller staatlichen Gewalt."

Zu 22) C. Discounter.

Ein Discounter – vom englischen „discount" (Rabatt) – ist ein Einzelhandelsgeschäft, das vor allem Waren des alltäglichen Bedarfs anbietet.

Typische Kennzeichen sind die hohe Umschlagshäufigkeit der Produkte, die einfache Ladenausstattung und vergleichsweise niedrige Preise.

Zu 23) Straßenverkehrs-Ordnung.

„StVO" steht für die deutsche Straßenverkehrs-Ordnung, die den Verkehr auf deutschen Straßen, Wegen und Plätzen regelt. Sie definiert u. a. erlaubte Geschwindigkeiten, Halte- und Parkverbote, Vorfahrten, Abbiege- und Überholvorgänge – und Bußgelder bei Verstößen.

Zu 24) B. Übergabe der Kaufsache

Der Verkäufer ist nach § 433 I BGB verpflichtet, dem Käufer die Sache frei von Sach- oder Rechtsmängeln zu übergeben.

Zu 25) C. kann die Strafe abwenden, wenn er eine Zeit lang unbescholten bleibt.

Wird jemand auf Bewährung verurteilt, kann er die angedrohte Strafe – in der Regel eine Freiheitsstrafe – durch entsprechendes Verhalten abwenden. Während der zwei- bis fünfjährigen Bewährungszeit muss der Verurteilte häufig bestimmte Auflagen oder Weisungen erfüllen und z. B. an Suchttherapien teilnehmen oder gemeinnützige Arbeit leisten. Zur Aufsicht und Unterstützung kann ihm ein Bewährungshelfer zur Seite gestellt werden. Im Erfolgsfall wird die Strafe erlassen. Bei Verstößen oder weiteren Straftaten kann die Bewährungszeit verlängert werden oder die Strafe in Kraft treten.

Zu 26) nein

„Genesis" (altgriech. „Schöpfung", „Entstehung") bezeichnet das 1. Buch Mose, das erste Buch des Alten Testaments und der jüdischen Tora. Es beginnt mit der Schöpfungsgeschichte und erzählt u. a. von Adam und Eva und ihrer Vertreibung aus dem Paradies, von der Sintflut, dem Turmbau zu Babel und den zwölf Söhnen Jakobs in Ägypten.

Zu 27) B. Sigmund Freud

Der Begriff des Unbewussten wurde maßgeblich geprägt vom österreichischen Neurologen Sigmund Freud (1856–1939), dem Begründer der Psychoanalyse. Die Entdeckung der Macht des Unbewussten bezeichnete er als „dritte narzisstische Kränkung der Menschheit": Das bewusste Ich müsse erkennen, das Unbewusste nicht kontrollieren zu können, obwohl es das menschliche Denken und Handeln maßgeblich beeinflusse. Die anderen beiden Kränkungen sah Freud in den Entdeckungen Kopernikus' und Darwins, dass der Mensch nicht im Mittelpunkt des Universums steht und evolutionär aus dem Tierreich hervorging.

Zu 28) B. Madonna

Madonna Louise Veronica Ciccone alias „Madonna", geboren 1958, ist eine US-amerikanische Pop-Ikone. Ihr provokanter Umgang mit Sexualität stieß kontroverse Debatten an; Songs wie „Like a Virgin" (1984), „Like a Prayer" (1989) oder „Music" (2000) wurden Welthits. Mit mehr als 300 Millionen verkauften Platten zählt Madonna zu den erfolgreichsten Musikern aller Zeiten. Sie betätigt sich auch als Filmemacherin, Schauspielerin und Designerin.

Zu 29) B. Selbstlosigkeit.

„Altruismus" steht für rücksichtsvolles Denken und Handeln, Selbstlosigkeit und Uneigennützigkeit. Der französische Philosoph Auguste Comte (1798–1857) prägte dieses Wort als Gegenbegriff zum Egoismus.

Zu 30) stimmt nicht

Studien zufolge raucht in Deutschland etwa ein Drittel aller Erwachsenen, das sind rund 20 Millionen Menschen.

Zu 31) B. Hänsel und Gretel

Hänsel und Gretel werden im gleichnamigen Märchen von den Eltern im

Wald ausgesetzt, wo sie auf ein Haus aus Lebkuchen stoßen. Als sie davon naschen, fragt eine Stimme aus dem Inneren: „Knusper, knusper, Knäuschen, wer knuspert an meinem Häuschen?" Die Kinder antworten: „Der Wind, der Wind, das himmlische Kind". Daraufhin erscheint die Besitzerin, eine alte Hexe, die die Kinder unter einem Vorwand ins Haus lockt, um sie zu mästen und zu verspeisen. Doch ehe es dazu kommt, wird sie von Gretel überlistet und in ihren eigenen Ofen gestoßen.

Zu 32) gegessen

„Es wird nichts so heiß gegessen, wie es gekocht wird" bedeutet, dass die Dinge in der Regel nicht so schlimm sind, wie sie anfangs scheinen.

Zu 33) D. Edvard Munch

„Der Schrei" ist der Titel von vier nahezu identischen Gemälden, die der Norweger Edvard Munch (1863–1944) zwischen 1893 und 1910 malte. Im Zentrum steht – grotesk überzeichnet – eine Figur mit panischem Blick und weit aufgerissenem Mund. Das Bild zählt zu den bekanntesten Werken des Expressionismus, einer Kunstrichtung, die den Ausdruck inneren Empfindens zum Gegenstand ihres Schaffens machte.

Zu 34) ja

Haruki Murakami, geboren 1949 in Kyōto, ist ein weltweit erfolgreicher Schriftsteller. Seine Erzählungen enthalten oft surrealistische Elemente und popkulturelle Verweise; zu seinen bekanntesten Werken zählen „Naokos Lächeln", „Mister Aufziehvogel", „Kafka am Strand" und „IQ84".

Zu 35) D. Nibelungenlied

Siegfried, eine germanische Sagenfigur, ist der Held des Nibelungenlieds: Das deutsche Nationalepos erzählt von Liebe, Rache, Verrat und dem höfischen Leben. Die heute bekannte, fragmentarische Überlieferung stammt aus dem 13. Jahrhundert, der Stoff dürfte aber wesentlich älter sein. Das Rolandslied ist ein französisches Nationalepos, Wilhelm Tell ist ein legendärer Schweizer Freiheitskämpfer. Die Ilias zählt zu den ältesten Werken der abendländischen Literatur – sie handelt vom Trojanischen Krieg.

Zu 36) Zunge

Zu 37) B. mit sich selbst multipliziert wird.

Ein Exponent (auch „Hochzahl") ist Bestandteil einer Potenz, die wiederum eine wiederholte Multiplikation darstellt. In der Potenz 2^3 ist 3 der Exponent zur Basis 2, man rechnet: $2^3 = 2 \times 2 \times 2 = 8$.

Zu 38) Spannung

Das Formelzeichen „U" – abgeleitet vom lateinischen „urgere" („treiben", „drücken") – steht für die elektrische Spannung, gemessen in Volt. Die Stromstärke trägt das Formelzeichen „I" (Einheit: Ampere), der Widerstand das Zeichen „R" (Einheit: Ohm) und die Induktivität das Zeichen „L" (Einheit: Henry).

Zu 39) A. xlsx

Die Dateiendung (Dateinamenserweiterung, Dateierweiterung, Dateisuffix) ist der letzte Teil eines Dateinamens, der gewöhnlich durch einen Punkt abgetrennt wird. Meist kann man daran das Dateiformat erkennen, ohne die Datei öffnen zu müssen. Das Tabellenkalkulationsprogramm Microsoft Excel erstellt Dateien mit der Endung „xlsx".

Zu 40) B. Letzten Arbeitsschritt rückgängig machen

Dieses Icon findet sich in der Symbolleiste vieler Softwareanwendungen und steht für „letzten Arbeitsschritt rückgängig machen", nicht zu verwechseln mit dem Symbol für „Eingabe bestätigen" bzw. „Enter" (↵).

Zu 41) H_2O.

Ein Wassermolekül enthält zwei Atome Wasserstoff (H) und ein Atom Sauerstoff (O) – in chemischer Formelschreibweise: H_2O.

Zu 42) A. sauer oder basisch/alkalisch ist.

Der pH-Wert gibt Aufschluss über den Säuregrad des Wassers. Bei einem Wert von 7,0 ist eine Flüssigkeit neutral, bei niedrigeren Werten sauer, bei höheren Werten basisch. Idealerweise sollte Leitungswasser leicht sauer sein, mit einem pH-Wert von knapp unter 7,0; in der Praxis werden allerdings meist etwas höhere Werte gemessen.

Zu 43) D. dB (Dezibel)

Auspuffgeräusche – und viele andere Schallereignisse – misst man in Dezibel (dB). Eine normale Unterhaltung kommt auf etwa 50 Dezibel, Autobahngeräusche liegen tagsüber bei um die 80 Dezibel, ab 85 Dezibel sind bei längerer Einwirkung Gehörschäden zu befürchten. Ein manipuliertes Kraftfahrzeug kann über 100 Dezibel erreichen, Discomusik sogar noch zehn Dezibel mehr. Geräusche von mehr als 120 Dezibel können das Gehör schon nach kurzer Zeit dauerhaft schädigen.

Zu 44) nein

Dieses Zeichen verbietet das Entfachen eines offenen Feuers. Verbotszeichen richten sich in Deutschland nach der Unfallverhütungsvorschrift der Berufsgenossenschaften.

Zu 45) D. eine Kontraktion des Zwerchfells.

Der Schluckauf ist eine ruckartige Kontraktion des Zwerchfells, ein angeborener Reflex, der die Atemwege von Ungeborenen, Babys und Kleinkindern vor eindringender Flüssigkeit schützt. Bei Jugendlichen und Erwachsenen wird er oft durch hastiges, scharfes, kaltes oder heißes Essen ausgelöst – er kann aber auch krankheitsbedingte Ursachen haben.

Zu 46) A. Ein Ladehilfsmittel

Die Europoolpalette (umgangssprachlich auch „Europalette" oder „Flachpalette") ist ein genormter Ladungsträger mit 8 cm Breite, 120 cm Länge und 14,4 cm Höhe. Er kann von allen vier Seiten mit Flurfördergeräten oder Gabelstaplern aufgenommen und transportiert werden.

Zu 47) D. Für unterschiedliche Signalarten

Die Begriffe „analog" und „digital" bezeichnen unterschiedliche Signaltypen. Analogsignale können stufenlos jeden Wert zwischen einem Minimum und einem Maximum annehmen. Man erzeugt sie vorzugsweise durch elektrische Signale, z. B. elektrische Spannungen oder Stromstärken. Auf dieser Technik basieren u. a. Audio- und Videokassetten. Die Digitaltechnik arbeitet stattdessen mit nur zwei festgelegten Werten (in der Regel 0 und 1), die die booleschen Konstanten „wahr" und „falsch" repräsentieren. Moderne Speicher- und Kommunikationssysteme wie CD-ROMs, DVDs, die Mobiltelefonie und das Internet arbeiten mit Digitalsignalen.

Zu 48) A. Stecker und Steckdosen

Viele Stecker und Steckdosen in Europa sind mit einem Schuko-System (Schutzkontakt-System) ausgestattet: Zusätzlich zu Außenleiter und Nullleiter verfügen sie über einen dritten Pol als Schutzkontakt, der Fehlerströme ableiten soll.

Zu 49) Regalfläche 1

Entscheidend für die Tragfähigkeit ist, wie sich die auftretenden Kräfte verteilen. Eine aufliegende Last übt eine senkrechte Kraft auf die Regalfläche aus: Je vollständiger diese Kraft an die Wand links abgegeben wird, desto tragfähiger ist das Regal. Die Stützstrebe und das Tragseil müssen dafür in einem möglichst großen Winkel zur Regalfläche ansetzen – am geeignetsten ist demnach Konstruktion 1.

Zu 50) A. Galvanisieren

Es handelt sich um die Galvanisierung: Ein Metall bzw. eine Metallverbindung wird in einer chemischen Lösung per Elektrolyse gelöst und legt sich anschließend als schützender Überzug um einen Gegenstand. Durch Galvanisierung oberflächenveredelte Objekte sind nicht mehr rostanfällig.

Prüfung 2
(Niveau: Mittlerer Schulabschluss)

Bearbeitungszeit 35 Minuten

Bearbeiten Sie bitte die folgenden Aufgaben, indem Sie die richtige Lösung markieren oder die Antwort in das Lösungsfeld schreiben.

Staat und Politik

1) Ein föderalistischer Staat ...?

A. versucht den Übergang von Planwirtschaft zu Marktwirtschaft.

B. ist stark abhängig von Rohstoffimporten.

C. subventioniert seine Unternehmen mit Steuergeldern.

D. maximiert seine Exporte.

E. besteht aus relativ eigenständigen Teilstaaten.

2) Die Amtszeit des deutschen Bundespräsidenten beträgt ...?

___ Jahre.

3) Die Einführung welcher Regierungsform erklärte die Terrormiliz „Islamischer Staat" 2014 in ihrem Herrschaftsbereich im Nahen Osten?

A. Emirat

B. Sultanat

C. Kalifat

D. Scheichtum

E. Keine Antwort ist richtig.

4) Wie heißt dieser Politiker?

A. Zine el-Abidine Ben Ali

B. Baschar Al-Assad

C. Muammar al-Gaddafi

D. Abd al-Fattah as-Sisi

E. Keine Antwort ist richtig.

5) Welche Partei regiert die Volksrepublik China seit deren Gründung 1949?

A. Demokratische Partei Chinas

B. Sozialistische Partei Chinas

C. Kommunistische Partei Chinas

D. Nationale Partei Chinas

E. Keine Antwort ist richtig.

6) Was sind die „Primaries" im politischen System der USA?

A. Briefwahlen
B. Vorwahlen
C. Wahlmänner
D. Wahlprognosen
E. Keine Antwort ist richtig.

7) Wer war nie deutscher Außenminister?

A. Peer Steinbrück
B. Guido Westerwelle
C. Joschka Fischer
D. Hans-Dietrich Genscher
E. Keine Antwort ist richtig.

8) Sitzen bundesweit mehr als eine halbe Million Menschen in Justizvollzugsanstalten ein?

☐ ja   ☐ nein

9) „Wer Visionen hat, soll zum Arzt gehen" – dieses Zitat stammt von …?

A. Willy Brandt.
B. Gerhard Schröder.
C. Ludwig Erhard.
D. Helmut Schmidt.
E. Keine Antwort ist richtig.

10) Die gesetzliche Krankenversicherung …?

A. ist eine freiwillige Zusatzversicherung, die das Leistungsspektrum der privaten Krankenversicherung ergänzt.
B. verpflichtet die private Krankenversicherung zu bestimmten Leistungen.
C. ist ausschließlich zur Absicherung sozial Schwacher gedacht.
D. ist eine Pflichtversicherung, u. a. für Arbeitnehmer mit einem bestimmten Jahresverdienst.
E. Keine Antwort ist richtig.

Wirtschaft

11) Wie nennt man einen Markt, an dem regelmäßig zu bestimmten Zeiten Wertpapiere gehandelt werden?

_____

12) Mit welchem Rohstoff befasst sich die Organisation OPEC?

A. Erdöl
B. Gold
C. Kohle
D. Eisen
E. Keine Antwort ist richtig.

13) Wie heißt ein Dachverband der deutschen Gewerkschaften?

A. Ver.di

B. IGM

C. IG BAU

D. DGB

E. Keine Antwort ist richtig.

14) Die Rendite entspricht …?

A. der Summe von Gewinn und eingesetztem Kapital.

B. dem Produkt von Gewinn und eingesetztem Kapital.

C. dem Quotienten von Gewinn und eingesetztem Kapital.

D. der Differenz von Gewinn und eingesetztem Kapital.

E. Keine Antwort ist richtig.

15) Was ist ein ISO-Container?

A. Ein für Haushalte geeigneter Transportbehälter für Tiefkühlware

B. Ein etwa zwei Meter langer Transportbehälter

C. Eine Verpackung für technische Geräte

D. Ein standardisierter Großraumbehälter

E. Keine Antwort ist richtig.

16) Zeigt diese Grafik ein Balken-, Säulen- oder Liniendiagramm?

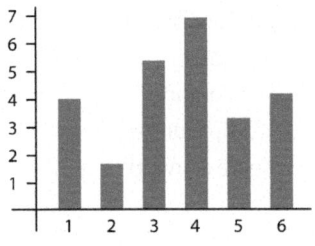

17) Was bedeutet die kaufmännische Abkürzung „zzgl."?

A. zeitgleich

B. zuzüglich

C. zügellos

D. zentral geleitet

E. Keine Antwort ist richtig.

18) Wie viele Pkws gibt es insgesamt in Deutschland?

A. Zwischen 20 und 30 Millionen

B. Zwischen 30 und 40 Millionen

C. Zwischen 45 und 55 Millionen

D. Über 60 Millionen

E. Keine Antwort ist richtig.

19) Wofür steht das Kürzel „IWF"?

20) Schließen sich mehrere Unternehmen für ein gemeinsames Vorhaben zusammen, spricht man von einem ...?

A. Corporate Adventure.

B. Kartell.

C. Joint Venture.

D. Oligopol.

E. Keine Antwort ist richtig.

Geschichte

21) Die ältesten bislang gefundenen Höhlenmalereien entstanden vor ...?

A. ca. 15.000 Jahren.

B. ca. 40.000 Jahren.

C. ca. 80.000 Jahren.

D. ca. 200.000 Jahren.

E. Keine Antwort ist richtig.

22) Die „Konquistadoren" waren spanische ...?

A. Geistliche.

B. Könige.

C. Händler.

D. Eroberer.

E. Keine Antwort ist richtig.

23) 1770 betrat der Seefahrer James Cook die Ostküste ...?

A. Indiens.

B. Südafrikas.

C. Kanadas.

D. Australiens.

E. Keine Antwort ist richtig.

24) Unterstützten die Jakobiner während der Französischen Revolution die Monarchie?

☐ ja   ☐ nein

25) Wer ist das?

A. Wilhelm II. von Preußen

B. Friedrich II. „der Große"

C. Otto von Bismarck

D. Napoleon Bonaparte

E. Keine Antwort ist richtig.

26) In der Endphase des Ersten Weltkriegs verbreitete sich die verheerende …?

A. Russische Grippe.
B. Schweinegrippe.
C. Spanische Grippe.
D. Hong-Kong-Grippe.
E. Keine Antwort ist richtig.

27) 1968 verübte Benno Ohnesorg ein Attentat auf den Studentenführer Rudi Dutschke. Stimmt diese Aussage?

☐ stimmt   ☐ stimmt nicht

28) Die kambodschanische Guerillabewegung unter Führung Pol Pots hieß …?

A. Vietcong.
B. FARC.
C. Rote Khmer.
D. PLO.
E. Keine Antwort ist richtig.

29) Welche Proteste in der DDR gingen der deutschen Wiedervereinigung voraus?

A. Montagsdemonstrationen
B. Freitagsbewegung
C. Ostermärsche
D. Winterproteste
E. Keine Antwort ist richtig.

30) Was wurde im „Kyoto-Protokoll" von 1997 erstmals verbindlich definiert?

A. Zielwerte für den Ausstoß von Treibhausgasen
B. Die Größe des Ozonlochs
C. Fangquoten für die Hochseefischerei
D. Rodungsgebiete in den Regenwäldern
E. Keine Antwort ist richtig.

Kultur und Gesellschaft

31) Wofür steht dieses Piktogramm?

A. Tiefenströmung
B. Wechselnde Vorfahrt
C. Fallwinde
D. Recycling
E. Keine Antwort ist richtig.

32) Welches Land ist für seine vielen Tulpenfelder bekannt?

A. Niederlande
B. Deutschland
C. Türkei
D. Kanada
E. Keine Antwort ist richtig.

33) Der Philosoph Voltaire steht für die Epoche der ...?

A. Postmoderne.

B. Aufklärung.

C. Renaissance.

D. Industrialisierung.

E. Keine Antwort ist richtig.

34) Wer trägt auch den Titel „Pontifex Maximus" – Jesus Christus, der Papst oder der Reformator Martin Luther?

35) Theorien, die auf der Beziehung von Gegensätzen fußen, sind ...?

A. pragmatisch.

B. dualistisch.

C. nihilistisch.

D. empiristisch.

E. Keine Antwort ist richtig.

36) Ein Blog ist ...?

A. ein bestimmter Bereich einer Computer-Festplatte.

B. ein Modul zur Speicherplatzerweiterung eines PCs.

C. eine Online-Videokonferenz.

D. eine Publikationsform im Internet.

E. Keine Antwort ist richtig.

37) Das „Phlegma" ist eine ...?

A. träge Gemütsart.

B. Entzündung der Haut.

C. Edelsteinart.

D. griechische Zahl.

E. Keine Antwort ist richtig.

38) Wie heißt dieser Vorläufer des Plattenspielers?

39) An welchem Instrument galt Frédéric Chopin als Virtuose?

A. Klavier

B. Cello

C. Fagott

D. Kontrabass

E. Keine Antwort ist richtig.

40) Wie nennt man die Erstaufführung einer Operninszenierung, eines Films oder eines Theaterstücks?

_____

41) Welche Abmessungen hat das DIN-A3-Papierformat?

A. 594 × 841 mm

B. 297 × 420 mm

C. 105 × 148 mm

D. 74 × 105 mm

E. Keine Antwort ist richtig.

42) In welcher Einheit misst man den Brechwert von Brillengläsern?

_____

43) Welches TV-Format zählt zum Genre der „Scripted Reality"?

A. heute-show

B. Wer wird Millionär

C. Tagesthemen

D. Berlin – Tag & Nacht

E. Keine Antwort ist richtig.

44) Was bedeutet die Abkürzung „ggf."?

_____

45) Der Zusammenhang zwischen Ursache und Wirkung heißt …?

A. Koinzidenz.

B. Dialektik.

C. Allegorie.

D. Kausalität.

E. Keine Antwort ist richtig.

46) Bitte vervollständigen Sie folgendes Sprichwort:

Unter den Blinden ist der

_____ König.

47) Wobei handelt es sich nicht um ein Klimaphänomen?

A. Tsunami

B. Monsun

C. El Niño

D. La Niña

E. Keine Antwort ist richtig.

48) Wer heute in Deutschland geboren wird, hat eine Lebenserwartung von über 75 Jahren – stimmt diese Aussage?

☐ stimmt   ☐ stimmt nicht

49) Die Fußballer welcher Nation wurden am häufigsten Fußballweltmeister?

A. Deutschland

B. Italien

C. Brasilien

D. Uruguay

E. Keine Antwort ist richtig.

50) Der Ramadan …?

A. ist der islamische Fastenmonat.

B. ist das jüdische Neujahrsfest.

C. ist das buddhistische Weihnachtsfest.

D. ist das hinduistische Osterfest.

E. Keine Antwort ist richtig.

Geografie

51) Wie heißt der flächengrößte See, der vollständig auf deutschem Territorium liegt?

A. Müritz

B. Chiemsee

C. Ammersee

D. Bodensee

E. Keine Antwort ist richtig.

52) Zu welchem Staat gehören die Kanaren?

_____

53) Wie heißt die Hauptstadt der Demokratischen Volksrepublik Korea („Nordkorea")?

A. Pjöngjang

B. Seoul

C. Busan

D. Kyōto

E. Keine Antwort ist richtig.

54) Wie heißt der dunkelgrau eingefärbte Küstenstaat im Norden Afrikas?

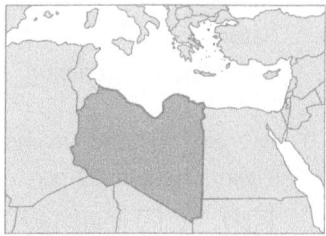

A. Algerien

B. Marokko

C. Libyen

D. Ägypten

E. Keine Antwort ist richtig.

55) Welche Stadt liegt nicht an der US-Ostküste?

A. Boston

B. Detroit

C. Baltimore

D. New York

E. Keine Antwort ist richtig.

Naturwissenschaften und Technik

56) Welcher Planet ist das?

A. Uranus

B. Mars

C. Jupiter

D. Saturn

E. Keine Antwort ist richtig.

57) Ist ein Fahrraddynamo ein elektrischer Generator?

☐ ja   ☐ nein

58) Formbar, thermisch und elektrisch leitfähig – die Rede ist von …?

A. Metallen.

B. Hölzern.

C. Kunststoffen.

D. Polymeren.

E. Keine Antwort ist richtig.

59) Ist eine Türzarge ein Türrahmen, ein Scharnier oder ein Teil des Türschlosses?

60) Als Hochspannung gelten Spannungen über …?

A. 240 Volt.

B. 1.000 Volt.

C. 10.000 Volt.

D. 100.000 Volt.

E. Keine Antwort ist richtig.

61) 1 Quadratkilometer entspricht 1.000 Hektar. Stimmt diese Aussage?

☐ stimmt   ☐ stimmt nicht

62) Welches Symbol ordnet ein Objekt einer Menge zu?

A. Σ

B. $\in$

C. Π

D. $\int$

E. Keine Antwort ist richtig.

63) Die Sitemap einer Website …?

A. bündelt Stichpunkte zu den beliebtesten Inhalten.

B. gibt einen Überblick über den Aufbau der Website.

C. ermöglicht es, über Sprachbefehle zu navigieren.

D. enthält Anweisungen zur Konfiguration von Browsern.

E. Keine Antwort ist richtig.

64) Welches „Stresshormon" steigert den Blutdruck und die Herzfrequenz?

A. Insulin

B. Adrenalin

C. Melatonin

D. Leptin

E. Keine Antwort ist richtig.

65) Welcher Teil einer Zelle ist für die Energieversorgung verantwortlich?

A. Mitochondrien

B. Zellmantel

C. Ribosomen

D. Zellkern

E. Keine Antwort ist richtig.

66) In welche Richtung dreht sich das Rad B, wenn das Antriebsrad A in Pfeilrichtung rotiert?

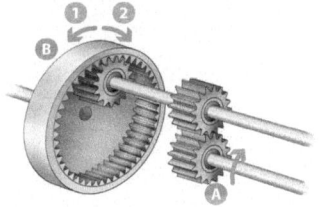

A. In Richtung 1

B. In Richtung 2

C. Hin und her

D. Gar nicht

E. Keine Antwort ist richtig.

67) Das Getriebe in einem Kraftfahrzeug …?

A. überträgt Energie zwischen Motor und Kupplung.

B. reguliert die Kraftübertragung an die Antriebswelle.

C. steuert die Brennstoffzufuhr.

D. reguliert die Motorleistung.

E. Keine Antwort ist richtig.

68) Die drei Glühlampen A, B und C brennen gleich hell. Was geschieht, wenn Glühlampe A defekt ist und erlischt?

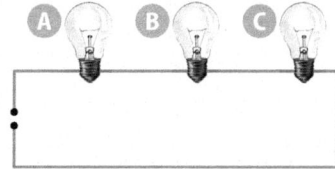

A. Die Glühlampen B und C erlöschen ebenfalls.

B. Die Glühlampen B und C leuchten heller als zuvor.

C. Die Glühlampen B und C leuchten unverändert weiter.

D. Die Glühlampe B leuchtet ein wenig heller als C.

E. Keine Antwort ist richtig.

69) Wie heißt der Arbeitsspeicher eines Computers – RAM, ROM oder SSID?

70) Ein Bit ist die kleinste Informationseinheit in der Computertechnik und kann …?

A. den Wert 0 oder 1 annehmen.

B. den Wert 0 oder 9 annehmen.

C. Werte zwischen 0 und 8 annehmen.

D. aus 8 oder 16 Bytes bestehen.

E. Keine Antwort ist richtig.

Die Auswertung: Prüfung 2

Für jede richtig gelöste Aufgabe dürfen Sie sich **1 Punkt** gutschreiben.

1. E	24. nein	48. stimmt
2. 5 Jahre	25. C	49. C
3. C	26. C	50. A
4. B	27. stimmt nicht	51. A
5. C	28. C	52. Spanien
6. B	29. A	53. A
7. A	30. A	54. C
8. nein	31. D	55. B
9. D	32. A	56. D
10. D	33. B	57. ja
11. Börse	34. Papst	58. A
12. A	35. B	59. Türrahmen
13. D	36. D	60. B
14. C	37. A	61. stimmt nicht
15. D	38. Grammophon	62. B
16. Säulendiagramm	39. A	63. B
17. B	40. Premiere	64. B
18. C	41. B	65. A
19. Internationaler Währungsfonds	42. Dioptrie	66. A
	43. D	67. B
20. C	44. gegebenenfalls	68. A
21. B	45. D	69. RAM
22. D	46. Einäugige	70. A
23. D	47. A	

Ihre Punktzahl: von 70

Bewertung:	60–70 Punkte	50–59 Punkte	43–49 Punkte	35–42 Punkte
	sehr gut	gut	befriedigend	ausreichend

Zu 1) E. besteht aus relativ eigenständigen Teilstaaten.

„Föderalismus" steht für ein staatliches Organisationsprinzip: Ein föderalistischer Staat besteht aus mehreren, relativ eigenständigen Gliedern. Die Bundesrepublik Deutschland ist ein solches Staatswesen, dessen Teilstaaten – die Bundesländer – eigene Verwaltungen besitzen, eigene Steuern erheben und vieles mehr.

Zu 2) _5_ Jahre.

Der deutsche Bundespräsident wird von der Bundesversammlung auf fünf Jahre gewählt.

Zu 3) C. Kalifat

Die sunnitische Terrormiliz „Islamischer Staat" (IS) erklärte im Juni 2014, in den beherrschten Gebieten Syriens und des Irak herrsche künftig das Kalifat. Der IS-Anführer Abu Bakr al-Baghdadi rief sich zum Kalifen aus, d. h. zum „Stellvertreter des Gesandten Gottes", der die geistliche und politische Führerschaft auf sich vereint. Das erste Kalifat entstand nach dem Tode des islamischen Propheten Mohammed im Jahr 632. Seither existierten Kalifate in verschiedenen Ländern und diversen politischen Ausformungen.

Zu 4) B. Baschar Al-Assad

Das Foto zeigt Baschar Hafiz Al-Assad, geboren 1965 in Damaskus, ab 2000 syrischer Staatspräsident und Vorsitzender der Baath-Partei. Vor ihm herrschte von 1970 bis 2000 sein Vater Hafiz al-Assad als Diktator von Syrien. Wegen Verletzung der Menschenrechte im syrischen Bürgerkrieg ab 2010 verhängte u. a. die EU Wirtschaftssanktionen gegen Assad.

Zu 5) C. Kommunistische Partei Chinas

Die Kommunistische Partei Chinas (KPCh), gegründet 1921, regiert die Volksrepublik China seit deren Ausrufung durch Mao Zedong im Jahre 1949. Seitdem gab es wiederholt Unruhen und Machtkämpfe im Land, die die Souveränität der KPCh infrage stellten.

Zu 6) B. Vorwahlen

Die „Primary elections" oder kurz „Primaries" sind Vorwahlen. Dabei ermitteln die großen Parteien ihre

Kandidaten für das Amt des Präsidenten (oder für andere öffentliche Ämter). „Primaries" werden auf Ebene der Bundesstaaten abgehalten. In manchen Staaten findet stattdessen eine Parteikonferenz statt, ein sogenannter „Caucus".

Zu 7) A. Peer Steinbrück

Der SPD-Politiker Peer Steinbrück war von 2005 bis 2009 Bundesfinanzminister, 2013 verlor er die Wahl zum Bundeskanzler gegen Angela Merkel (CDU). Guido Westerwelle (FDP) bekleidete das Amt des Außenministers von 2009 bis 2013, Joschka Fischer (Grüne) von 1998 bis 2005, Hans-Dietrich Genscher (FDP) von 1982 bis 1992.

Zu 8) nein

Ein Blick in die amtliche Statistik: Im März 2024 befanden sich in Deutschlands Justizvollzugsanstalten rund 43.700 Strafgefangene und Sicherungsverwahrte, davon waren knapp 6 Prozent Frauen.

Zu 9) D. Helmut Schmidt.

Der SPD-Politiker Helmut Schmidt (1918–2015), von 1974 bis 1982 deutscher Bundeskanzler, galt zeitlebens als nüchterner Pragmatiker – davon zeugt auch das vorgestellte Zitat.

Zu 10) D. ist eine Pflichtversicherung, u. a. für Arbeitnehmer mit einem bestimmten Jahresverdienst.

Als Teil der deutschen Sozialversicherung ist die gesetzliche Krankenversicherung (GKV) eine Pflichtversicherung: Ihr müssen unter anderem alle Arbeitnehmer beitreten, die ein bestimmtes Jahres-Arbeitseinkommen unterschreiten. Diese Entgeltgrenze liegt aktuell (Stand 2025) bei 73.800 Euro.

Zu 11) Börse

Eine Börse ist ein Markt, auf dem unter geregelten Bedingungen Handel getrieben wird, z. B. mit Aktien, Anleihen, Devisen oder Rohstoffen.

Zu 12) A. Erdöl

Die OPEC, 1960 in Bagdad gegründet, ist die „Organisation erdölexportierender Länder" („Organization of the Petroleum Exporting Countries"). Mitglieder sind Algerien, Angola, Ecuador, Gabun, Iran, Irak, Kuwait, Libyen, Nigeria, Katar, Saudi-Arabien, die Vereinigten Arabischen Emirate und Venezuela. Ziel der OPEC ist ein gemeinsames Handelsmonopol für Erdöl, um die Fördermengen und die Preisentwicklung des Rohstoffs zu kontrollieren.

Zu 13) D. DGB

Der Deutsche Gewerkschaftsbund (DGB) ist der größte gewerkschaftliche Dachverband in Deutschland. Zu seinen Mitgliedsgewerkschaften gehören u. a. die Vereinte Dienstleistungsgewerkschaft (Ver.di), die Industriegewerkschaft Metall (IGM) und die Industriegewerkschaft Bauen-Agrar-Umwelt (IG BAU). Insgesamt vertritt der DGB die Interessen von rund sechs Millionen gewerkschaftlich organisierten Arbeitnehmern.

Zu 14) C. dem Quotienten von Gewinn und eingesetztem Kapital.

Die Rendite beziffert das Prozentverhältnis vom Ertrag einer finanziellen Unternehmung zu ihrem Aufwand. Ein Rechenbeispiel: Wer 50 Euro investiert und 60 Euro zurückbekommt, macht 10 Euro Gewinn und erzielt 20 Prozent Rendite.

Zu 15) D. Ein standardisierter Großraumbehälter

ISO-Container sind nach den Normen der „International Organization for Standardization" standardisierte Großraumbehälter. Die weltweit gültige Normung vereinfacht das Verladen, Befördern, Lagern und Entladen von Gütern.

Zu 16) Ein Säulendiagramm

Säulendiagramme visualisieren Informationen mithilfe von Säulen, die senkrecht auf der x-Achse stehen. Balkendiagramme enthalten stattdessen Balken, die waagerecht an der y-Achse anliegen. In Liniendiagrammen werden einzelne Werte als Datenpunkte eingetragen und miteinander verbunden.

Zu 17) B. zuzüglich

Die kaufmännische Abkürzung „zzgl." signalisiert, dass zu einem angegebenen Preis noch weitere Kosten hinzukommen („zzgl. Mehrwertsteuer", „zzgl. Pfand").

Zu 18) C. Zwischen 45 und 55 Millionen

Das Kraftfahrt-Bundesamt meldete Anfang 2024 einen Bestand von rund 49 Millionen Pkw.

Zu 19) Internationaler Währungsfonds

Der Internationale Währungsfonds (IWF), 1944 gegründet, ist eine Sonderorganisation der Vereinten Nationen und zählt aktuell 189 Mitgliedsstaaten. Der IWF fördert u. a. die internationale wirtschaftliche Kooperation und den Welthandel, überwacht die Geldpolitik und arbeitet auf stabile Wechselkurse hin. Zu seinen

Hauptaufgaben gehört die Kreditvergabe an wirtschaftlich schwache Staaten. Kritiker sehen insbesondere darin ein Machtinstrument westlicher Industrieländer, um eigene Interessen durchzusetzen.

Zu 20) C. Joint Venture.

Ein Joint Venture ist ein Gemeinschaftsunternehmen mehrerer rechtlich und wirtschaftlich unabhängiger Partner. Sie teilen sich die Führungsverantwortung und das finanzielle Risiko, etwa um Kostenvorteile auszuschöpfen oder Know-how zu transferieren. Üblich sind Joint Ventures auch, wenn es um den Marktzugang in Schwellen- und Entwicklungsländern geht: Wer hier geschäftlich aktiv werden will, darf das per Gesetz oft nur, wenn er einheimische Unternehmen mit ins Boot holt.

Zu 21) B. ca. 40.000 Jahren.

Die ältesten bekannten Höhlenmalereien – Handabdrücke und Tierzeichnungen – sind ungefähr 40.000 Jahre alt. Entdeckt wurden sie Anfang des 20. Jahrhunderts in der „Cueva del Castillo", einer Höhle im nordspanischen Kantabrien. Als Urheber kommen sowohl moderne Menschen als auch Neandertaler in Betracht.

Zu 22) D. Eroberer.

„Conquistador" ist das spanische Wort für „Eroberer". Als Konquistadoren bezeichnet man Soldaten, Entdecker, Abenteurer und Glücksritter, die im 16. und 17. Jahrhundert im Auftrag der spanischen Krone Mittel- und Südamerika erkundeten und unterwarfen. Auf der Jagd nach Macht und Bodenschätzen gingen sie rücksichtslos gegen die indigene Bevölkerung vor. Die bekanntesten Konquistadoren waren Francisco Pizarro (1476/1478–1541) und Hernán Cortés (1485–1547): Pizarro eroberte das Inkareich im Westen Südamerikas, Cortés das Aztekenreich im heutigen Mexiko.

Zu 23) D. Australiens.

Der Brite James Cook (1728–1779) landete am 29. April 1770 mit der Mannschaft seines Segelschiffs „Endeavour" an der australischen Südostküste – als erster Europäer. Einige Wochen später nahm er das Land unter dem Namen „New South Wales" in den Besitz der britischen Krone. Der gleichnamige Bundestaat ist heute der bevölkerungsreichste Australiens: Hier leben 7,5 Millionen Einwohner, ein Drittel der australischen Gesamtbevölkerung.

Zu 24) nein

Die Jakobiner vertraten die politische Linke in der 1789 konstituierten französischen Nationalversammlung. Unter der Führung Maximilien de Robespierres (1758–1794) stritten sie gegen die Monarchie und für die demokratische Republik. Unterstützt vor allem von Arbeitern und Kleinbürgern, schwangen sich die Jakobiner zur tonangebenden Partei der Nationalversammlung auf. Ab 1793 errichteten sie eine Terrorherrschaft und ließen ihre Gegner massenweise hinrichten, wodurch sie den Rückhalt der Bevölkerung verloren. 1794 wurde Robespierre exekutiert und der Pariser Jakobinerklub geschlossen.

Zu 25) C. Otto von Bismarck

Die Abbildung zeigt den Politiker und Staatsmann Otto von Bismarck (1815–1898). Er war von 1862 bis 1890 preußischer Ministerpräsident und von 1871 bis 1890 erster Reichskanzler des Deutschen Reiches, zu dessen Gründung er wesentlich beigetragen hatte. Innenpolitisch ist er bekannt als Kämpfer gegen den Katholizismus und die Arbeiterbewegung; außerdem schuf er die Grundlagen der Sozialversicherung. In der Außenpolitik errichtete er ein Bündnissystem, das sich später als äußerst zerbrechlich erweisen sollte.

Zu 26) C. Spanische Grippe.

In den Jahren 1918 und 1919 zog die Spanische Grippe in mehreren Wellen um den Globus, begünstigt durch die kriegsbedingten Truppenverlegungen und die vielerorts geschwächte Bevölkerung. Weltweit erkrankten über 500 Millionen Menschen, zwischen 25 und 50 Millionen starben. Damit zählt die Spanische Grippe zu den bislang verheerendsten Pandemien – so nennt man Krankheiten, die sich über Ländergrenzen und Kontinente hinweg verbreiten. Vergleichbare Todeszahlen erreichte die Pest im 14. Jahrhundert oder die Immunkrankheit AIDS seit den 1980er-Jahren.

Zu 27) stimmt nicht

Der Student Benno Ohnesorg wurde am 2. Juni 1967 vom Polizisten Karl-Heinz Kurras erschossen, am Rande einer Demonstration gegen den Staatsbesuch des Schahs von Persien. Der marxistische Studentenführer Rudi Dutschke überlebte 1968 nur knapp ein Attentat des Rechtsextremen Josef Bachmann – mit zwei Schusswunden am Kopf. Elf Jahre später ertrank Dutschke in seiner Badewanne nach einem epileptischen Anfall, einer Spätfolge des Attentats.

Zu 28) C. Rote Khmer.

Die maoistisch-nationalistischen Roten Khmer unter Pol Pot (1928–1998) führten von 1975 bis 1978 ein Terrorregime in Kambodscha, das mehr als 1,7 Millionen Menschen das Leben kostete. Zuvor hatte die Guerillabewegung in einem Bürgerkrieg die kambodschanische Militärregierung gestürzt, die sich mithilfe der USA an die Macht geputscht hatte. Für die Vereinigten Staaten war Kambodscha ein Schlüssel, um den Krieg im benachbarten Vietnam zu gewinnen: Der kambodschanische Dschungel war ein Rückzugsort der „Nationalen Front für die Befreiung Südvietnams", besser bekannt als „Vietcong".

Zu 29) A. Montagsdemonstrationen

Die ersten Montagsdemonstrationen fanden im September 1989 in Leipzig statt. Sie schlossen sich dort an die Friedensgebete an, die jeden Montagabend in der Nikolaikirche veranstaltet wurden. Die Demonstrationen wuchsen sich zu regelmäßigen Massenprotesten gegen die politischen Verhältnisse aus und griffen bald auf andere Städte über.

Zu 30) A. Zielwerte für den Ausstoß von Treibhausgasen

Im Dezember 1997 vereinbarten Delegierte aus rund 160 Staaten im japanischen Kyoto ein Zusatzprotokoll zur UN-Klimarahmenkonvention. Darin wurden erstmals verbindliche Zielwerte für den Ausstoß von Treibhausgasen in den Industrieländern festgelegt. Bis heute haben über 190 Staaten das Kyoto-Protokoll ratifiziert, darunter alle EU-Staaten – nicht aber die USA, der weltweit größte Treibhausgas-Emittent.

Zu 31) D. Recycling

Die drei aufeinander weisenden Pfeile des Piktogramms versinnbildlichen den Recyclingkreislauf: Gebrauchte Güter oder Abfallreste dienen als Rohstoffe für andere Produkte, oder sie werden aufbereitet und erneut in den Handel gebracht (z. B. Altpapier, Altglas). Beim Recyceln wird der Müll oft in verschiedene Stoffgruppen getrennt, um eine effiziente Wiederverwertung zu gewährleisten.

Zu 32) A. Niederlande

Die Tulpe stammt aus dem südöstlichen Mittelmeerraum, wurde im 15. Jahrhundert in der Türkei kultiviert und gelangte von dort nach Europa. Im 16. und 17. Jahrhundert brach in den Niederlanden eine regelrechte Tulpenmanie aus. Die Niederlande beheimaten heute über 80 Prozent der weltweiten Tulpenproduktion;

hier werden rund 1.200 verschiedene Sorten gezüchtet.

Zu 33) **B.** Aufklärung.

Der französische Philosoph Voltaire (1694–1778) zählt zu den einflussreichsten Autoren der Aufklärung. Mit Scharfsinn und Witz kritisierte er den Absolutismus, die Feudalherrschaft und die Missstände in der katholischen Kirche. Die Aufklärung war eine geistig-soziale Strömung im Europa des 17. und 18. Jahrhunderts: Überzeugt von der Kraft der Vernunft, im Glauben an den Fortschritt hinterfragte man überkommene Ansichten und alte Autoritäten.

Zu 34) Der Papst

Der „Pontifex Maximus" (lat. für „oberster Priester") ist der Papst, das Oberhaupt der römisch-katholischen Kirche. Ursprünglich bezeichnete der Titel den Oberpriester im altrömischen Götterkult.

Zu 35) **B.** dualistisch.

Der Dualismus (lat. „duo" = „zwei") ist ein philosophisches Prinzip: Dualistische Theorien, Systeme und Weltbilder gründen auf der Harmonie oder dem Spannungsverhältnis von Gegensätzen (z. B. gut und böse, ruhig und bewegt, Geist und Materie).

Zu 36) **D.** eine Publikationsform im Internet.

„Weblog" oder kurz „Blog" ist ein aus „Web" und „Logbuch" zusammengesetztes Kunstwort für tagebuch- oder journalähnliche Publikationsformen im Internet. Üblicherweise sind Blogs stark subjektiv gefärbt und erlauben es, einzelne Beiträge zu kommentieren. Doch feste Standards gibt es nicht; Blogs können Forumscharakter haben, eher informativ sein oder auch Plattformen für rein persönliche Betrachtungen darstellen.

Zu 37) **A.** träge Gemütsart.

„Phlegma" steht für eine träge, teilnahmslos wirkende Gemütsart. Phlegmatiker lassen sich nur schwer zu etwas motivieren; man assoziiert mit dem Begriff aber auch positiv besetzte Eigenschaften wie Ausgeglichenheit oder Friedfertigkeit.

Zu 38) Grammophon

Abgebildet ist das Grammophon, 1887 entwickelt vom deutschamerikanischen Erfinder Emil Berliner (1851–1929). Das Gerät konnte Töne auf scheibenförmige Tonträger aufzeichnen und von diesen abspielen. Solche Schallplatten waren vergleichsweise platzsparend und ließen sich in Massenkopie vervielfältigen –

das trug wesentlich zum Erfolg des Grammophons bei.

Zu 39) A. Klavier.

Frédéric Chopin (1810–1849) war ein polnisch-französischer Komponist, Pianist und Klavierpädagoge. Der Meister der romantisch-poetischen Klavierkunst zählt zu den bedeutendsten Klaviermusikern überhaupt. Die Rhythmen und Melodien seiner Mazurken, Polonaisen und übrigen Werke sind häufig von polnischer Volksmusik beeinflusst.

Zu 40) Premiere

Das Wort „Premiere" hat es aus dem Französischen ins Deutsche geschafft und geht zurück auf das lateinische „primus" („erster").

Zu 41) B. 297 × 420 mm

Maße der ISO/DIN-A-Reihe (in mm)			
A0	841 × 1.189	**A4**	210 × 297
A1	594 × 841	**A5**	148 × 210
A2	420 × 594	**A6**	105 × 148
A3	297 × 420		

Das Deutsche Institut für Normung setzt Standards für Industrie, Handel, Handwerk und Wissenschaft. DIN-Papierformate entstehen jeweils durch Halbierung des nächstgrößeren Formats: DIN-A0-Papier (84,1 cm × 118,9 cm) belegt mit einem Quadratmeter die doppelte Fläche eines DIN-A1-Bogens, der wiederum doppelt so groß ist wie eine DIN-A2-Seite usw. Das Verhältnis der kurzen zur langen Seite beträgt immer $1 : \sqrt{2}$.

Zu 42) Dioptrie

Bei vielen Menschen reicht die Brechkraft der Augenlinsen nicht aus, um die einfallenden Lichtstrahlen scharf auf die Netzhaut zu projizieren. Diese Sehschwäche kann durch Brillengläser ausgeglichen werden. Der in Dioptrien angegebene Brechwert beziffert, wie stark das Licht durch das Glas zusätzlich gebrochen wird.

Zu 43) D. Berlin – Tag & Nacht

Die RTL II-Serie „Berlin – Tag & Nacht" ist ein „Scripted Reality"-Format: Fiktive Handlungen werden als real dokumentierte Ereignisse ausgegeben. Die Laiendarsteller und Schauspieler folgen Drehbuch- und Regieanweisungen, sollen aber möglichst spontan und authentisch wirken.

Zu 44) gegebenenfalls

Zu 45) D. Kausalität.

„Kausalität" bezeichnet einen Zusammenhang von Ursache und Wirkung, d. h. eine Verknüpfung sich bedingender Ereignisse oder Zustände. Beispielsweise verhält sich eine lange Autofahrt (Ursache) kausal zu einem leeren Benzintank (Wirkung).

Zu 46) Einäugige

„Unter den Blinden ist der Einäugige König" bedeutet, dass etwas Mittelmäßiges als gut erscheint, wenn man es mit etwas Schlechtem vergleicht. In einer Gruppe Unfähiger ragt selbst ein durchschnittlich Begabter heraus.

Zu 47) A. Tsunami

Tsunamis sind gewaltige Flutwellen, die weit ins Landesinnere spülen und große Verwüstungen anrichten können. Ausgelöst werden sie meist durch unterseeische Erdbeben, die große Wassermengen in Bewegung setzten, welche sich an den seichten Küsten zu enormer Höhe auftürmen. Der Monsun ist ein Windsystem in den Tropen und Subtropen, das anhaltende Niederschläge mit sich bringt. El Niño und La Niña sind unregelmäßige Klimaerscheinungen im äquatorialen Pazifik.

Zu 48) stimmt

Das Statistische Bundesamt beziffert die durchschnittliche Lebenserwartung neugeborener Mädchen mit 83,0 Jahren, diejenige neugeborener Jungen mit 78,2 Jahren (Stand 2025). Die durchschnittliche Lebenserwartung nahm in den vergangenen Jahrzehnten stetig zu.

Zu 49) C. Brasilien

Nur Brasilien hat bereits fünf Fußball-WM-Titel gesammelt: 1958, 1962, 1970, 1994 und 2002. Deutschland und Italien kommen auf jeweils vier Siege, Argentinien, Uruguay und Frankreich auf je zwei.

Zu 50) A. ist der islamische Fastenmonat.

Der Ramadan ist der islamische Fastenmonat. Während der Fastenzeit essen und trinken gläubige Muslime nur von Sonnenuntergang bis Sonnenaufgang.

Zu 51) A. Müritz.

Die Müritz in der Mecklenburgischen Seenplatte belegt eine Fläche von 112 Quadratkilometern und ist damit der größte See, der vollständig auf deutschem Staatsgebiet liegt. Auf Platz 2 folgt der Chiemsee (79 km^2). Der Bodensee (536 km^2) ist zwar wesentlich größer, liegt aber zum Teil auch in Österreich und der Schweiz.

Zu 52) Spanien

Die Kanaren sind eine zu Spanien gehörige Inselgruppe 100–500 Kilometer westlich des südlichen Marokko. Die Hauptinseln sind Teneriffa, Fuerteventura, Gran Canaria, Lanzarote, La Palma, La Gomera und El Hierro. Dank ihrer günstigen geografischen

Lage bieten die Kanarischen Inseln ganzjährig ein angenehmes Klima – das macht sie zu einem beliebten Reiseziel.

Zu 53) A. Pjöngjang

Die Demokratische Volksrepublik Korea, besser bekannt als Nordkorea, hat die Hauptstadt Pjöngjang. Seoul ist die Hauptstadt von Südkorea (amtlich „Republik Korea"), Busan ist eine große südkoreanische Hafenstadt, Kyōto liegt in Japan.

Zu 54) C. Libyen

Libyen ist mit 1,7 Millionen Quadratkilometern das flächenmäßig viertgrößte Land Afrikas und hat 6,7 Millionen Einwohner. Der nordafrikanische Staat grenzt im Norden ans Mittelmeer, im Osten an Ägypten, im Südosten an den Sudan, im Süden an den Niger und den Tschad, im Westen an Algerien und Tunesien.

Zu 55) B. Detroit

Detroit liegt nicht an der Ostküste, sondern am Eriesee im Binnengebiet der USA, rund 1.000 Kilometer Luftlinie westlich von Boston.

Zu 56) D. Saturn

Schon mit einem kleinen Fernrohr kann man von der Erde aus das charakteristische Ringsystem des Saturns beobachten. Die über 100.000 einzelnen Ringe bestehen vor allem aus Eis- und Gesteinsbrocken. Mit einem Durchmesser von rund 120.000 Kilometern ist der Saturn der zweitgrößte Planet unseres Sonnensystems nach dem Jupiter.

Zu 57) ja

Elektrische Generatoren wandeln mechanische in elektrische Energie um. Ein Beispiel ist der Fahrraddynamo: Bei seiner verbreitetsten Bauform als Felgendynamo wird die Rotation des Laufrads auf eine Spule übertragen, die sich in einem Magnetfeld im Dynamo-Inneren dreht. Die so erzeugte Energie nutzt man zur Stromversorgung der Fahrradbeleuchtung.

Zu 58) A. Metallen.

Die angegebenen Eigenschaften sind charakteristisch für Metalle. Polymere sind eine Untergruppe der Kunststoffe und leiten als solche – ebenso wie Holz – weder Wärme noch elektrischen Strom.

Zu 59) Ein Türrahmen

Die Türzarge nennt man auch Türfutter oder umgangssprachlich Türrahmen. Gemeint ist der feste Teil einer Tür, in den das bewegliche Türblatt (auch „Türflügel") eingepasst wird.

Zu 60) B. 1.000 Volt.

Von Hochspannung spricht man nach gängiger Auffassung bei Spannungen über 1.000 Volt. Darunter liegt der Bereich der Niederspannung. In der elektrischen Energietechnik unterscheidet man die Hochspannung zusätzlich in Mittelspannung (3.000–30.000 V), Hochspannung (60.000–110.000 V) und Höchstspannung (220.000–1.150.000 V).

Zu 61) stimmt nicht

Das Flächenmaß Hektar (ha) entspricht 10.000 Quadratmetern (m^2) oder 0,01 Quadratkilometern (km^2). Demnach gilt: $1\ km^2 = 1.000.000\ m^2 = 100\ ha$.

Zu 62) B. $\in$

Es handelt sich um das Zeichen $\in$. Der Ausdruck „$x \in M$" besagt beispielsweise, dass x zur Menge M gehört. $\sum$ ist das mathematische Summenzeichen, $\prod$ ist das Produktzeichen und $\int$ kennzeichnet ein Integral.

Zu 63) B. gibt einen Überblick über den Aufbau einer Website.

Eine Sitemap ist ein (meist grafischer) Überblick über die Struktur einer Website, der die vorhandenen Themen, Kategorien und Unterkategorien im Zusammenhang darstellt. So kann man nachvollziehen, welcher Inhalt an welcher Stelle zu finden ist bzw. sein soll. Sitemaps sind sowohl zur Planung von Online-Präsenzen hilfreich als auch zur Orientierung in vorhandenen Internetauftritten.

Zu 64) B. Adrenalin

Die Funktion des „Stresshormons" Adrenalin liegt ursprünglich darin, den Körper auf Gefahren- und Kampfsituationen vorzubereiten. Der Körper schüttet es bei körperlicher und seelischer Belastung aus, bei Verletzungen, Infektionen und niedrigem Blutzuckerspiegel. Insulin ist notwendig zum Glucose-Transport und zur Senkung des Blutzuckerspiegels, das „Schlafhormon" Melatonin regelt den Tag-Nacht-Rhythmus des Körpers. Leptin hemmt das Hungergefühl und trägt zur Regulierung des Fettstoffwechsels bei.

Zu 65) A. Mitochondrien

Zellen sind die Grundbausteine aller Lebewesen. Der menschliche Körper besteht aus rund 220 verschiedenen Zell- und Gewebetypen und mehreren Milliarden Zellen – jede davon ist ein strukturell abgegrenztes, eigenständiges, selbsterhaltendes System. Die Mitochondrien sind die „Kraftwerke" einer Zelle: Hier oxidieren organische Stoffe mit molekularem Sauerstoff. Dabei wird Energie freigesetzt und in Form chemischer Energie gespeichert.

Zu 66) A. In Richtung 1

Wenn sich das Antriebsrad in Pfeilrichtung dreht, rotiert das Zahnrad darüber entgegen dem Uhrzeigersinn – und mit ihm das zweite Zahnrad auf der oberen Achse. Diese Drehrichtung wird auch auf das große Rad übertragen, das sich folglich in Richtung 1 dreht.

Zu 67) B. reguliert die Kraftübertragung an die Antriebswelle.

Das Getriebe überträgt die im Motor erzeugte, durch die Kurbelwelle in eine Drehbewegung umgesetzte Kraft an die Antriebswelle, die wiederum die Räder in Bewegung setzt. Ein Pkw-Getriebe verfügt über mehrere Zahnkränze: So kann der Fahrer zwischen verschiedenen Gängen wählen, um die beste Übersetzung herzustellen, also das optimale Verhältnis zwischen Motordrehzahl und Drehzahl der Antriebswelle.

Zu 68) A. Die Glühlampen B und C erlöschen ebenfalls.

Durch einen Defekt einer der Glühlampen wird der Stromkreis unterbrochen, da es sich im skizzierten Fall um eine Reihenschaltung handelt. Die Lampen B und C erlöschen demnach ebenfalls.

Zu 69) RAM (Random Access Memory)

Den Arbeitsspeicher eines Computers nennt man auch „Hauptspeicher" oder „RAM" („Random Access Memory"). Er befindet sich in Form eines oder mehrerer Speichermodule auf der Hauptplatine des Computers und speichert Programme und Nutzdaten, damit sie vom Prozessor abgerufen und verarbeitet werden können. Der Arbeitsspeicher erlaubt einen schnelleren Zugriff als die Festplatte, sichert die Daten aber nicht dauerhaft. Bei einer Stromunterbrechung gehen alle Daten im RAM verloren.

Zu 70) A. den Wert 0 oder 1 annehmen.

Ein Bit ist die kleinste und grundlegende Informationseinheit in der Computertechnik. Es kann – wie ein Lichtschalter – genau einen von zwei Zuständen annehmen, die durch die Werte 0 oder 1 repräsentiert werden. Die nächst größere Informationseinheit ist ein Byte, das aus acht Bits besteht.

Prüfung 3
(Niveau: Hochschulreife)

Bearbeitungszeit 45 Minuten

Staat und Politik

Lückentext: EU-Grenzverkehr

Welche Wörter aus der angegebenen Liste ergänzen den Lückentext sinnvoll? Für jede nummerierte Leerstelle stehen drei Möglichkeiten zur Auswahl:

1   Lissabonner | Schengener | Brüsseler

2   Binnengrenzen | Außengrenzen | Meeresgrenzen

3   Subventionen | Immunität | Freizügigkeit

4   Immobilienkrise | Flüchtlingskrise | Finanzkrise

5   Montanunion | Währungsunion | Zollunion

Die Verträge des 1 _____ Abkommens regeln innerhalb der

Europäischen Union insbesondere die Abschaffung der Personenkontrollen an

den 2 EU-_____. Eine wachsende Zahl an Teilnehmerstaa-

ten verabschiedete in den Jahren 1985, 1990 und 2005 Gesetze, die ihren Bür-

gern persönliche 3 _____ gewähren. Möglich bleiben aber

auch Maßnahmen zur Wahrung nationalstaatlicher Sicherheit wie die Einfüh-

rung vorübergehender Grenzkontrollen, um die öffentliche Ordnung zu schüt-

zen. Von diesem Recht machten mehrere Staaten während der

4 _____ 2015 Gebrauch. Der Warentransport innerhalb der

EU wird in anderen Vertragswerken geregelt, unter anderem in Übereinkom-

men der Europäischen 5 _____.

6) Die Kreise 1–5 symbolisieren Hierarchieebenen: je größer der Kreis, desto größer der Verantwortungsbereich. Bitte ordnen Sie jede Institution in die Hierarchie ein, indem Sie die richtige Zahl in das Kästchen schreiben.

① ② ③ ④ ⑤

A. Bundestag ☐

B. Kreistag ☐

C. Landtag ☐

D. Bezirkstag ☐

E. Gemeinderat ☐

7) Welches Hauptziel verfolgt der Strafvollzug neben dem Schutz der Allgemeinheit vor weiteren Straftaten?

A. Demonstration staatlicher Macht

B. Rächen begangen Unrechts

C. Verfolgung unangepassten Verhaltens

D. Wiederherstellen der Opferwürde

E. Resozialisierung der Gefangenen

8) Der Länderfinanzausgleich …?

A. ist eine Hilfeleistung der Weltbank für ärmere Länder.

B. strebt die Harmonisierung der kommunalen Finanzpolitik an.

C. verteilt Gelder zwischen den Bundesländern um.

D. bezeichnet eine regelmäßige Zusammenkunft der Länder-Finanzminister.

E. verpflichtet alle EU-Staaten zu ausgeglichenen Haushalten.

9) Wer gehörte nicht dem Nationalsozialistischen Untergrund (NSU) an?

A. Uwe Mundlos

B. Beate Zschäpe

C. Horst Mahler

D. Uwe Böhnhardt

E. Keine Antwort ist richtig.

10) Die Verfassung des Staates Israel heißt „Knesset". Stimmt diese Aussage?

☐ stimmt   ☐ stimmt nicht

Wirtschaft

11) Welche Institution bringt in Deutschland neue Banknoten in Umlauf?

_____

12) Für welche Währung steht das Symbol £?

A. Polnischer Zloty

B. Chinesischer Yuan

C. Türkische Lira

D. Britisches Pfund Sterling

E. Keine Antwort ist richtig.

13) Der bedeutendste US-amerikanische Aktienindex heißt …?

_____-Index.

14) Wer ein fremdes Geschäftsmodell gegen Entgelt nutzt, betreibt …?

A. ein Kartell.

B. ein Shop-in-Shop-System.

C. einen Direktvertrieb.

D. Franchising.

E. Keine Antwort ist richtig.

15) Welche Steuern werden in der Regel zusammen mit der Einkommensteuer festgesetzt?

A. Grunderwerbsteuer und Lohnsteuer

B. Kirchensteuer und Solidaritätszuschlag

C. Vermögensteuer und Kapitalertragsteuer

D. Grundsteuer und Umsatzsteuer

E. Keine Antwort ist richtig.

16) Die Salvatorische Klausel soll verhindern, dass …?

A. Bankeinlagen in Krisenzeiten verloren gehen.

B. jemand für dasselbe Vergehen mehrmals angeklagt wird.

C. die gesetzlichen Renten unter ein bestimmtes Niveau sinken.

D. ein Vertrag bei partiellen Mängeln ganz unwirksam wird.

E. Keine Antwort ist richtig.

17) Was meint man im Außenhandel mit dem Begriff „Hermes"?

A. Eine Versicherung gegen Zahlungsausfälle

B. Die griechische Zentralbank

C. Den Expressversand

D. Den Transport per Luftfracht

E. Keine Antwort ist richtig.

18) „Tarifautonomie" bedeutet, …?

A. die Tarifvertragsparteien können Löhne und Gehälter frei vereinbaren.

B. die Belegschaft darf Löhne und Gehälter selbst festlegen.

C. die Arbeitgeberverbände beschließen die Löhne und Gehälter.

D. die Gewerkschaften beschließen die Löhne und Gehälter.

E. Keine Antwort ist richtig.

19) Wer war kein einflussreicher Wirtschaftstheoretiker?

A. Milton Friedman
B. Konrad Lorenz
C. Friedrich August von Hayek
D. John Maynard Keynes
E. Keine Antwort ist richtig.

20) Welchen Zusammenhang illustriert die abgebildete progressive Kostenfunktion?

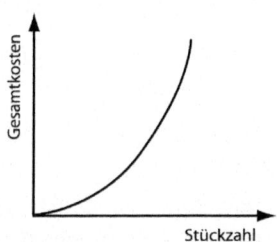

A. Das Verhältnis der Gesamtkosten zur Stückzahl bleibt gleich, unabhängig von der Produktionsmenge.
B. Mit wachsenden Stückzahlen sinkt der Gewinn immer stärker.
C. Mit wachsenden Stückzahlen steigen die Gesamtkosten immer stärker.
D. Mit wachsenden Stückzahlen sinken die Stückkosten immer stärker.
E. Keine Antwort ist richtig.

Geschichte

21) Im vorderasiatischen „Zweistromland" Mesopotamien herrschten nie …?

A. die Perser.
B. die Helvetier.
C. die Babylonier.
D. die Assyrer.
E. Keine Antwort ist richtig.

22) Der Tempel der Artemis, eines der sieben antiken Weltwunder, stand in …?

A. Pergamon.
B. Alexandria.
C. Ephesos.
D. Olympia.
E. Keine Antwort ist richtig.

23) Die Zeit zwischen dem Wiener Kongress 1815 und der Märzrevolution 1848 nennt man hierzulande auch …?

A. Barock.
B. Gegenreformation.
C. Expressionismus.
D. Biedermeier.
E. Keine Antwort ist richtig.

24) Welches Gebiet erwarben die USA 1867 von Russland – Texas, Sibirien oder Alaska?

25) Die Zarenherrschaft in Russland endete mit der …?

A. Aprilrevolution.
B. Septemberrevolution.
C. Dezemberrevolution.
D. Februarrevolution.
E. Keine Antwort ist richtig.

26) Wie heißt dieser Politiker?

27) Von der „Banalität des Bösen" sprach die Publizistin Hannah Arendt anlässlich …?

A. der Nürnberger Prozesse.
B. des Dessauer Schauprozesses.
C. der Auschwitzprozesse.
D. des Eichmann-Prozesses.
E. Keine Antwort ist richtig.

28) Auf dem Tian'anmen-Platz in Peking wurde 1989 …?

A. ein Friedensvertrag zwischen China und Japan geschlossen.
B. ein Volksaufstand niedergeschlagen.
C. die Kulturrevolution Mao Zedongs beendet.
D. eine internationale Handelskonferenz veranstaltet.
E. Keine Antwort ist richtig.

29) Wodurch kam es in Los Angeles 1992 zu schweren Unruhen?

A. Wasserknappheit in sozialen Brennpunkten
B. Eskalierende Bandenkriege
C. Steuererleichterungen für Millionäre
D. Polizeigewalt gegen einen Afroamerikaner
E. Keine Antwort ist richtig.

30) Wie hieß die NASA-Raumfähre, die 2003 beim Wiedereintritt in die Erdatmosphäre auseinanderbrach?

A. Challenger
B. Endeavour
C. Discovery
D. Columbia
E. Keine Antwort ist richtig.

Geografie: der Globus

Sie sehen eine Skizze der Erdkugel, der leider die Beschriftungen fehlen.

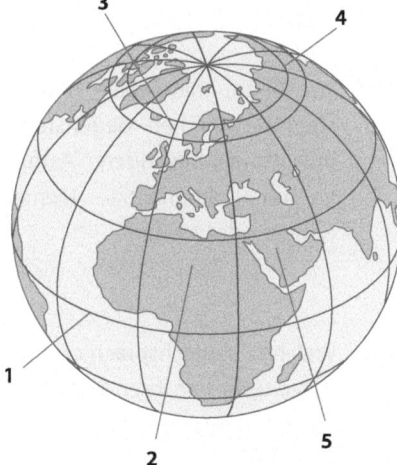

Bitte ordnen Sie jeder Markierung von 1–5 den richtigen Begriff aus folgender Auswahl zu (jeder Begriff darf nur einmal verwendet werden):

Äquator | Grönland | Subtropen
Kanarische Inseln | Kalahari
Sahara | Tropen | Nullmeridian
Gemäßigte Breiten | 50. Breitengrad
Nördlicher Wendekreis | Pazifik
Nördlicher Polarkreis

Welche Beschriftung gehört zu …?

31) Markierung 1:

_____

32) Markierung 2:

_____

33) Markierung 3:

_____

34) Markierung 4:

_____

35) Markierung 5:

_____

Gesellschaft, Umwelt und Gesundheit

36) Mehr als 20 Prozent der deutschen Bevölkerung sind Vegetarier oder Veganer – stimmt diese Aussage?

☐ stimmt   ☐ stimmt nicht

37) Womit beschäftigt sich ein Sommelier?

A. Mit Krustentieren
B. Mit Desserts
C. Mit Wein
D. Mit Kräutern
E. Keine Antwort ist richtig.

38) Wie nennt man den oberen Teil eines Getreidehalms?

A. Knospe
B. Ähre
C. Spreu
D. Kleie
E. Keine Antwort ist richtig.

39) Was ist ein Placebo?

A. Ein Scheinarzneimittel ohne Wirkstoff
B. Die wirkstoffgleiche Kopie eines Medikaments
C. Eine Art Dragee
D. Ein Instrument zur Untersuchung des Magen-Darm-Trakts
E. Keine Antwort ist richtig.

40) Wo besteht hohes Malariarisiko?

A. In den Tropen und Subtropen
B. In Wüsten und Steppen
C. In Australien
D. In Gebieten um den Polarkreis
E. Keine Antwort ist richtig.

41) Ist die Lärche ein Laubbaum?

☐ ja   ☐ nein

42) Eine Wohnung, deren Wohnraum sich zusammenhängend über mindestens zwei Stockwerke ausbreitet, ist …?

A. ein Loft.
B. ein Souterrain.
C. eine Maisonette.
D. eine Mansarde.
E. Keine Antwort ist richtig.

43) War Boris Becker der erste Deutsche, der das legendäre Tennisturnier in Wimbledon gewinnen konnte?

☐ ja   ☐ nein

44) Wie nennt man einen handlichen technischen Gegenstand mit oftmals besonderer Ästhetik und Funktionalität – Meme, Gadget oder Avatar?

45) Welche deutschsprachige Tageszeitung hat ihren Hauptsitz nicht in Deutschland?

A. taz
B. NZZ
C. SZ
D. FAZ
E. Keine Antwort ist richtig.

46) Rudolf Augstein war Gründer und Herausgeber …?

A. der „Süddeutschen Zeitung".
B. des Wochenmagazins „Die Zeit".
C. des Nachrichtenmagazins „Der Spiegel".
D. der „Frankfurter Allgemeinen Zeitung".
E. Keine Antwort ist richtig.

47) Das Kleinhirn …?

A. koordiniert Bewegungen.

B. kontrolliert lebensnotwendige Funktionen wie Atmung, Herzschlag, Stoffwechsel.

C. verarbeitet Emotionen.

D. ist zuständig für abstraktes und assoziatives Denken.

E. Keine Antwort ist richtig.

48) Auf welche Religion verweist dieses Symbol?

49) In welchen Leichtathletik-Disziplinen stellte Usain Bolt Weltrekorde auf?

A. Weitsprung und Speerwurf

B. 400- und 800-Meter-Lauf

C. 100- und 200-Meter-Lauf

D. Kugelstoßen und Hochsprung

E. Keine Antwort ist richtig.

50) Die NASA-Raumsonde „Voyager 1" startete 1977 und sendet noch immer Daten aus dem Weltall. Ist das richtig?

☐ ja   ☐ nein

Kultur und Kunst

51) Welches Buch stammt nicht von Fjodor Dostojewski?

A. Schuld und Sühne

B. Der Idiot

C. Die Brüder Karamasow

D. Krieg und Frieden

E. Keine Antwort ist richtig.

52) Wer komponierte die Oper „La Bohème"?

A. Giuseppe Verdi

B. Giacomo Puccini

C. Claude Debussy

D. Hector Berlioz

E. Keine Antwort ist richtig.

53) Die Brüder Auguste und Louis Lumière leisteten Pionierarbeit in der Entwicklung des …?

A. Flugzeugs.

B. Chronografen.

C. Thermometers.

D. Kinos.

E. Keine Antwort ist richtig.

54) Wie nennt man die Mörtelverzierungen an Decken und Wänden, die vor allem für Altbauten typisch sind – Stuck, Pasticcio oder Fresko?

55) Zu welchem künstlerischen Stil rechnet man Salvador Dalí und René Magritte?

A. Surrealismus
B. Impressionismus
C. Expressionismus
D. Realismus
E. Keine Antwort ist richtig.

56) Der antike Philosoph Aristoteles war ein Schüler von ...?

A. Seneca.
B. Platon.
C. Zeus.
D. Homer.
E. Keine Antwort ist richtig.

57) Gilt ein Lehrsatz als unumstößlich wahr und nicht hinterfragbar, spricht man von ...?

A. Dialektik.
B. Kontingenz.
C. einer Tautologie.
D. einem Dogma.
E. Keine Antwort ist richtig.

58) Wer flüstert Bühnenschauspielern vergessene Textpassagen zu?

A. Die Primadonna
B. Die Souffleuse
C. Der Claqueur
D. Der Komparse
E. Keine Antwort ist richtig.

59) Wie heißt dieser Dramatiker?

A. Oscar Wilde
B. Bertolt Brecht
C. Patrick Süskind
D. Georg Büchner
E. Keine Antwort ist richtig.

60) Wie nennt man die japanische Kunst des Blumenarrangierens?

A. Bonsai
B. Ikebana
C. Fuji
D. Origami
E. Keine Antwort ist richtig.

Sprache

61) Das Kürzel „gez." steht in Geschäftsbriefen für „gezahlt" – stimmt diese Aussage?

☐ stimmt   ☐ stimmt nicht

62) Was bedeutet das Sprichwort „Nachts sind alle Katzen grau"?

A. Wer sich unbeobachtet fühlt, hat keine Hemmungen.

B. Man sollte spätabends nicht zu sehr auffallen.

C. Im Dunkeln erscheint alles ähnlich.

D. Katzen sind enorm anpassungsfähig.

E. Keine Antwort ist richtig.

63) Bitte vervollständigen Sie folgendes Sprichwort:

Papier ist _____.

64) Ein „maliziöser" Gedanke ist …?

A. genial.

B. dämlich.

C. kompliziert.

D. einfach.

E. Keine Antwort ist richtig.

65) Eine konfessionelle oder ethnische Minderheit, die über diverse Regionen außerhalb ihrer Heimat verstreut ist, lebt …?

A. im Habitat.

B. im Plenum.

C. in der Diaspora.

D. in einer Kolonie.

E. Keine Antwort ist richtig.

66) Welcher Ausdruck ist ein „Hashtag"?

A. info@ausbildungspark.com

B. #eignungstest

C. ;-)

D. ROFL

E. Keine Antwort ist richtig.

67) Wofür steht die Abkürzung „FSK"?

A. Freiwillige Selbstkontrolle

B. Fernsehkonferenz

C. Filmschutzkommission

D. Fast Sampling Kassette

E. Keine Antwort ist richtig.

68) Wie lautet die Abkürzung für die „Aufmerksamkeitsdefizit-/Hyperaktivitätsstörung"?

_____

69) Der Begriff „Äquilibrium" steht für …?

A. ein Zeitalter der Erdgeschichte.

B. ein Gleichgewicht.

C. ein chemisches Element.

D. ein Sternenbild.

E. Keine Antwort ist richtig.

70) Ein „Demagoge" ist ein …?

A. Hautarzt.

B. Volksaufhetzer.

C. Angeber.

D. Schönredner.

E. Keine Antwort ist richtig.

Naturwissenschaften und Technik

71) Wird mit einem Weinglas angestoßen, erklingt ein Ton. Ordnen Sie die – unterschiedlich vollen, ansonsten identischen – Gläser je nach ihrer Tonhöhe aufsteigend von tief bis hoch.

72) Wofür steht in der IT-Sprache der Begriff „Host"?

A. Für einen Rechner, der sich in einer untergeordneten Struktur befindet

B. Für einen Rechner, der als Server betrieben wird

C. Für einen Rechner, der als Client betrieben wird

D. Für ein Netzwerk mit mehreren Rechnern

E. Keine Antwort ist richtig.

73) Die Netzhaut im menschlichen Auge …?

A. filtert unwichtige Lichtinformationen heraus.

B. schützt das Augeninnere vor Staub und Verunreinigungen.

C. wandelt Lichtstrahlen in Nervenimpulse um.

D. setzt Lichtinformationen zum fertigen Bild zusammen.

E. Keine Antwort ist richtig.

74) Zeigt jeder Regenbogen einen anderen Farbverlauf in seinem Lichtband?

☐ ja ☐ nein

75) Wovor warnt dieses Zeichen?

A. Explosionsgefahr

B. Minen

C. Sirene

D. Laserstrahlung

E. Keine Antwort ist richtig.

76) Woraus besteht Bronze?

A. Aus Eisen und Messing

B. Aus Gold und Silber

C. Aus Kupfer und Zinn

D. Aus Zinn und Nickel

E. Keine Antwort ist richtig.

77) Die linke Kugel eines Kugelpendels trifft auf vier hängende Kugeln. Wie viele Kugeln werden deutlich nach rechts ausgelenkt?

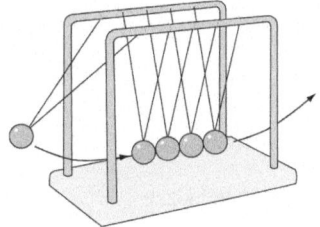

A. 1
B. 2
C. 3
D. 4
E. Keine Antwort ist richtig.

78) Keine Rolle in der Geometrie spielen …?

A. Rauten.
B. Sextanten.
C. Ikosaeder.
D. Ellipsoide.
E. Keine Antwort ist richtig.

79) Laut dem Satz von Euklid ist die Anzahl der Primzahlen …?

A. endlich.
B. unendlich.
C. relativ.
D. grob zwischen 3.000 und 5.000 zu bestimmen.
E. Keine Antwort ist richtig.

80) Welche Software ist kein Betriebssystem?

A. Apple iOS
B. Linux
C. Android
D. Outlook
E. Keine Antwort ist richtig.

81) In der IT umfasst ein Byte …?

___ Bit.

82) Welcher Fisch ist ein Süßwasserfisch?

A. Thunfisch
B. Kabeljau
C. Hecht
D. Sardine
E. Keine Antwort ist richtig.

83) Was ist kein DNA-Grundbaustein?

A. Guanin
B. Adenin
C. Xenin
D. Cytosin
E. Keine Antwort ist richtig.

84) Wofür steht das Kürzel RGB?

A. Rot Gelb Blau
B. Rot Grün Blau
C. Rot Grün Braun
D. Rosa Grau Blau
E. Keine Antwort ist richtig.

85) Mithilfe des Lackmustests kann man ...?

A. Sauerstoffmengen bestimmen.

B. Temperaturen messen.

C. pH-Werte ermitteln.

D. Edelgase von anderen Gasen unterscheiden.

E. Keine Antwort ist richtig.

86) Der abgebildete Funktionsgraph nähert sich im Unendlichen seiner ...?

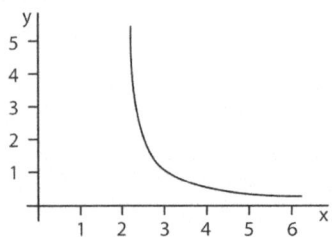

A. Asymptote.

B. Exponentialfunktion.

C. Hyperbel.

D. Parabel.

E. Keine Antwort ist richtig.

87) Damit ein Gasballon aufsteigt, muss das Gas im Vergleich zur Umgebungsluft eine ...?

A. geringere Masse haben.

B. geringere Dichte haben.

C. geringere Temperatur haben.

D. geringere Gewichtskraft haben.

E. Keine Antwort ist richtig.

88) Die zwei Platten eines Kondensators sind durch Glas isoliert. Wie sieht eine typische Ladungsverteilung aus?

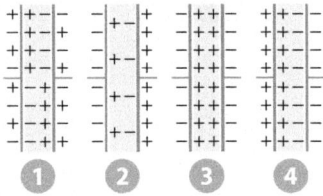

Wie in Skizze ___.

89) Mit einem Generator kann man ...?

A. chemische in mechanische Energie umwandeln.

B. elektrische Energie in Wärmeenergie umwandeln.

C. mechanische in elektrische Energie umwandeln.

D. elektrische in mechanische Energie umwandeln.

E. Keine Antwort ist richtig.

90) Der Heckrotor eines Hubschraubers steuert horizontale Drehungen um dessen Hochachse. Stimmt diese Aussage?

☐ ja   ☐ nein

Die Auswertung: Prüfung 3

Für jede richtig gelöste Aufgabe dürfen Sie sich **1 Punkt** gutschreiben.

1. Schengener	26. Konrad Adenauer	51. D
2. Binnengrenzen	27. D	52. B
3. Freizügigkeit	28. B	53. D
4. Flüchtlingskrise	29. D	54. Stuck
5. Zollunion	30. D	55. A
6. A5, B2, C4, D3, E1	31. Äquator	56. B
7. E	32. Sahara	57. D
8. C	33. Nullmeridian	58. B
9. C	34. Nördlicher Polarkreis	59. B
10. stimmt nicht	35. Subtropen	60. B
11. Deutsche Bundesbank	36. stimmt nicht	61. stimmt nicht
12. D	37. C	62. C
13. Dow-Jones-Index	38. B	63. geduldig
14. D	39. A	64. E
15. B	40. A	65. C
16. D	41. nein	66. B
17. A	42. C	67. A
18. A	43. ja	68. ADHS
19. B	44. Gadget	69. B
20. C	45. B	70. B
21. B	46. C	71. 2, 4, 1, 3
22. C	47. A	72. B
23. D	48. Christentum	73. C
24. Alaska	49. C	74. nein
25. D	50. ja	75. D

76. C	81. 8 Bit	86. A
77. A	82. C	87. B
78. B	83. C	88. Wie in Skizze 2
79. B	84. B	89. C
80. D	85. C	90. ja

Ihre Punktzahl: von 90

Bewertung:	78–90 Punkte	64–77 Punkte	55–63 Punkte	45–54 Punkte
	sehr gut	gut	befriedigend	ausreichend

Zu 1–5) Die Verträge des _Schenge-ner_ Abkommens regeln innerhalb der Europäischen Union insbesondere die Abschaffung der Personenkontrollen an den EU-_Binnengrenzen_. Eine wachsende Zahl an Teilnehmerstaaten verabschiedete in den Jahren 1985, 1990 und 2005 Gesetze, die ihren Bürgern persönliche _Freizügigkeit_ gewähren. Möglich bleiben aber auch Maßnahmen zur Wahrung nationalstaatlicher Sicherheit wie die Einführung vorübergehender Grenzkontrollen, um die öffentliche Ordnung zu schützen. Von diesem Recht machten mehrere Staaten während der _Flüchtlingskrise_ 2015 Gebrauch. Der Warentransport innerhalb der EU wird in anderen Vertragswerken geregelt, unter anderem in Übereinkommen der Europäischen _Zollunion_.

Zu 6) A5, B2, C4, D3, E1

Die angegebenen Institutionen sind Volksvertretungen. Den kleinsten Wirkungsradius hat der Gemeinderat (**E.**), der die Bürger einer Gemeinde vertritt. Mehrere Gemeinden sind zu einem Landkreis verbunden, dessen Volksvertretung der Kreistag (**B.**) ist. Bezirkstage (**D.**) sind Volksvertretungen der Bezirke, die in manchen Bundesländern eine zusätzliche Verwaltungsebene zwischen Landkreis und Bundesland bilden. Die Parlamente der Bundesländer – abgesehen von den Stadtstaaten Berlin, Bremen und Hamburg – heißen Landtag (**C.**). An der Spitze der Hierarchie steht schließlich der Bundestag (**A.**) als höchstes deutsches Parlament; seine Abgeordneten werden von allen Staatsbürgern für vier Jahre gewählt. Aus dem Bundestag geht die Bundesregierung hervor.

Zu 7) E. Resozialisierung der Gefangenen

In Paragraph 2 des Strafvollzugsgesetzes heißt es: „Im Vollzug der Freiheitsstrafe soll der Gefangene fähig werden, künftig in sozialer Verantwortung ein Leben ohne Straftaten zu führen (Vollzugsziel). Der Vollzug der Freiheitsstrafe dient auch dem Schutz der Allgemeinheit vor weiteren Straftaten."

Zu 8) C. verteilt Gelder zwischen den Bundesländern um.

Der Länderfinanzausgleich gleicht die unterschiedlichen finanziellen Leistungsvermögen der Bundesländer aus. Er beinhaltet zwei Mechanismen: Je nach Finanzkraft vergibt der Bund zum einen selbst Geldmittel, zum anderen transferiert er Gelder von „stärkeren" an „schwächere" Länder.

Zu 9) C. Horst Mahler

Horst Mahler, geboren 1936 in Polen, ist ein politischer Aktivist, Neonazi und ehemaliger Anwalt. In den 1960er-Jahren zählte Mahler zu den Mitbegründern der Roten Armee Fraktion (RAF); er plante Banküberfälle und die Befreiung des inhaftierten Andreas Baader und erhielt dafür 14 Jahre Freiheitsstrafe. Später war Mahler Mitglied der Nationaldemokratischen Partei Deutschlands (NPD) und

verteidigte diese juristisch beim Verbotsverfahren vor dem Bundesverfassungsgericht (2001–2003). 2009 wurde Mahler wegen Volksverhetzung zu zwölf Jahren Haft verurteilt. Zum NSU-Komplex gibt es keine Verbindung.

Zu 10) stimmt nicht

Die Knesset ist seit 1949 das Einkammerparlament Israels in der Landeshauptstadt Jerusalem. Es bildet sich aus 120 Abgeordneten, die für eine vierjährige Legislaturperiode gewählt werden. Eine endgültige Verfassung besitzt Israel nicht; einen vergleichbaren Rang haben die Unabhängigkeitserklärung von 1948 und elf Grundgesetze.

Zu 11) Deutsche Bundesbank

Im Euroraum wird das Bargeld von den nationalen Zentralbanken geschaffen und in Umlauf gebracht. Die Ausgabe von Banknoten muss von der Europäischen Zentralbank (EZB) genehmigt werden.

Zu 12) D. Britisches Pfund Sterling

Das Symbol £ geht zurück auf das lateinische Wort „libra" für „Pfund" und steht für das Britische Pfund Sterling, die Währung des Vereinigten Königreichs Großbritannien und Nordirland. Seit 1971 unterteilt man ein Pfund in 100 Pence.

Zu 13) _Dow-Jones_ -Index.

Der in Europa als „Dow-Jones-Index" bekannte Aktienindex heißt eigentlich „Dow Jones Industrial Average" (DJIA). Er wurde erstmals im Jahr 1896 veröffentlicht und repräsentiert heute, als Leitindex der New York Stock Exchange, die Anleihen der 30 größten US-Unternehmen.

Zu 14) D. Franchising.

Die beschriebene Kooperationsform nennt sich „Franchising" oder auch „Konzessionsverkauf": Der Franchisegeber erlaubt seinem Geschäftspartner, das eigene Geschäftskonzept – eventuell räumlich begrenzt – zu nutzen. Der Franchisenehmer bleibt selbstständig und profitiert von der etablierten Marke sowie vom vorhandenen Know-how. Verbreitet ist das Franchisekonzept u. a. bei Schnellrestaurants.

Zu 15) B. Kirchensteuer und Solidaritätszuschlag

Die fällige Einkommensteuer dient als Bemessungsgrundlage für die Kirchensteuer und den Solidaritätszuschlag. In der Regel werden die Steuern daher zusammen festgesetzt.

Zu 16) D. ein Vertrag bei partiellen Mängeln ganz unwirksam wird.

Wenn sich einzelne Vertragsbestimmungen als unwirksam herausstellen, sollen die wesentlichen Vertragsziele trotzdem erreicht werden – das bezweckt die Salvatorische Klausel. Eine gängige Formulierung: „Sollten einzelne Bestimmungen dieses Vertrages unwirksam oder undurchführbar sein oder nach Vertragsschluss unwirksam oder undurchführbar werden, bleibt davon die Wirksamkeit des Vertrages im Übrigen unberührt."

Zu 17) A. Eine Versicherung gegen Zahlungsausfälle

Mit Hermes-Bürgschaften schützt der deutsche Staat hiesige Exporteure gegen Forderungsausfälle. Zahlt ein ausländischer Kunde nicht, wird dem ausführenden Unternehmen der entstandene Schaden durch die Bundesrepublik Deutschland ersetzt – abzüglich einer Selbstbeteiligung von üblicherweise 5–15 Prozent.

Zu 18) A. die Tarifvertragsparteien können Löhne und Gehälter frei vereinbaren.

„Tarifautonomie" bedeutet: Die Tarifvertragsparteien – die Gewerkschaften und Arbeitgeberverbände – können Tarifverträge frei vereinbaren, unabhängig vom Staat. Allerdings müssen sie sich dabei an bestimmte rechtliche Rahmenbedingungen halten.

Zu 19) B. Konrad Lorenz.

Konrad Lorenz (1903–1989) war ein österreichischer Zoologe. Er erhielt 1973 den Medizin-Nobelpreis für seine Verhaltensforschung an Tieren. Friedrich August von Hayek (1899–1992) und Milton Friedman (1912–2006) waren bedeutende Vertreter des ökonomischen Liberalismus, einer Theorieströmung, die vom Nutzen einer freien Wirtschaft ausgeht. John Maynard Keynes (1883–1946) begründete den Keynesianismus, der einen gewissen staatlichen Einfluss auf die Wirtschaft fordert, um Stabilität und Wohlstand zu gewährleisten.

Zu 20) C. Mit wachsenden Stückzahlen steigen die Gesamtkosten immer stärker.

Kostenfunktionen veranschaulichen in der Wirtschaftswissenschaft den Zusammenhang zwischen einer Bezugsgröße und davon abhängigen Kosten. Im vorliegenden Fall gibt die x-Achse die Stückzahl eines produzierten Gutes wieder und die y-Achse die anfallenden Gesamtkosten, die mit wachsender Stückzahl überproportional steigen. Eine Erklärung dafür wären z. B. höhere Lohnkosten infolge vermehrter Überstunden.

Zu 21) B. die Helvetier.

Mesopotamien, das „Zweistromland", liegt zwischen den Flüssen Euphrat und Tigris, größtenteils auf dem Gebiet des heutigen Irak. Die Region wurde im Laufe der Jahrtausende von verschiedenen Völkern besiedelt und gehörte – ganz oder teilweise – u. a. zu den Großreichen der Babylonier, Assyrer und Perser. Die Helvetier, ein keltischer Volksstamm, bevölkerten hingegen das heutige Südwestdeutschland und das schweizerische Mittelland.

Zu 22) C. Ephesos.

In der antiken griechischen Mythologie ist Artemis die Göttin der Jagd und der Natur. Der größte und bedeutendste Tempel, der ihr gewidmet wurde, stand in der wohlhabenden Stadt Ephesos an der Südwestküste der heutigen Türkei. Er wurde ab dem 8. Jahrhundert v. Chr. in mehreren Phasen erbaut und zählt zu den sieben Weltwundern der Antike. Seine Ruinen sind noch heute erhalten.

Zu 23) D. Biedermeier.

Nach dem Fall Napoleon Bonapartes 1815 begann die Restauration: Die europäischen Monarchen wollten die

Verhältnisse vor der Französischen Revolution wiederherstellen. Die deutschen Fürsten fürchteten vor allem nationale und liberale Strömungen; sie beschränkten die politische Betätigung des Volkes, zensierten Presse und Kunst (Karlsbader Beschlüsse). Das deutsche Bürgertum zog sich ins Häusliche, Private zurück – bis hin zur Märzrevolution 1848. Ab 1855 parodierte die fiktive Figur „Gottlieb Biedermaier" die spießignaiven Bürger jener Zeit und prägte damit den Namen der Epoche.

Zu 24) Alaska

Am 30. März 1867 verkaufte das Zarenreich Russland die Region Alaska für 7,2 Millionen Dollar an die Vereinigten Staaten. Gründe: Die lukrative Seeotterjagd hatte den Bestand der Tiere stark ausgedünnt, die Unterhaltung des Territoriums wurde zunehmend problematisch, hinzu kamen Feindseligkeiten mit den dort ansässigen Indianern. Nicht zuletzt waren die russischen Staatsfinanzen nach dem Krimkrieg sehr angespannt.

Zu 25) D. Februarrevolution.

Zu Beginn des 20. Jahrhunderts stand das Zarenreich Russland wirtschaftlich und sozial vor großen Problemen. Die Industrialisierung hatte spät begonnen, das Land war zum Groß-

teil noch agrarisch geprägt, und das wachsende Heer der Industriearbeiter fand in der vormodernen Gesellschaftsordnung keinen Platz. Im Ersten Weltkrieg verschärften sich die Spannungen infolge hoher Inflation, Arbeitslosigkeit und Lebensmittelknappheit. Anfang des Jahres 1917 kam es zu Hungerrevolten, Streiks und Protesten. Im Februar 1917 (nach gregorianischer Zeitrechnung im März) bildete sich in Petrograd (Sankt Petersburg) ein Arbeiter- und Soldatenrat („Sowjet"), dem bald Räte in vielen weiteren Städten folgten. Zar Nikolaus II. war schließlich zur Abdankung gezwungen.

Zu 26) Konrad Adenauer

Konrad Adenauer (1876–1967) war von 1949 bis 1963 der erste Bundeskanzler der Bundesrepublik Deutschland. Parallel dazu bekleidete er von 1951 bis 1955 auch das Amt des Außenministers. 1946 gehörte Adenauer zu den Begründern der CDU, die er 1950 bis 1966 als Bundesvorsitzender anführte. Der Jurist und ehemalige Kölner Oberbürgermeister (von 1917 bis 1933) hatte nachhaltigen Einfluss auf die junge Bundesrepublik: Er trieb die europäische Integration voran, setzte auf Westbindung, Antikommunismus und die soziale Marktwirtschaft.

Zu 27) D. des Eichmann-Prozesses.

Hannah Arendt (1906–1975), eine politische Theoretikerin und Publizistin jüdischer Konfession, prägte den Begriff der „Banalität des Bösen" während des Gerichtsprozesses gegen den SS-Obersturmbannführer Adolf Eichmann in Jerusalem 1961. Arendt beschrieb damit die skrupellose Autoritätshörigkeit des „Schreibtischtäters" Eichmann, der im „Dritten Reich" zu den Architekten des Holocausts gehört hatte. Er war nach Kriegsende nach Argentinien geflohen und 1960 vom israelischen Geheimdienst nach Jerusalem entführt worden. Dort wurde er zum Tode verurteilt und 1962 gehängt.

Zu 28) B. ein Volksaufstand niedergeschlagen.

Im Frühjahr 1989 besetzte eine Studentenbewegung den Tian'anmen-Platz („Platz des Himmlischen Friedens") im Zentrum der chinesischen Hauptstadt Peking, um für eine Demokratisierung des Landes zu demonstrieren. Am 3. und 4. Juni beendete das Militär die Proteste mithilfe von Schusswaffen und Panzern („Tian'anmen-Massaker"). Chinesischen Regierungsangaben zufolge wurden dabei 200 Menschen getötet; unabhängige Hilfsorganisationen sprechen von mehreren hundert bis mehreren tausend Opfern.

Zu 29) D. Polizeigewalt gegen einen Afroamerikaner

Im März 1991 lieferte sich der Afroamerikaner Rodney King in Los Angeles eine Verfolgungsjagd mit der Polizei, der er wegen eines Tempoverstoßes aufgefallen war. Nachdem die Beamten King gestoppt hatten, traktierten sie ihn mit Stockschlägen und Fußtritten – vor Gericht wurden sie jedoch freigesprochen. Das Urteil, von der afroamerikanischen Gemeinschaft mit Fassungslosigkeit aufgenommen, löste schwere Unruhen aus, die fünf Tage und Nächte anhielten.

Zu 30) D. Columbia

Im Januar 2003 startete die NASA-Raumfähre „Columbia" zu ihrem 28. Einsatz ins All. Nach dem Verlassen der Startrampe brachen Schaumstoffteile vom Außentank ab und schlugen ein Loch in die Hitzeschildverkleidung – das Kontrollzentrum erkannte dies zwar, sah darin jedoch keine Gefahr. Beim Wiedereintritt in die Erdatmosphäre am 1. Februar gelangte heißes Plasma durch das Loch in die Flügelstruktur, und die „Columbia" brach auseinander. Alle sieben Astronauten an Bord starben.

Zu 31) Äquator

Der Äquator trennt die Erde als 0. Breitengrad in eine Nord- und eine Südhalbkugel.

Zu 32) Sahara

Die Sahara in Afrika ist mit rund neun Millionen Quadratkilometern Fläche die größte Trockenwüste der Erde. Sie zieht sich über die volle Breite des afrikanischen Kontinents, vom Atlantik bis zum Roten Meer.

Zu 33) Nullmeridian

Vom Nullmeridian (0. Längengrad) aus wird die geografische Länge nach Westen und Osten bestimmt. Da er mitten durch den Londoner Stadtteil Greenwich verläuft, nennt man ihn auch „Greenwich-Meridian".

Zu 34) Nördlicher Polarkreis

Die Polarkreise ziehen sich auf 66,5 Grad nördlicher und südlicher Breite um den Globus und umgeben die polnahen Gebiete, in denen die Sonne am Tag der Sonnenwende nicht mehr auf- bzw. untergeht.

Zu 35) Subtropen

Je nach geografischer Lage unterscheidet man vier Klimazonen: die Tropen (bis 23,5° nördlicher/südlicher Breite), die Subtropen (23,5°–45° nördlicher/südlicher Breite), die Mittelbreiten (auch „gemäßigte Breiten"; 45°–66,5° nördlicher/südlicher Breite) und die Polarzone (ab 66,5° nördlicher/südlicher Breite). Der größte Teil der arabischen Halbinsel umfasst subtropisches Gebiet.

Zu 36) stimmt nicht

Im Ernährungsreport 2023 schätzt das Bundesministerium für Ernährung und Landwirtschaft den Bevölkerungsanteil der Vegetarier auf 8 Prozent und den der Veganer auf 2 Prozent. Diese Zahlen decken sich weitgehend mit verschiedenen Umfragen.

Zu 37) C. Mit Wein

Ein Sommelier ist ein Weinspezialist. In einem Gastronomiebetrieb berät er die Gäste – und den Inhaber – zu allen Fragen rund um das Weinangebot des Hauses; meist verantwortet er auch dessen Zusammenstellung.

Zu 38) B. Ähre

Der obere Teil des Getreidehalms ist die Ähre; an ihrer langgestreckten Hauptachse – der Ährenspindel („Rhachis") – sitzen die Pflanzenblüten. Spreu und Kleie sind Nebenprodukte der Getreideernte bzw. -verarbeitung. Knospen nennt man die noch unentwickelten Teile einer Pflanze, aus denen später die Blüten und Blätter hervorgehen.

Zu 39) A. Ein Scheinarzneimittel ohne Wirkstoff

Placebos sind Scheinarzneimittel, die keinerlei Wirkstoff enthalten. Dennoch kann ihre Einnahme den Gesundheitszustand positiv beeinflussen – der sprichwörtliche Placeboeffekt beruht auf psychischen Faktoren. Wirkstoffgleiche Arzneimittel-Kopien nennt man übrigens Generika.

Zu 40) A. In den Tropen und Subtropen

Die Tropenkrankheit Malaria wird durch Parasiten ausgelöst, die beim Stich weiblicher Stechmücken (Moskitos) übertragen werden können. Risikogebiete sind tropische und subtropische Regionen rund um den Globus. Symptome einer Erkrankung sind hohes, meist rhythmisch wiederkehrendes Fieber, Gliederschmerzen, Schüttelfrost, Krämpfe und Magen-Darm-Beschwerden. Eine wirksame Impfung gegen Malaria gibt es noch nicht, aber Medikamente zur Behandlung. Die wirksamste Vorbeugung besteht im Schutz vor Insektenstichen.

Zu 41) nein

Die Lärche ist ein Nadelholzgewächs aus der Familie der Kieferngewächse.

Zu 42) C. eine Maisonette.

Ein Loft ist ein bewohnbar gemachter Industrie- oder Lagerraum, „Souterrain" ist ein anderer Ausdruck für das Keller- oder Untergeschoss, und eine Mansarde ist ein Zimmer oder eine Wohnung im ausgebauten Dachgeschoss eines Wohnhauses. Richtig ist C: Eine Wohnung, deren Wohnraum sich zusammenhängend über mindestens zwei Stockwerke ausbreitet, nennt man Maisonette. Die Etagen sind dabei durch eine innenliegende Treppe verbunden.

Zu 43) ja

Boris Becker gewann das legendäre Tennisturnier im Londoner Stadtteil Wimbledon 1985 als erster ungesetzter Spieler, als erster Deutscher – und mit 17 Jahren als bis dahin jüngster Spieler. 1986 und 1989 wiederholte er den Triumph.

Zu 44) Gadget

Der englische Begriff „Gadget" bedeutet so viel wie „Dingens" oder „Schnickschnack". Er steht für kleine technische Objekte, die nicht nur einen praktischen Nutzen bieten, sondern häufig auch spielerisch zu handhaben sind. Beispiele sind Smartphones, Tablet-Computer, USB-Lampen oder Fitnessarmbänder.

Zu 45) B. NZZ

NZZ steht für „Neue Zürcher Zeitung" – der Hauptsitz dieses deutschsprachigen Leitmediums ist folgerichtig die größte Stadt der Schweiz. Die Tageszeitung (taz) erscheint in Berlin, die Süddeutsche Zeitung (SZ) in München, die Frankfurter Allgemeine Zeitung (FAZ) in Frankfurt am Main.

Zu 46) C. des Nachrichtenmagazins „Der Spiegel".

Rudolf Augstein (1923–2002) war ein deutscher Journalist, Publizist und Verleger. 1946 gründete er als Chefredakteur und Herausgeber das Nachrichtenmagazin „Der Spiegel", die Erstausgabe erschien im Januar 1947. Unter Augsteins Führung wurde das Magazin zu einem Leitmedium der jungen Bundesrepublik. Nach einem kritischen Bericht zu einer NATO-Militärübung und zur Leistungsfähigkeit der Bundeswehr kam es 1962 zur „Spiegel-Affäre", in deren Verlauf Augstein inhaftiert wurde. In der Folge musste Verteidigungsminister Franz Josef Strauß sein Amt niederlegen.

Zu 47) A. koordiniert Bewegungen.

Das Kleinhirn ist wichtig für die motorische Steuerung, also zum Lernen, Koordinieren und Antizipieren von Bewegungsabläufen. Die lebensnotwendigen Funktionen Atmung, Herzschlag und Stoffwechsel werden im Hirnstamm gesteuert, für höhere Vorgänge wie abstraktes und assoziatives Denken ist vor allem das Großhirn zuständig. Die Verarbeitung von Emotionen verortet man wesentlich im limbischen System, einer Ansammlung von Strukturen um den Hirnstamm, und im präfrontalen Cortex (einer Hirnregion hinter Nase und Stirn). Die Prozesse sind jedoch so komplex, dass keine eindeutige Verortung möglich ist.

Zu 48) Christentum

Es handelt sich um den eucharistischen Fisch, ein christliches Symbol. Oft tritt es in Verbindung mit der Zeichenfolge „ICHTHYS" auf: Der Ausdruck ist das griechische Wort für „Fisch" und zugleich ein griechisches Akronym für die Wortfolge „Jesus Christus Gottes Sohn Erlöser".

Zu 49) C. 100- und 200-Meter-Lauf

Der Jamaikaner Usain Bolt brach bei den Leichtathletik- Weltmeisterschaften 2009 in Berlin seine eigenen Weltrekorde im Sprint über 100 Meter (9,58 Sekunden) und 200 Meter (19,19 Sekunden). Bolt ist neunfacher Olympiasieger und elffacher Weltmeister.

Zu 50) ja

Voyager 1 startete im September 1977 von Cape Canaveral im US-Bundestaat Florida in den Weltraum, um im Vorbeiflug die Planeten Jupiter und Saturn sowie ihre Monde zu untersuchen. Die Raumsonde hat sich mittlerweile über 20 Milliarden Kilometer von der Erde entfernt – und sendet noch immer Daten zur NASA.

Zu 51) **D.** Krieg und Frieden

Zu den Hauptwerken des russischen Schriftstellers Fjodor Dostojewski (1821–1881) zählen „Schuld und Sühne", „Der Idiot", „Die Dämonen" und „Die Brüder Karamasow". Den historischen Roman „Krieg und Frieden" schrieb Leo Tolstoi (1828–1910).

Zu 52) **B.** Giacomo Puccini

„La Bohème" ist eine 1896 uraufgeführte Oper des italienischen Komponisten Giacomo Puccini (1858–1924). Sie handelt von den Freuden und Sorgen des Künstlers Rodolfo und seiner Freunde, die um 1830 in Paris leben. Die Oper vertritt den um 1890 aufgekommenen „Verismo", einen italienischen Opernstil, der das Leben gewöhnlicher Leute in den Mittelpunkt stellte. „La Bohème" wurde ein Welterfolg und zählt noch heute zu den meistaufgeführten Opern. Zu Puccinis weiteren Erfolgen

zählen „Tosca", „Madame Butterfly" und „Turandot".

Zu 53) **D.** Kinos.

Die Franzosen Auguste (1862–1954) und Louis Lumière (1864–1948) entwickelten Ende des 19. Jahrhunderts den Kinematografen („Cinématographe"): ein Gerät, das kurze Filme auf perforiertem 35-mm-Film aufzeichnen und wiedergeben konnte. 1895 fanden die ersten öffentlichen Vorführungen statt. Der Kinematograf konnte sich gegen ähnliche Erfindungen durchsetzen und klingt noch heute im Wort „Kino" an.

Zu 54) Stuck

Ein typisches Kennzeichen von Altbauwänden und -decken sind Stuckelemente, d. h. Mörtelverzierungen wie Schmuckleisten, Rosetten und Ornamente. Noch heute sind Stuckarbeiten bei der Raum- und Fassadengestaltung gefragt – sei es bei der Restauration alter Objekte oder der Gestaltung moderner Wohnräume. „Fresko" bezeichnet eine Form der Wandmalerei und „Pasticcio" eine aus verschiedenen Vorlagen zusammenkomponierte Oper.

Zu 55) **A.** Surrealismus

Der Surrealismus ist eine literarisch-künstlerische Bewegung, die um

1920 in Paris entstand. Die Surrealisten thematisierten Unwirkliches und Traumhaftes und versuchten zum Teil, Kunst in rauschhaften Zuständen zu produzieren, unbeeinflusst vom Bewusstsein. Der spanische Maler Salvador Dalí (1904–1989) ist einer der Hauptvertreter des Surrealismus, René Magritte (1898–1967) gilt als einer der wichtigsten surrealistischen Künstler Belgiens.

Zu 56) B. Platon.

Aristoteles (384–322 v. Chr.), einer der bedeutendsten Philosophen der Geschichte, wurde mit 17 Jahren Schüler an der Athener Philosophenakademie des Platon (428/427–348/347 v. Chr.). Mit seinem Werk begründete oder prägte Aristoteles u. a. die Staats-, Wissenschafts- und Dichtungstheorie, die Logik, die Ethik, die Physik und die Biologie. Einige Jahre lang war er Lehrer des makedonischen Thronfolgers Alexander (später „der Große").

Zu 57) D. einem Dogma.

In der antiken Philosophie war das Dogma noch positiv besetzt: Es benannte klar und eindeutig, was man wusste, meinte, annahm oder beschloss. Später prägte die christliche Theologie den Begriff um; fortan bezeichnete er vor allem die von der Kirche festgeschriebenen Glaubensgrundlagen. Im Zuge der Aufklärung kritisierte man Dogmen als unbewiesene Annahmen, die sich, gestützt auf Autoritäten, einer vernünftigen Prüfung entzögen.

Zu 58) B. Die Souffleuse

Während eines Bühnenstücks stehen Souffleusen und Souffleure im sogenannten „Souffleurkasten" an der Bühne versteckt. Von dort aus flüstern sie, unsichtbar für das Publikum, den Text mit und helfen so vergesslichen Darstellern auf die Sprünge. Eine Primadonna ist die erste Sängerin einer Operngesellschaft, Claqueure applaudieren bei einer Aufführung gegen Bezahlung, Komparsen sind Statisten in Theater, Film und TV.

Zu 59) B. Bertolt Brecht

Bertolt Brecht (1898–1956) war ein einflussreicher deutscher Dramatiker und Lyriker. Er begründete das „epische Theater", das nicht mehr tragische Einzelschicksale und Fiktionen ins Zentrum stellt, sondern reale gesellschaftliche Konflikte. Zu Brechts bekanntesten Werken zählen „Die Dreigroschenoper", „Das Leben des Galilei" und „Mutter Courage und ihre Kinder".

Zu 60) B. Ikebana

„Ikebana" bedeutet wörtlich „lebende Blumen". Diese Kunst des Blumenarrangierens reicht bis ins 6. Jahrhundert zurück, als buddhistischen und shintoistischen Gottheiten (wie noch heute) rituelle Blumenopfer dargebracht wurden.

Zu 61) stimmt nicht

Das Kürzel „gez." steht für „gezeichnet" und kennzeichnet den Urheber eines Briefs oder ähnlicher Schriftstücke. Der Verfasser verwendet es in der Regel dann, wenn er das Dokument nicht händisch unterschreibt, sondern seinen Namen maschinengeschrieben daruntersetzt.

Zu 62) C. Im Dunkeln erscheint alles ähnlich.

„Nachts sind alle Katzen grau" bezieht sich darauf, dass man im Dunkeln keine Farben wahrnimmt: Alles erscheint in Grautönen. Im weiteren Sinne bedeutet das Sprichwort, dass unter bestimmten Umständen alle Unterschiede verschwimmen oder bedeutungslos werden.

Zu 63) Papier ist geduldig .

Dieses Sprichwort warnt davor, etwas für bare Münze zu nehmen, nur weil es schwarz auf weiß geschrieben steht. Eine schriftliche Vereinbarung garantiert z. B. nicht, dass sich auch alle daran halten. Außerdem können Texte allerhand Unwahrheiten beinhalten.

Zu 64) E. Keine Antwort ist richtig.

„Maliziös" leitet sich ab vom französischen „malicieux" und dem lateinischen „malitiosus" und bedeutet „boshaft", „arglistig", „hämisch".

Zu 65) C. in der Diaspora.

„Diaspora" stammt aus dem Griechischen und bedeutet „Verstreutheit". „In der Diaspora leben" heißt, dass Angehörige einer konfessionellen oder ethnischen Gemeinschaft außerhalb ihrer Heimat leben, verstreut über weite Teile der Erde, als Minderheit in ihren Exilstaaten. Auch die Gruppe der Verstreuten selbst bezeichnet man als „Diaspora".

Zu 66) B. #eignungstest

Das englische Kunstwort „Hashtag" setzt sich zusammen aus „hash" („Doppelkreuz", „Raute") und „tag" („Markierung"). Mit einem Hashtag kann man Begriffe als Schlagworte kennzeichnen, etwa in sozialen Netzwerken oder Mikroblogging-Diensten. So lassen sich die zugehörigen Beiträge leichter finden, was die themenbezogene Kommunikation vereinfacht.

Zu 67) A. Freiwillige Selbstkontrolle

Die Freiwillige Selbstkontrolle der Filmwirtschaft GmbH ist eine Tochtergesellschaft der „Spitzenorganisation der Filmwirtschaft" (SPIO). Die FSK prüft Filme und andere Medien unter anderem auf dargestellte Gewalt, Sexualität und intellektuelle Komplexität und spricht anhand des Jugendschutzgesetzes eine rechtlich bindende Altersfreigabe aus (0, 6, 12, 16 oder 18 Jahre).

Zu 68) ADHS

Das Kürzel „ADHS" steht für die heute mutmaßlich häufigste Ursache von Verhaltensstörungen bei Kindern und Jugendlichen. Typische Kennzeichen sind leichte Ablenkbarkeit, Impulsivität und motorische Überaktivität. Studien zufolge sind rund fünf Prozent der Kinder und Jugendlichen im Alter von drei bis 17 Jahren betroffen. Bei Jungen wird ADHS rund viermal häufiger diagnostiziert als bei Mädchen. Man vermutet, dass auch eigentlich gesunde, aber auffällige Kinder fälschlicherweise die Diagnose ADHS gestellt bekommen.

Zu 69) B. ein Gleichgewicht.

„Äquilibrium" (auch „Equilibrium") setzt sich zusammen aus den lateinischen Worten „aequus" („gleich", „eben") und „libra" („Waage") und

bedeutet „Gleichgewicht". Gemeint ist eine Ausgeglichenheit von Zuständen, Kräften oder Ähnlichem.

Zu 70) B. Volksaufhetzer.

„Demagoge" stammt vom griechischen „demagogos" („Führer des Volkes"). In der Antike waren Demagogen geachtete Redner – heute versteht man darunter jemanden, der Menschenmengen rhetorisch aufstachelt, indem er übertreibt, vereinfacht, verzerrt und lügt.

Zu 71) Glas 2, Glas 4, Glas 1, Glas 3

Das Anstoßen versetzt das Glas in eine Schwingung, die es als Schallschwingung an die Luft überträgt. Die Frequenz dieser Schwingung bestimmt die Tonhöhe: Vibriert das Glas schnell, ist die Frequenz hoch und wir hören einen hohen Ton. Wird das Glas mit Wasser gefüllt, bremst dessen Trägheit die Schwingung des Glases ab und die Frequenz verringert sich. Der Ton wird umso tiefer, je mehr Wasser im Glas ist.

Zu 72) B. Für einen Rechner, der als Server betrieben wird

In einem Computernetzwerk bezeichnet man dasjenige System als „Host" (dt. „Gastgeber"), auf dem die Serversoftware läuft. Neben einzelnen Computern können auch komplexe Computersysteme oder Netzwerkgeräte wie Router und Druckerserver Hosts sein. Die Endgeräte, mit denen sie kommunizieren, heißen „Clients" (dt. „Kunden").

Zu 73) C. wandelt Lichtstrahlen in Nervenimpulse um.

Das Licht fällt zunächst durch die Pupille, wird dann von der Augenlinse gebündelt und auf die Netzhaut geworfen. Dort werden die Lichtsignale in Nervenreize umgewandelt, die der Sehnerv zum Gehirn leitet, das aus den Informationen schließlich ein Bild unserer Umwelt erzeugt.

Zu 74) nein

Ein Regenbogen entsteht, wenn Sonnenlicht in Wassertropfen gebrochen, reflektiert und in die Spektralfarben aufgespalten wird. Dies geschieht immer auf eine bestimmte Art und Weise, sodass der Farbverlauf bei jedem Regenbogen gleich ist. Von außen nach innen reihen sich im Lichtband aneinander: Rot, Orange, Gelb, Grün, Blau und Violett.

Zu 75) D. Laserstrahlung

Dieses Zeichen warnt vor Laserstrahlung. Warnzeichen kennzeichnen Hindernisse und Gefahrstellen; ihr Aussehen und ihre Anbringung regelt in Deutschland die Unfallverhütungsvorschrift der Berufsgenossenschaften.

Zu 76) C. Aus Kupfer und Zinn

Bronze ist eine Legierung, d. h. ein metallischer Werkstoff aus mehreren Elementen. Hauptbestandteile des bereits seit dem 4. Jahrtausend v. Chr. bekannten Materials sind Kupfer und Zinn.

Zu 77) A. 1

Das abgebildete Kugelpendel heißt auch „Newtonpendel" oder „Newton-Wiege". Trifft eine äußere Kugel mit Wucht auf die ruhenden Kugeln, leiten diese den Impuls und die kinetische Energie aneinander weiter. Die letzte Kugel der Reihe kann dies jedoch nicht mehr tun: Sie schwingt nun ihrerseits nach oben aus, annähernd genauso hoch wie die anfangs impulsgebende Kugel. Anschließend wiederholt sich der Vorgang in umgekehrter Richtung.

Zu 78) B. Sextanten.

Sextanten sind Instrumente, um den perspektivischen Winkelabstand zwischen zwei Objekten zu bestimmen. Man nutzt sie zur Landvermessung, in der Astronomie und insbesondere in der Seefahrt zur Navigation. Rauten sind ebene Vierecke mit vier gleich langen Seiten, Ellipsen sind geschlossene ovale Kurven, Ikosaeder sind Körper mit 12 Ecken, 30 Kanten und 20 gleichseitigen Dreiecken als Seitenflächen.

Zu 79) B. unendlich.

Der Mathematiker Euklid von Alexandria, der wahrscheinlich im 3. Jahrhundert v. Chr. lebte, bewies in seinem Werk „Die Elemente", dass es unendliche viele Primzahlen gibt. Seine Argumentation: Wenn es endlich viele Primzahlen gäbe und man alle miteinander zur Zahl m multiplizieren würde, könnte die nächsthöhere Zahl $m + 1$ keine Primzahl sein, denn das widerspräche der Grundannahme. Wie jede natürliche Zahl, die keine Primzahl ist, müsste sich $m + 1$ dann aber auch als Produkt von Primzahlen darstellen lassen. Folglich müssten m und $m + 1$ einen gemeinsamen Primteiler q haben. Rechnerisch käme dafür nur die Zahl 1 infrage – die ist jedoch keine Primzahl.

Zu 80) D. Outlook

Bei den Vorschlägen A und C handelt es sich um Betriebssysteme für Mobilgeräte: Apple iOS stammt von Apple und Android wurde von einem Konsortium unter Federführung von Google entwickelt, auf Basis des frei nutzbaren Betriebssystems Linux.

Outlook hingegen ist ein E-Mail-Programm von Microsoft.

Zu 81) _8_ Bit.

Ein Byte umfasst eine Datenmenge von acht Bit. Man nutzt diese Maßeinheit, um die Speicherkapazität von Datenträgern wie Festplatten oder CD-ROMs anzugeben. Die nächst größeren Einheiten sind das Kilobyte (1 KB = 1.000 bzw. 1.024 Byte), das Megabyte (1 MB = 1.000 bzw. 1.024 KB) und das Gigabyte (1 GB = 1.000 bzw. 1.024 MB).

Zu 82) C. Hecht

Thunfisch, Kabeljau und Sardine sind Salzwasser- oder auch Meeresfische. Von den Genannten lebt nur der Hecht – ein beliebter Speisefisch – in Süßwasser, nämlich in Fließgewässern, größeren Teichen oder Seen.

Zu 83) C. Xenin

Die vier Nukleinbasen, die die Grundbausteine der DNA darstellen, sind Adenin, Thymin, Cytosin und Guanin.

Zu 84) B. Rot Grün Blau

RGB steht für die Grundfarben Rot, Grün und Blau. Im RGB-Farbraum werden alle Farben durch ein bestimmtes Mischungsverhältnis dieser Grundfarben dargestellt. Durch das RGB-Verfahren lassen sich beispielsweise Grafiken auf einem Computermonitor abbilden.

Zu 85) C. pH-Werte ermitteln.

Der Lackmustest ist ein vereinfachtes Verfahren, um den pH-Wert eines Stoffes zu ermitteln. Man nutzt dazu einen Papierstreifen, der mit einer Tinktur des Farbstoffs Lackmus getränkt wurde. Im Kontakt mit der zu überprüfenden Substanz verfärbt sich der Streifen je nach deren pH-Wert: Bei niedrigen pH-Werten – kennzeichnend für Säuren – färbt er sich rot und bei hohen Werten (Basen) blau; dazwischen ist er violett.

Zu 86) A. Asymptote.

Eine Asymptote ist eine Funktion, der sich eine andere Funktion im Unendlichen beliebig weit annähert, ohne dass beide sich schneiden. Der abgebildete Funktionsgraph hat zwei Asymptoten: Mit steigendem x-Wert nähert er sich der Geraden y = 0, mit sinkendem x-Wert nähert er sich der Geraden x = 2.

Zu 87) B. geringere Dichte haben.

Um Ballons und Luftschiffen Flugfähigkeit zu verleihen, nutzt man sogenannte Traggase wie Wasserstoff und Helium. Traggase haben eine geringere Dichte als die umgebende Luft und erzeugen dadurch einen statischen Auftrieb, der der Schwerkraft entgegenwirkt.

Zu 88) Wie in Skizze _2_.

Die zwei Platten (Elektroden) eines Kondensators speichern unterschiedliche Ladungen: Eine Platte ist positiv, die andere negativ geladen. Der zwischenliegende Isolator – in diesem Fall das Glas – verhindert, dass es zu einem Ladungsaustausch kommt. Das Glas wird dabei polarisiert, d. h. zur Positiv-Elektrode hin negativ und zur Negativ-Elektrode hin positiv geladen.

Zu 89) C. mechanische in elektrische Energie umwandeln.

Ein Generator wandelt mechanische oder kinetische Energie (Bewegungsenergie) in elektrische Energie um. Erscheinungsformen sind z. B. brennstoffbetriebene Notstromaggregate, Stromerzeuger in Wasserkraftwerken oder Fahrrad-Dynamos.

Zu 90) ja

Die Hoch-, Vertikal- oder auch Gierachse ist diejenige Achse, die senkrecht durch den Schwerpunkt eines Land-, Luft-, Wasser- oder Raumfahrzeugs läuft. Horizontale Bewegungen um diese Achse (sogenannte „Gierbewegungen") werden bei den meisten Helikoptern per Heckrotor gesteuert. Ohne Heckrotor wären diese Maschinen fluguntauglich, denn der am Rumpf befestigte Antrieb des Hauptrotors erzeugt ein permanentes, seitwärts gerichtetes Drehmoment.

Bildnachweis

Archiv des Verlages

S. 13 (Weißes Haus), S. 14 (Ursula von der Leyen), S. 35 (CE-Logo), S. 50 (Petersdom), S. 87 (Entführung der Europa), S. 104 (Martin Luther King jr.), S. 144 („Das Mädchen mit dem Perlenohrgehänge"), S. 147 (Banksy-Graffito), S. 218 (Petrischale), S. 237 (Katamaran), S. 240 (Drohne), S. 248 (Fenchel), S. 260 (Rorschachtest), S. 288 (Mahatma Gandhi), S. 314 (Saturn): Public Domain

S. 16 (Wladimir Putin): www.kremlin.ru; Wladimir Putin; CC-BY-3.0 (https://creativecommons.org/licenses/by/3.0/legalcode); Original entfärbt, beschnitten

S. 19 (Cem Özdemir): https://www.gruene.de/fileadmin/user_upload/Bilder/Redaktion/Themenbilder_Lizenz/Partei_und_Koepfe/2016_Pressebild_1_Cem-Oezdemir.jpg; Harry Weber; CC BY-SA 3.0 (https://creativecommons.org/licenses/by-sa/3.0/legalcode); Original entfärbt, beschnitten

S. 32 (Mario Draghi): https://commons.wikimedia.org/wiki/File:Mario_Draghi_World_Economic_Forum_2013.jpg; World Economic Forum; CC BY-SA 2.0; (https://creativecommons.org/licenses/by-sa/2.0/legalcode); Original entfärbt, beschnitten

S. 34 (Bulle und Bär): https://commons.wikimedia.org/wiki/File:Bulle_und_B%C3%A4r_Frankfurt.jpg; Eva K.; CC BY-SA 2.5 (https://creativecommons.org/licenses/by-sa/2.5/legalcode); Original entfärbt, beschnitten

S. 49 (Nofretete): https://commons.wikimedia.org/wiki/File:Nofretete_Neues_Museum.jpg; Philip Pikart; CC BY-SA 3.0; (https://creativecommons.org/licenses/by-sa/3.0/legalcode); Original entfärbt, beschnitten

S. 51 (Moai): https://commons.wikimedia.org/wiki/File:Ahu-Tongariki-2013.jpg; Bjørn Christian Tørrissen; CC BY-SA 3.0; (https://creativecommons.org/licenses/by-sa/3.0/legalcode); Original entfärbt, beschnitten

S. 52 (Mount Rushmore): https://commons.wikimedia.org/wiki/File:Dean_Franklin_-_06.04.03_Mount_Rushmore_Monument_(by-sa)-2_new.jpg; Dean Franklin; CC BY 2.0; (https://creativecommons.org/licenses/by/2.0/legalcode); Original entfärbt, beschnitten

S. 53 (Sagrada Familia): https://commons.wikimedia.org/wiki/File:Sagfampassion.jpg; Wjh31; CC BY 3.0; (https://creativecommons.org/licenses/by/3.0/legalcode); Original entfärbt, beschnitten

S. 54 (Opernhaus Sydney): https://commons.wikimedia.org/wiki/File:Circular_Quay,_Sydneyoperahhouse.jpg; Shannon Hobbs; CC-BY-SA-2.0 (https://creativecommons.org/licenses/by-sa/2.0/legalcode); Original entfärbt, beschnitten

S. 85 (Ganesha): https://commons.wikimedia.org/wiki/File:Ganpati_High_Resolution_Frame_Image.jpg; Sachinbatwal; CC BY-SA 4.0 (https://creativecommons.org/licenses/by-sa/4.0/legalcode); Original entfärbt, beschnitten

S. 88 (Rosenkranz): https://commons.wikimedia.org/wiki/File:MaryRose-rosary-81A1414h.jpg; Peter Crossman of the Mary Rose Trust; CC BY-SA 3.0; (https://creativecommons.org/licenses/by-sa/3.0/legalcode); Original entfärbt, beschnitten

S. 180 (Rhönrad): https://commons.wikimedia.org/wiki/File:LDT_Bochum_ Rh%C3%B6nrad.jpg; Simplex2; CC BY-SA 3.0 (https://creativecommons.org/licenses/by-sa/3.0/legalcode); Original entfärbt, beschnitten

S. 181 (Serena Williams): https://www.flickr.com/photos/kulitat/17186704894; Tatiana; CC BY-SA 2.0 (https://creativecommons.org/licenses/by-sa/2.0/legalcode); Original entfärbt, beschnitten

S. 239 (Mähdrescher): https://commons.wikimedia.org/wiki/File:New_Holland_ combine_at_work_near_Stoneleigh_1.jpg; Herry Lawford; CC BY 2.0; (https://creativecommons.org/licenses/by/2.0/legalcode); Original entfärbt, beschnitten

S. 249 (Facettenauge): https://commons.wikimedia.org/wiki/File:Volucella_pellucens_ head_complete_Richard_Bartz.jpg; Richard Bartz; CC BY-SA 2.5; (https://creativecommons.org/licenses/by-sa/2.5/legalcode); Original entfärbt, beschnitten

S. 250 (Lotuseffekt): https://commons.wikimedia.org/wiki/File:Lotoseffekt.jpg; VoDe-Tan2; CC BY-SA 3.0; (https://creativecommons.org/licenses/by-sa/3.0/legalcode); Original entfärbt, beschnitten

S. 250 (Yak): https://commons.wikimedia.org/wiki/File:Schwarzer_Yakbulle.JPG; 4028mdk09; CC BY-SA 3.0; (https://creativecommons.org/licenses/by-sa/3.0/legalcode); Original entfärbt, beschnitten

S. 258 (Pfefferminze): https://commons.wikimedia.org/wiki/File:Field_of_Mentha_x_ piperita_05.jpg; Rillke; CC BY-SA 3.0; (https://creativecommons.org/licenses/by-sa/3.0/legalcode); Original entfärbt, beschnitten

S. 290 (Mark Zuckerberg): https://commons.wikimedia.org/wiki/File:TechCrunch_SF_ 2013_SJP3269_(9728576896).jpg; _SJP3269/TechCrunch; CC BY 2.0 (https://creativecommons.org/licenses/by/2.0/legalcode); Original entfärbt, beschnitten

S. 291 (Madonna): https://commons.wikimedia.org/wiki/File:Madonna_by_David_ Shankbone_cropped.jpg; David Shankbone; CC BY-SA 3.0 (https://creativecommons.org/licenses/by-sa/3.0/legalcode); Original entfärbt, beschnitten

S. 306 (Baschar Al-Hassad): https://commons.wikimedia.org/wiki/File:Bashar_al-Assad. jpg; Fabio Rodrigues Pozzebom / ABr; CC BY 3.0 BR (https://creativecommons.org/licenses/by/3.0/br/legalcode); Original entfärbt, beschnitten

S. 309 (Otto von Bismarck): https://commons.wikimedia.org/wiki/File:Bundesarchiv _Bild_183-R68588,_Otto_von_Bismarck.jpg; Bundesarchiv, Bild 183-R68588 / P. Loescher & Petsch; CC-BY-SA 3.0; (https://creativecommons.org/licenses/by-sa/3.0/de/legalcode); Original beschnitten

S. 311 (Grammophon): https://commons.wikimedia.org/wiki/File:Patefon_w_Muzeum_ Miasta_Lodzi.jpg; Ludmiła Pilecka; CC BY-SA 4.0; (https://creativecommons.org/licenses/by-sa/4.0/legalcode); Original entfärbt, beschnitten

S. 334 (Konrad Adenauer): https://commons.wikimedia.org/wiki/File:Bundesarchiv_ B_145_Bild-F078072-0004,_Konrad_Adenauer.jpg; Bundesarchiv, B 145 Bild-F078072-0004 / Katherine Young; CC BY-SA 3.0 DE; (https://creativecommons.org/licenses/by-sa/3.0/de/legalcode); Original beschnitten

S. 338 (Bertolt Brecht): https://commons.wikimedia.org/wiki/File:Bertolt-Brecht.jpg; Bundesarchiv, Bild 183-W0409-300 / Kolbe, Jörg; CC-BY-SA 3.0; (https://creativecommons.org/licenses/by-sa/3.0/de/legalcode); Original beschnitten

Ausbildungspark Verlag GmbH

Bettinastraße 69 · 63067 Offenbach am Main
Tel. (069) 40 56 49 73 · Fax (069) 43 05 86 02
www.ausbildungspark.com
E-Mail: kontakt@ausbildungspark.com

Erfolgreich bewerben mit Ausbildungspark

Testtrainer spezial

Prinzip verstanden, Aufgabe gelöst!

Optimal vorbereitet – für alle Prüfungsthemen: Die „Testtrainer spezial"
zeigen kompakt und verständlich, wie du jede Aufgabe „knackst".

Zahlreiche Aufgaben: mit Erklärungen, Beispielen und Bearbeitungstipps.

Kommentierte Lösungen: Hintergründe und Zusammenhänge auf dem
aktuellen Stand.

Originale Musterprüfungen: Bist du fit für deinen Test?

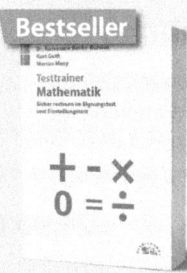

Das Vorstellungsgespräch zur Ausbildung

Die häufigsten Fragen, die besten Antworten
– sicher zum Ausbildungsplatz

Die Pflichtlektüre fürs Bewerbungsgespräch: Praxisnah und verständlich zeigt dieses Handbuch, wie du dich in deinem Auswahlinterview sicher in Szene setzt. Ohne Standardfloskeln – denn nur individuelle Antworten überzeugen den Personaler!

Das Vorstellungsgespräch zur Ausbildung
378 Seiten
ISBN 978-3-95624-000-3
24,95 €

Der Testtrainer

Geeignet für alle Arten von Eignungs- und Einstellungstests, Fähigkeits- und Intelligenztests.

Testerfolg ist keine Glückssache!
… sondern eine Frage der Übung – mit dem Testtrainer.
Das unverzichtbare Handbuch für Ausbildung, Studium und Beruf zeigt, wie du deine Prüfung souverän meisterst. Geeignet für alle Arten von Eignungs- und Einstellungstests, Fähigkeits- und Intelligenztests.

Testtrainer
548 Seiten
ISBN 978-3-941356-03-0
24,95 €

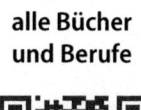

alle Bücher und Berufe

YouBot –
Der smarte Bewerbungsassistent

Gestalte deinen **kostenlosen Lebenslauf** und dein **persönliches Anschreiben** für die Berufsausbildung: Der YouBot führt dich schnell und einfach zur perfekten Bewerbung.

„Herausragendes Bildungsmedium"
Comenius EduMedia

Clever, schnell, individuell!

1 Starte deine Bewerbung ▶

2 Folge dem Assistenten 👆

3 Versende deine PDFS @

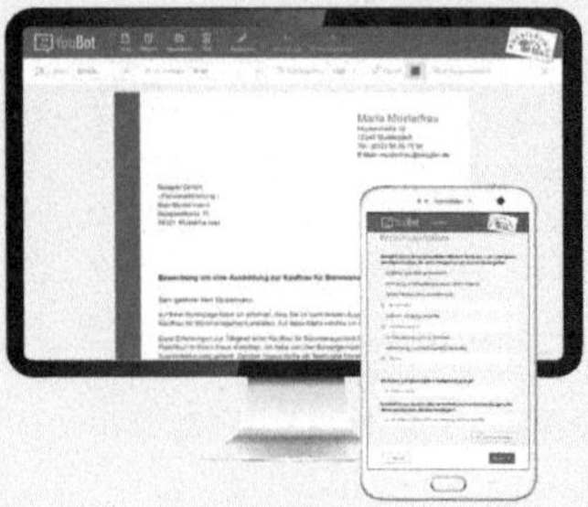

- **Individueller Text mit deinen Zielen, Stärken und Erfahrungen**
- **Anschreiben und Lebenslauf im passenden Design**
- **Fachwissen in über 350 Ausbildungsberufen**
- **Intelligenter Dolmetscher in 28 Sprachen**
- **Bewerbung speichern, bearbeiten und als PDF herunterladen**

ab **1,99€** pro Anschreiben

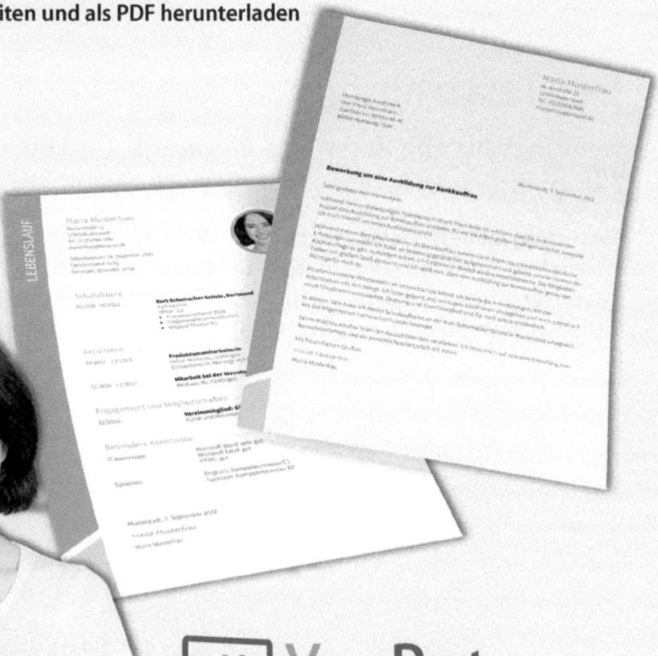

😃 YouBot

www.ausbildungspark.com/youbot